"十四五"普通高等教育本科部委级规划教材

·纺织工程一流本科专业建设教材·

U0151269

机织物组织与结构

陈益人　主　编

卢士艳　龚小舟　副主编

中国纺织出版社有限公司

内 容 提 要

本书从机织物形成原理出发,简要介绍了机织物的基本概念、相关规格参数、织物组织、织物组织结构及其表示方法;详细讲解了织物上机图的构成和设计方法;重点阐述了三原组织、变化组织、联合组织、多重组织、双层组织、起绒起毛组织、毛巾组织、三维机织物等各类机织物的织物组织、织物结构、设计要求以及这些组织在机织产品中的应用。

本书既可作为纺织、服装类高等院校相关课程的教学用书,也可作为纺织行业企事业单位工程技术人员和管理人员的参考用书。

图书在版编目(CIP)数据

机织物组织与结构/陈益人主编. --北京:中国纺织出版社有限公司,2021.8 (2025.1重印)
"十四五"普通高等教育本科部委级规划教材
ISBN 978 - 7 - 5180 - 8600 - 9

Ⅰ.①机… Ⅱ.①陈… Ⅲ.①机织物—织物组织—高等学校—教材 Ⅳ.①TS105.1

中国版本图书馆 CIP 数据核字(2021)第 100641 号

策划编辑:范雨昕 责任编辑:沈 靖
责任校对:王花妮 责任印制:何 建

中国纺织出版社有限公司出版发行
地址:北京市朝阳区百子湾东里 A407 号楼 邮政编码:100124
销售电话:010—67004422 传真:010—87155801
http://www.c-textilep.com
中国纺织出版社天猫旗舰店
官方微博 http://weibo.com/2119887771
北京虎彩文化传播有限公司印刷 各地新华书店经销
2025 年 1 月第 3 次印刷
开本:787×1092 1/16 印张:19.25
字数:342 千字 定价:68.00 元

　　"国立根本,在乎教育,教育根本,实在教科书"。建设高水平教学体系,是通往内涵式发展目标的快速路,而优质教材的建设,则是铺就这条道路的基石。

　　本书是"十四五"普通高等教育本科部委级规划教材,由具有丰富教学和实践经验的教师与具有多年机织产品开发经验的行业专家共同编写而成。编者在充分了解国内外纺织科技信息、掌握机织产品最新技术的前提下,完成本书编写工作。本书详尽阐述了机织物组织与结构的内容,融入了当前运用在机织产品开发中的新工艺、新结构,经纬纱交织空间结构立体图形和织物实物图片以及上机织造实验操作,注重理论与实践相结合。对于机织物组织与结构知识的重点和难点部分,本书通过文字阐述、图形展示、实例分析等相结合的方式呈现,便于读者对知识体系的理解、吸收和掌握,激发使用者学习的主动性和积极性。

　　本书由武汉纺织大学陈益人担任主编,中原工学院卢士艳、武汉纺织大学龚小舟担任副主编。本书共十二章,第一章由武汉纺织大学闫书芹编写;第二、第七、第八章由武汉纺织大学陈益人编写;第三章由中原工学院卢士艳编写;第四章由武汉纺织大学曹根阳、陶丹(平纹变化组织与缎纹变化组织),上海工程技术大学刘茜(斜纹变化组织)编写;第五章由武汉纺织大学陈益人,吴江福华织造有限公司肖燕编写;第六章由广东溢达纺织有限公司刘文胜、王兰英编写;第九章由江苏工程职业技术学院陈志华、马顺彬(起绒组织),全国毛巾标准化技术委员会刘雁雁(毛巾组织)编写;第十章由江苏工程职业技术学院瞿建新、王江波编写;第十一章由武汉纺织大学龚小舟编写;第十二章由武汉纺织大学陶丹、刘泠杉编写。全书插图的制作由武汉纺织大学胡灏东、马晟晟、孙明祥完成。全书由陈益人负责统稿。

　　本书在编写过程中得到教育部纺织工程专业教学指导委员会的支持和帮助,得到江阴市通源纺机有限公司、吴江福华织造有限公司、广东溢达纺织有限公司、常州市克劳得布业有限公司、江苏丹毛纺织股份有限公司等单位的支持和帮助,在此一并表示感谢。

　　书中涉及的精美彩色图片资源,读者可登录 http://www.c-textilep.com 查看、下载。

　　由于作者水平有限,书中出现的疏漏及不妥之处,敬请广大读者批评指正。

作者

2021 年 3 月

第一章 绪论

本章目标

1. 熟悉织物和机织物的概念。
2. 熟悉机织物的分类。
3. 熟悉机织物的相关规格参数。

随着生活水平和文化品位的日益提高，人们对纺织品的消费理念逐渐发生了变化，对织物种类多样性和功能性的要求也越来越高。机织物是纺织产品中产量高、品种丰富、历史悠久、用途广泛的产品。机织物结构稳定，布面平整，坚实耐穿，外观挺括，广泛用于各个领域。随着新原料、新技术、新设备、新工艺的不断推出，产品结构逐步实现多元化、系列化、复合化、功能化和生态化；原料配伍、纱线及织物组织结构的变化以及先进后整理技术使机织产品的性能更为优越；先进技术装备水平不断提高，逐渐从"中国制造"向"中国智造"转变，从"世界加工厂"到"时尚策源地"转变，产品的科技附加值越来越高。

第一节 机织物的结构与分类

通常织物是指由纤维、纱线或纤维与纱线组合形成的一种纤维集合体，并具有一定的模量、强度、断裂伸长、顶破强力、耐磨性等力学性能。按照生产方式不同，织物主要分为机织物、针织物和非织造布。

1. 机织物 机织物一般指平面状的二维机织物，是由平行于织物布边排列的经纱和垂直于织物布边排列的纬纱，按一定浮沉规律交织而成的片状纱线集合体。

随着技术的进步，现在已打破两相的限制向多轴向发展。例如，斜向交织，即由两组纱线系统相互交叉而成，纱线路径相对织物输送方向成一定斜向角度（小于90°），形成平面或管状结构的织物；三相织物，即由两根相交角度为60°的经纱和一根纬纱交织而成的织物；立体机织物，即通过接结纱（Z向纱）将多层织物连接在一起形成的织物。

2. 针织物 由一组或多组纱线在针织机上按一定规律彼此相互串套成圈连接而成的

织物。

3. 非织造布　由一定取向或随机排列组成的纤维层通过机械、化学或热黏合方法而形成的织物。

一、机织物结构

机织物结构一般指织物的几何结构，是经纱和纬纱在织物中相互之间的空间关系。经纬纱原料、纱线结构、织物的经纬纱密度、织物经纬纱交织规律和纱线上机张力等因素对机织物结构都有影响。机织物的结构不同，其织物的力学性能以及织物的外观效应将不相同。图1-1所示为机织物经纬纱交织示意图，从图中可看出经纬纱之间彼此交错浮沉的状况。

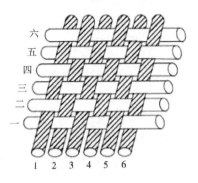

图1-1　机织物交织示意图

二、机织物分类

1. 按组成机织物的纤维种类不同分类　按组成机织物的纤维种类不同可分为纯纺织物、混纺织物和交织织物。

纯纺织物指经纱和纬纱用同种纤维纺制的纱线所织成的织物；混纺织物指经纱和纬纱用两种或两种以上不同品种的纤维混纺的纱线所织成的织物；交织织物指经纱和纬纱分别使用不同品种纤维纺制的纱线所织成的织物。

2. 按纱线中纤维的长度和细度不同分类　按织成机织物的纱线中纤维长度和细度不同可分为棉型织物（纤维长度和细度与棉纤维类似）、中长织物（纤维长度和细度介于棉纤维和毛纤维之间）、毛型织物（纤维长度和细度与毛纤维类似）、长丝类织物（纤维为长丝）。

3. 按纺纱工艺不同分类　按纺纱工艺不同可分为精梳织物、粗（普）梳织物、废纺织物、环锭纱织物等。

4. 按纱线种类不同分类　按纱线种类不同可分为纱织物、半线织物（经股线，纬单纱）、线织物等。

5. 按织物印染整理加工不同分类　按织前纱线是否漂染加工可分为本色坯布、色织物；
按织物染色加工工艺不同可分为漂白织物、染色织物、印花织物；
按织物后整理工艺不同可分为仿旧、磨毛、丝光、折皱、功能整理等。

6. 按织物的组织结构不同分类　按织物的组织结构不同可分为三原组织、变化组织、联合组织、复杂组织等。

7. 按织物形态结构不同分类　按织物形态结构不同可分平面织物和立体织物。

8. 按用途不同分类　按织物的终端用途不同可分为服装用、家纺用、产业用等。

第二节　机织物规格参数

一、机织物匹长

机织物匹长（L）是指一匹织物最两端的完整纬纱之间的距离，如图 1 - 2 所示。通常根据织物的原材料、织物用途、织物厚度或平方米质量、织机卷装容量以及印染后整理等因素来确定其卷（包）装长度。计量单位为米（m）或码（英制，1 码 = 0.9144m）。

二、机织物幅宽

机织物幅宽（W）是指织物横向（即纬纱方向）两边最外缘经纱之间的距离，如图 1 - 2 所示。织物的幅宽又称织物的宽度，是由织物的用途、织造加工过程中的收缩程度和织机的规格（生产的可行性）而定的，在实际生产中往往受到织机箱幅的制约。计量单位为厘米（cm）或英寸（1 英寸 = 2.54cm）。

三、机织物厚度

机织物厚度（τ）指织物在一定压力下正反面之间的垂直距离，如图 1 - 3 所示。织物的厚度和经纬纱的线密度和经纬纱的屈曲程度密切相关。织物厚度根据织物的用途及技术要求决定。主要影响因素有纱线细度、织物密度、织物组织以及纱线在织物中的弯曲程度等。计量单位为毫米（mm）。

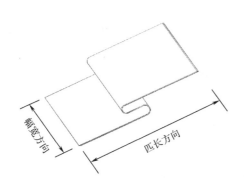

图 1 - 2　机织物匹长测量方向和幅宽测量方向示意图　　　　图 1 - 3　机织物厚度测试示意图

四、机织物平方米质量

机织物平方米质量指公定回潮率下单位面积内织物的质量。计量单位为克/平方米（g/m²），也称"平方米重"或"克重"。当面积相同时，数值的大小直接反映织物的轻重、厚薄。数值越大，织物越厚重；数值越小，织物越轻薄。平方米质量是表达织物质量最常用的计量单位之一。

$$平方米质量（g/m^2）= \frac{每米质量（g/m）}{幅宽（cm）} \times 100 \qquad (1-1)$$

对于真丝织物而言，也用姆米（m/m）作为计量单位（1姆米=4.3056g/m²）。毛纺织物和牛仔织物等机织物也常用盎司（oz）作为计量单位，即每平方码织物的盎司数（1盎司/平方码=33.9 g/m²）。

五、纱线原料组成

纱线是以各种纺织纤维为原料加工成的具有一定细度的纺织品。常用的原料组成有天然纤维和化学纤维两大类。

1. 天然纤维

（1）植物纤维（纤维素纤维）。

①种子纤维。棉花、木棉、彩棉等。

②韧皮纤维。苎麻、亚麻、黄麻、罗布麻等。

③果实纤维。椰子纤维。

④叶脉纤维。剑麻、蕉麻、菠萝麻等。

（2）动物纤维（蛋白质纤维）。

①兽毛纤维。绵羊毛、山羊毛、兔毛等。

②丝纤维。桑蚕丝、柞蚕丝等。

（3）矿物纤维（矿物质纤维）。石棉等。

2. 化学纤维

（1）再生纤维。

①再生纤维素纤维。黏胶纤维、莫代尔纤维、莱赛尔纤维、天丝纤维、铜氨纤维、竹浆纤维等。

②再生蛋白质纤维。牛奶纤维、大豆纤维、花生纤维等。

③纤维素衍生物纤维。二醋酯纤维、三醋酯纤维等。

（2）合成纤维。涤纶、锦纶、腈纶、氨纶、维纶、丙纶等。

（3）无机纤维。玻璃纤维、陶瓷纤维、金属纤维、碳纤维等。

3. 新型纤维 新型植物纤维、新型再生纤维素纤维、功能性纤维、差别化纤维、色纤维、异形纤维、复合纤维、超细纤维等。

六、纱线细度

纱线细度即纱线的粗细程度。可以通过直接指标（即直径或截面积）和间接指标（即定长制和定重制）来表示。

1. 定长制

（1）特克斯。即在公定回潮率下，1000m长纱线的质量。线密度越大，纱线越粗。特克斯是我国当今法定的纱线细度指标。特克斯又称"号数"。

$$Tt = \frac{G_k}{L} \times 1000 \tag{1-2}$$

式中：L——纱线长度，m。

（2）纤度（D_k）。单位为旦尼尔（denier）。在公定回潮率下，9000m 长纱线的质量。纤度越大，纱线越粗，常用来表示化纤长丝、真丝等的细度。纤度又称"旦数"。

$$N_d = \frac{G_k}{L} \times 9000 \tag{1-3}$$

式中：L——纱线长度，m。

纱线细度指标间的换算关系如下：

$$N_m = \frac{9000}{N_d} \quad Tt = \frac{1000}{N_m} \quad Tt = \frac{N_d}{9}$$

$$Tt = \frac{583}{N_e} \text{（棉型材料）} \quad Tt = \frac{590.5}{N_e} \text{（化纤）}$$

2. 定重制

（1）公制支数（N_m）。即在公定回潮率下，1g 纱线所具有的长度。如 1g 纱线长 1m，纱线的细度为 1 公制支数；1g 纱线长 200m，纱线的细度为 200 公制支数。公制支数越大，纱线越细。目前我国毛纺及毛型化纤纱线的细度仍有部分沿用公制支数法表示。

$$N_m = \frac{L}{G_k} \tag{1-4}$$

式中：L——纱线长度，m；

$\quad\quad G_k$——质量，g。

（2）英制支数（N_e）。即在公定回潮率下，1 磅纱线所具有的长度为 840 码的倍数（1 磅 = 453.6g）。如 1 磅纱线长 840 码，为 1 英制支数；1 磅纱线长 21 × 840 码，纱线的细度为 21 英制支数。英制支数越大，纱线越细。英制支数不是我国当今法定的纱线细度指标，但在企业中仍然被广泛使用，尤其是棉型纺织企业。

$$N_e = \frac{L_e}{840 \times G_e} \tag{1-5}$$

式中：L_e——纱线长度，码；

$\quad\quad G_e$——质量，磅。

3. 直径　不同种类的纱线，不能直接用线密度等指标表示直径的大小，因为纱线的体积密度不同。纱线直径可用显微镜测量，将纱线置于装有目镜测试微尺的 100 倍左右的显微镜或同样放大倍数的投影仪下，加以预定张力，随机测量纱线的直径，即为该纱线的实测直径。

实际生产中常由线密度等指标进行换算。常用纱线的 δ 值见表 1-1。

$$d = \frac{1.1284}{\sqrt{N_m \times \delta}} \qquad (1-6)$$

$$d = 0.03568\sqrt{\frac{Tt}{\delta}} \qquad (1-7)$$

$$d = 0.01189\sqrt{\frac{N_d}{\delta}} \qquad (1-8)$$

式中：d——纱线直径，mm；

δ——纱线体积密度，g/cm^3。

表 1-1　常用纱线的 δ 值

纱线种类	$\delta/(g/cm^3)$	纱线种类	$\delta/(g/cm^3)$
棉纱	0.78 ~ 0.90	生丝	0.90 ~ 0.95
精梳毛纱	0.75 ~ 0.81	黏胶纤维纱	0.80 ~ 0.90
粗梳毛纱	0.65 ~ 0.72	涤/棉（65/35）纱	0.80 ~ 0.95
亚麻纱	0.90 ~ 1.00	维/棉（50/50）纱	0.74 ~ 0.76
绢纺纱	0.73 ~ 0.78		

七、织物密度

机织物密度是指在无褶皱和无张力条件下，织物单位长度内纱线的根数。经密是指沿织物纬向方向单位长度内经纱排列的根数；纬密是指沿织物经向方向单位长度内纬纱排列的根数。有英制和公制两种计量单位。一般公制以 10cm 为单位长度（英制以 1 英寸为单位长度，1 英寸 = 2.54cm）。

织物经纬密度的表示方法是经纬密度联写且中间加符号"×"来表示。例如，320 × 256，表示该织物经密为 320 根/10cm，纬密为 256 根/10cm。机织物经纬密度的大小以及经纬向密度的配置，对织物的力学性能和外观都有重要影响。密度也是机织物品质评定的一项重要的物理指标。

八、织物组织

机织物中经纬纱之间相互交错、彼此浮沉的规律称为织物组织。织物有三种基本组织：平纹组织、斜纹组织和缎纹组织，也称"三原组织"。其他组织都是以这三种组织为基础加以变化或联合而成的。

第三节　机织物应用

机织物是纺织产品中历史悠久、品种丰富、用途广泛的一类品种。机织物结构稳定，布面平整，坚实耐穿，外观挺括，广泛用于各类服装、家纺及产业用纺织品中。

一、机织物在服用和家用纺织品中的应用

1. 机织物在服装中的应用　机织物常用于作为服装的面料和辅料，如西服、套装、夹克、服装衬里等。常用于制作服装的棉型机织物有平布、府绸、斜纹布、哔叽、华达呢、卡其、直贡与横贡、麻纱及绒布等；还有一些具有特别风格的棉型机织物，如花式纱罗、烂花棉织物、起绉织物、灯芯绒、麦尔纱、巴厘纱等。常用于制作服装的精纺毛型机织物有哔叽、华达呢、啥味呢、凡立丁、派力司、花呢、直贡呢、马裤呢、巧克丁、驼丝锦、牙签条等；粗纺毛型机织物有麦尔登、海军呢、女士呢、制服呢、法兰绒、大衣呢等。常用于制作服装的丝织物有电力纺、富春纺、双绉、碧绉、留香绉、乔其纱、软缎、绉缎、九霞缎、塔夫绸、天香娟、美丽绸、杭罗、香云纱、文尚葛、金丝绒、织锦缎、古香缎等。常用于制作服装的麻型机织物有夏布、苎麻布、爽丽纱、亚麻细布等。常用于制作服装的化纤类机织物有尼丝纺、春亚纺、雪纺、桃皮绒等，在化纤性能越来越完善的当今，众多的化纤仿真丝和化纤仿毛机织物用于服装面料和辅料。

2. 机织物在家用纺织品中的应用　家用纺织品又称装饰用纺织品，家庭、旅馆、餐厅、剧院等都用家纺产品进行装饰，在家装配饰中被称为"软装饰"。在家纺产品中，床上用品有被套、床单、枕套等；家具覆饰有椅套、沙发套等；挂饰类有窗帘布、帷幔织物等；餐厅和盥洗室用品有桌布、浴巾、餐巾等。家纺产品从传统的满足铺盖等日常生活需求，到如今的舒适、时尚、个性、保健等多功能兼具的风格，家用纺织品正逐渐成为市场新宠。

二、机织物在产业用纺织品中的应用

产业用纺织品是纺织工业的重要组成部分，它不同于一般的服用和家用纺织品，而是指经过专门设计、具有工程结构特点的纺织品。产业用纺织品被广泛应用于工程建筑、医疗卫生、劳动防护、农业、交通、航空航天等领域，技术含量高、应用范围广、市场潜力大，是战略性新材料的组成部分，也是全球纺织领域竞相发展的重点。

1. 在工程建筑领域中的应用　我国一直非常注重基础设施的建设。机织土工布因其显著的增强和加固作用被广泛应用于水利工程、火电厂灰坝工程、围海造地工程、防洪抢险工程、公路、铁路、海港工程等领域。同时，织物还可以复合其他纤维材料起到隔离、过滤、排水、加筋、防渗、保护、封闭、排水保土等作用。

2. 在医疗卫生领域中的应用　随着人们生活水平的不断提高和医疗卫生事业的迅速发

展，在纺织和医学相互交叉的这一领域内，医用纺织品获得了前所未有的发展。机织物的应用主要有手术衣、手术覆盖布、手术器械包覆布、检验人员用衣、X光操作用衣等。

3. 在安全与防护用品领域中的应用 防护用纺织品可以有效地保护作业人员免受恶劣环境的危害。目前，安全防护性纺织品主要适用于下列场合：防切割、防冲击、防火、防尘、防微粒、防静电、防电磁辐射、防热、防寒、防弹以及防核、生物和化学武器等。

4. 在农业领域中的应用 在农业现代化的过程中，纺织品的应用包括：覆盖保温用纺织品，主要是对作物起保温作用；保护用纺织品，如防冰雹网状织物、防风织物、防霜冻织物、温控织物、防雨织物、防鸟网等；水土保持用纺织品，具有防止土壤侵蚀作用；另外，农副产品的包装及粮食储藏用纺织品、高吸水纺织品材料等应用范围也逐渐增加；近期，国外又成功开发了防虫害用纺织品和促进植物生长所需微环境用纺织品等。

5. 在航空航天领域中的应用 随着现代科技的不断发展，人类在不断地探索未知的太空领域。航空、航天用纺织品主要有以下几类：个体防护装备用纺织品，包括航天服，如舱内航天服、舱外航天服、空间站用防护服；一般飞行员服，如代偿服、抗荷服、抗浸服等；降落伞用纺织品，主要指伞衣和伞绳，包括救生伞、伞兵伞、阻力伞、航弹伞、投物伞和航天回收伞等；其他航空用纺织品还有阻拦网、空靶等。

除了以上提到的几个领域外，机织物的应用几乎渗透到各个产业领域，如国防用纺织品（军装、防弹衣、军用抗菌防臭纺织品、军用防水透气纺织品等）、交通用纺织品（坐椅面料、地毯织物、汽车顶篷织物、货车和汽车盖布、安全气囊等）、包装用纺织品、过滤用纺织品、骨架类纺织品、体育类纺织品等。

☞ **思考与练习题**

1. 分别说明织物、机织物、织物结构的含义。
2. 简述机织物的分类。
3. 机织物的规格参数有哪些？说明这些参数所表示的意义。
4. 简述机织物的特点和用途。

第二章　机织物形成过程与上机图

本章目标

1. 熟悉机织物的形成过程。
2. 熟悉与机织物相关的概念。
3. 掌握织物组织的表示方法。
4. 掌握织物上机图的概念，掌握组织图、穿综图、纹板图和穿筘图的作用以及表示方法。
5. 掌握组织图、穿综图、纹板图三者之间的关系。

第一节　机织物形成过程

生产机织物的设备称为织机，织机的品种、规格非常多，不论是哪一种类型的织机，要获得经纬纱按照一定规律交织而成的机织物，需通过开口、引纬、打纬、送经、卷取五大运动的有机配合才能得以完成。本章将介绍机织物的形成过程以及织物上机织造工艺条件的图解。

机织物是在织机上由相互垂直的经纱和纬纱按照一定规律交织而成的。如图 2-1 所示，经纱绕在经轴上，经过后梁和分绞辊，穿过挂在综框上的综丝的综眼（图 2-2），再从钢筘（图 2-3）的筘齿中通过，经导布辊，最后卷绕在卷布轴上。

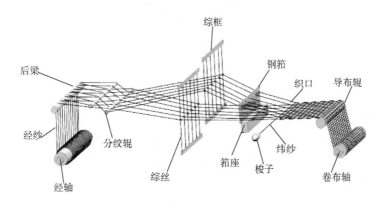

图 2-1　传统机织机的基本结构

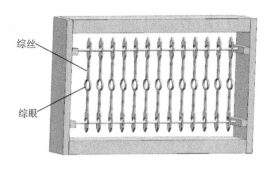

图 2 - 2　综框和综丝

图 2 - 3　钢筘

纬纱由载纬器夹持，织机的类型不同载纬器的结构不同。载纬器的作用是将纬纱引入并通过梭口。图 2 - 4 所示为有梭织机的梭子。

经纱、纬纱的交织过程是通过织机的五大运动来完成的。

（1）织机开口运动。每次引纬之前，综框按照交织规律的要求进行升降，穿入不同综框的经纱被分成上下两层，形成梭口。

（2）织机引纬运动。载纬器将纬纱引入并通过梭口。

（3）织机打纬运动。往复摆动的钢筘将引入梭口的纬纱打向织口，完成与经纱的交织，形成紧密的机织物。

图 2 - 4　梭子

（4）织机送经运动。随织造的进行，经轴以片纱的形式连续输出经纱，同时保持经纱张力一致。

（5）织机卷取运动。卷布轴及时将形成的织物引离交织区域，并卷绕于卷布轴上，使纬密符合织造要求。

第二节　织物组织

一、织物组织概述

1. 织物组织的定义　机织物中经纬纱之间相互交错、彼此浮沉的规律称为织物组织。图 2 - 5 所示为机织物经纬纱交织浮沉的示意图。竖的纱线表示经纱，顺序从左往右；横的纱线表示纬纱，顺序从下往上。图 2 - 5 表示，第 1 根经纱浮在第一根纬纱之上，沉在第二根纬纱之下，与后面第三根、第四根、第五根、第六根纬纱的交织规律为浮、沉、浮、沉；第 2 根经纱与第 1 根经纱的交织规律相反。第一根纬纱沉在第 1 根经纱之下，浮在第 2 根经纱之上，与后面第 3 根、第 4 根、第 5 根、第 6 根经纱的交织规律为沉、浮、沉、浮；第二根纬纱与第一根纬纱的交织规律相反。

2. 组织点（浮点） 经纬纱线相互交叉重叠之处即为组织点，也称浮点。从织物正面看，经纱在纬纱之上的组织点称为经组织点（经浮点），纬纱在经纱之上的组织点称为纬组织点（纬浮点），如图2-6所示。

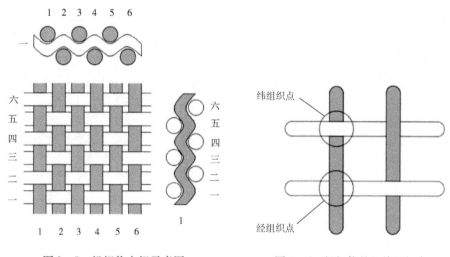

图2-5 机织物交织示意图　　　　图2-6 机织物的经纬组织点

3. 组织循环 经纱和纬纱的浮沉交织规律达到一个完整循环时，称为一个组织循环或完全组织。构成一个组织循环的经纱根数，称为组织循环经纱数或经纱循环数（完全经纱数），用 R_j 表示。构成一个组织循环的纬纱根数，称为组织循环纬纱数或纬纱循环数（完全纬纱数），用 R_w 表示。如图2-7（a）所示，其经纱循环数 $R_j = 2$；纬纱循环数 $R_w = 2$。如图2-7（b）所示，其经纱循环数 $R_j = 3$；纬纱循环数 $R_w = 3$。如图2-7（c）所示，其经纱循环数 $R_j = 5$；纬纱循环数 $R_w = 5$。

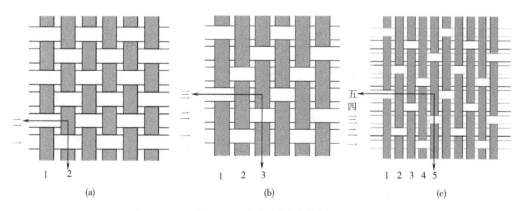

(a)　　　　　　　(b)　　　　　　　(c)

图2-7 组织循环示意图

4. 同面组织与异面组织 在一个织物循环中，从织物正面来看，当经组织点的数目与纬组织点的数目相等时，称为同面组织；当经组织点的数目与纬组织点的数目不相等时，称为异面组织。在异面组织中，经组织点数目多于纬组织点数目时，称为经面组织；经组织点数目少于纬组织点数目时，称为纬面组织。图 2-7（a）为同面组织，（b）、（c）为经面组织。

二、织物组织的表示方法及组织点飞数

织物组织有两种常用的表示方法：组织图表示法和分式表示法。

1. 织物组织的表示方法

（1）组织图表示法。用来描绘织物组织的带有格子的纸称为意匠纸，如果格子为正方形也称为方格纸。用意匠纸（方格纸）来表示织物组织的图解叫组织图。意匠纸的纵行代表经纱，顺序从左往右；横行代表纬纱，顺序从下往上，如图 2-8 所示。

在简单组织中，每个格子代表一个组织点。在格子里涂绘上符号的表示是经组织点，常用符号有 ×、○、●、◇、◆、□、■、△、▲ 等；方格内空白"□"的表示纬组织点。一般情况下，以第 1 根经纱和第一根纬纱交织的左下角的方格作为组织循环的起始点，组织图用一个组织循环表示，或者表示为组织循

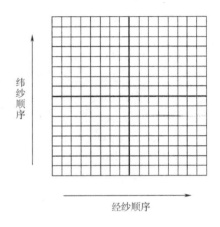

图 2-8 意匠纸（方格纸）

环的整数倍。图 2-9（a）和（b）为图 2-7（a）和（b）织物组织的组织图。图 2-9（a）画了 9 个循环；图 2-9（b）画了 4 个循环。

（2）分式表示法。用分式的方式来表示织物组织，适用于较简单的组织。分式表示方法为：

$$\frac{一根纱线（多指经纱）上的经组织点数}{一根纱线（多指经纱）上的纬组织点数}（分式）+组织名称，但缎纹组织除外$$

（在缎纹组织章节具体介绍）。例如，图 2-10（a）的织物组织用分式表示为：$\frac{1}{1}$平纹，读成 1 上 1 下平纹组织；图 2-10（b）的织物组织用分式表示为：$\frac{2}{1}$斜纹，读成 2 上 1 下斜纹组织。

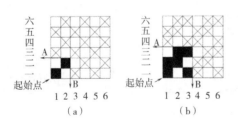

图 2-9 方格纸表示的织物组织图

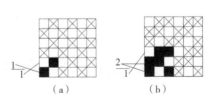

图 2-10 织物组织图

2. 组织点飞数 同一系统相邻两根纱线上相应经（或纬）组织点之间所间隔的组织点数，称为组织点飞数，飞数用 S 来表示。飞数分为经向飞数 S_j 与纬向飞数 S_w。经向飞数 S_j 指

沿经纱方向计算相邻两根经纱上对应的两个组织点之间所间隔的组织点数，对经向飞数来说，飞数向上数为正，记为"＋"；向下数为负，记为"－"。纬向飞数 S_w 指沿纬纱方向计算相邻两根纬纱上对应的两个组织点之间所间隔的组织点数。对纬向飞数来说，飞数向右数为正，记为"＋"；向左数为负，记为"－"。

图 2-11 所示为一个完全组织。

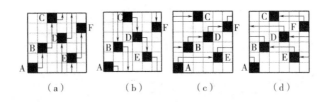

图 2-11　组织图点飞数示意图

（1）从经纱方向来看。

飞数向上数，图 2-11（a）所示。B 点对 A 点的经向飞数 S_j 为 2；C 点对 B 点的经向飞数 S_j 为 3；D 点对 C 点的经向飞数 S_j 为 4；依此类推。

飞数向下数，图 2-11（b）所示。B 点对 A 点的经向飞数 S_j 为 -4；C 点对 B 点的经向飞数 S_j 为 -3；D 点对 C 点的经向飞数 S_j 为 -2；依此类推。

究竟是向上数还是向下数，在后面章节具体介绍组织时进行阐述。

（2）从纬纱方向来看。

飞数向右数，图 2-11（c）所示。E 点对 A 点的纬向飞数 S_w 为 4；B 点对 E 点的纬向飞数 S_w 为 3；D 点对 B 点的纬向飞数 S_w 为 2；依此类推。

飞数向左数，图 2-11（d）所示。E 点对 A 点的纬向飞数 S_w 为 -2；B 点对 E 点的纬向飞数 S_w 为 -3；D 点对 B 点的纬向飞数 S_w 为 -4；依此类推。

究竟是向右数还是向左数，在后面章节具体介绍组织时进行阐述。

三、织物截面图

从织物正面沿经向或者纬向进行剖切，观察剖切面经纬纱交织状态的图解，称为织物截面图或织物剖面图。为了理解经纬纱在空间的结构，常常借助于织物截面图（剖面图）来说明经纬纱的交织浮沉状态，特别在组织结构复杂时更合适用织物截面图来显示经纬纱的交织浮沉结构。

如果从织物正面沿经向进行剖切，观察三视图中的右（左）视图，剖切面的经纱为连续弯曲的完整纱线，纬纱则被切成圆形纱线截面。纵向观察经纬纱交织状态的图解，称为经向截面图（剖面图）或纵向截面图（剖面图）。右视纵向截面图一般画在组织图的右侧，如图 2-12（b）所示。左视纵向截面图一般画在组织图的左侧，如图 2-12（c）所示。

如果从织物正面沿纬向进行剖切，观察三视图中的仰（俯）视图，剖切面的纬纱为连续弯曲的完整纱线，经纱则被切断成圆形纱线截面。横向观察经纬纱交织状态的图解，称为纬向截面图（剖面图）或横向截面图（剖面图）。仰视横向截面图一般画在组织图的上方，如

图 2-12（d）所示。俯视横向截面图一般画在组织图的下方。

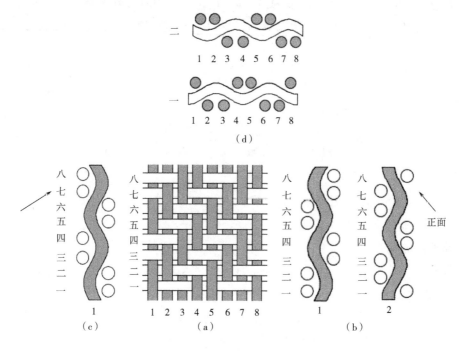

图 2-12 织物截面图

四、平均浮长

在经纬纱交织时，不同织物组织的经纬纱之间的浮沉是不相同的，通常会有一根经纱连续浮在几根纬纱之上或者一根纬纱连续浮在几根经纱之上的情况。一个系统的纱线连续浮在另外一个系统纱线上的长度称为浮长。浮长长度用连续组织点数来表示，最小长度为2。经纱连续浮在两根或两根以上纬纱之上的长度称为经浮长；纬纱连续浮在两根或两根以上经纱之上的长度称为纬浮长。如图 2-13（a）所示，第 1 根经纱连续浮在 4 根纬纱之上，则称经浮长为4；如图 2-13（b）所示，第一根纬纱连续浮在 4 根经纱之上，则称纬浮长为4。

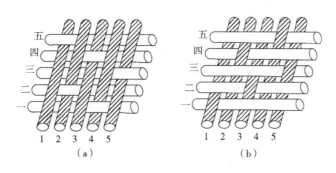

图 2-13 经纬浮长示意图

织物的平均浮长，是指组织循环纱线数与一根纱线在组织循环内的交错次数的比值。平均浮长用 F 表示，经纱的平均浮长用 F_j 表示，纬纱的平均浮长用 F_w 表示。在经纬纱交织时，纱线由浮到沉或由沉到浮形成一次交错，交错次数用 t 表示。某根经纱与纬纱的交错次数用 t_j 表示，某根纬纱与经纱的交错次数用 t_w 表示，平均浮长可采用下式进行计算。

$$F_j = \frac{R_w}{t_j} F_w = \frac{R_j}{t_w} \qquad (2-1)$$

式中：F_j（F_w）——经（纬）纱的平均浮长；

　　　R_j（R_w）——经（纬）纱的组织循环纱线数；

　　　t_j（t_w）——经（纬）纱交错次数。

图 2 - 13（a）和图 2 - 13（b）的 $F_j = F_w = \dfrac{5}{2} = 2.5$。

对纱线线密度和织物密度相同的两种织物组织进行比较，在一个组织循环中，纱线浮长较长则经纬纱之间交错次数少，浮线长的织物比较松软。因此，如果纱线的交错次数相同的话，可以用平均浮长来比较不同组织织物的松紧程度。

第三节　织物上机图

上机图是表示织物上机织造工艺条件的图解，由组织图、穿综图、穿筘图和纹板图组成。为了织制出符合设计要求的机织物，必须根据织物组织和织物规格的要求，设计上机时所需要的综框数目和经纱穿入综框的方式，设计综框提升的方式，还要根据织物的密度和钢筘的规格，设计每筘齿穿入经纱的根数。这些织造前的设计工作，称为上机织造工艺设计。

一、上机图的组成

上机图中四个图的布置通常有两种方式：一种布置方式为组织图在下方，穿筘图在中间，穿综图在上方，三者上下排列，左右对齐，纹板图在组织图的右侧，与组织图平齐，如图 2 - 14（a）所示；另一种布置方式为组织图在下方，穿筘图在中间，穿综图在上方，三者上下排列，左右对齐，纹板图在穿综图的右侧，如图 2 - 14（b）所示。与组织图一样，穿筘图、穿综图和纹板图都用方格纸表示。

二、组织图

按照前面所述的方法将经纬纱的交织规律用组织图的形式表示出来。

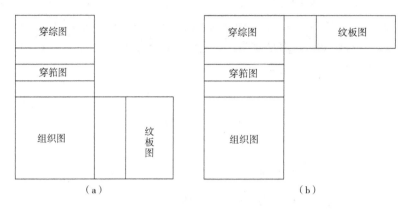

图 2 - 14 上机图的组成及布置

三、穿综图

（一）穿综图定义

穿综图是表示织造所需的综页数及组织图中各根经纱穿入各综页顺序的图解。由于织物组织多种多样，因而穿综的方法也各不相同。穿综方法应根据织物组织、原料、经纱密度、便于操作等因素综合考虑决定。

（二）穿综图表示方法

通常用方格纸来表示穿综图。方格纸的纵行表示与组织图相对应的经纱，顺序从左往右，纵行数为完成一个穿综循环的经纱数（常为组织循环经纱数或为组织循环经纱数的整数倍）；方格纸的横行代表一页综框（或一列综丝），顺序从下往上（相当于织机上综框顺序是从前往后），横行数等于综框页数或者综丝列数。在穿综图的格子里涂绘上符号×、■则表示所对应纵行的经纱穿入所对应横行的综框（列），如图 2 - 15（a）所示。也可以用数字 1、2、3、4…表示，如图 2 - 15（b）所示。

图 2 - 15 所示穿综图表示第 1 根经纱穿入第 1 页综框，第 2 根经纱穿入第 2 页综框，第 3 根经纱穿入第 3 页综框，第 4 根经纱穿入第 4 页综框。所需综框为 4 页，一个穿综循环为 4 根经纱。

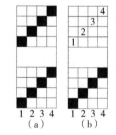

（三）穿综原则

穿综原则为：①浮沉规律相同的经纱一般穿入同一页综框，有时为了减少综丝密度或为了织机负荷均匀，也可穿入不同综框；②浮沉规律不同的经纱必须分穿在不同的综框；③一根经纱只能穿入一页综框的一根综丝（有极少数例外）；④提升次数多的经纱

图 2 - 15 穿综图表示方法

一般穿在前面的综框中；⑤每页综框穿入的经纱数尽量接近，以使综框负荷均匀。

（四）穿综方法

穿综方法因为织物组织、原料、经纱密度、便于操作等因素而不同，常用的穿综方法有顺穿法、飞穿法、照图穿法、间断穿法和分区穿法。

1. 顺穿法 顺穿法是将一个组织循环中的各根经纱逐一顺次穿入各页综框，通常按照从前往后的顺序。

（1）顺穿法穿综。图 2 – 16（a）所示为顺穿法穿综图，经纱从前往后依次穿入各列综框上的综丝中。图 2 – 16（b）为从织机上面俯视的角度观察的穿综示意图。第 1 根经纱穿入第 1 页综框的第 1 根综丝；第 2 根经纱穿入第 2 页综框的第 1 根综丝；第 3 根经纱穿入第 3 页综框的第 1 根综丝；第 4 根经纱穿入第 4 页综框的第 1 根综丝，第一个穿综循环完成。第 5 根经纱穿入第 1 页综框的第 2 根综丝；第 6 根经纱穿入第 2 页综框的第 2 根综丝；第 7 根经纱穿入第 3 页综框的第 2 根综丝；第 8 根经纱穿入第 4 页综框的第 2 根综丝，第二个穿综循环完成。其余经纱的穿综方法以此类推。

（2）顺穿法所需综框页数。顺穿法所需综框页数 Z = 穿综循环经纱数，r = 经纱循环数 R_j。如图 2 – 16 所示的顺穿法，需要的综框数为 4；经纱循环数 R_j 为 4；穿综循环经纱数 r 为 4。

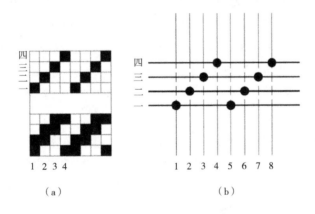

图 2 – 16　顺穿法示意图

（3）顺穿法特点。顺穿法操作方便，不易穿错；但若组织复杂，经纱循环数较大时，所需综框页数较多，会给上机织造带来困难。

（4）顺穿法适用范围。顺穿法适应于经纱密度较小的简单组织织物和某些小花纹组织。当织物经纱密度很大、花纹不大的情况下，采用顺穿法所用综框数就少，每页综框上综丝的密度大，而且每片综框上穿入的经纱根数也多，则在开口时经纱与综丝之间的摩擦较严重，易造成经纱大量断头或经纱粘连、起毛羽、开口不清等问题。

2. 飞穿法　飞穿法是将所用综框（综列）分成若干组，分成的组数等于经纱循环数或其倍数，穿综的次序是先穿每组中的第 1 页（列）综，然后再穿各组的第 2 页（列）综，其余以此类推。

为了减少综框的数量，飞穿时常常采用复列式综框。每页综框上有 2～4 列综丝的称为复列式综框。如图 2 – 17 所示，一页综框上有两列综丝，称为一页

图 2 – 17　一页两列复列式综框

两列式综框。

（1）飞穿法穿综。图2-18（a）所示为飞穿法穿综图，采用了四页两列的复列式综框，相当于8列综丝分成4组，先穿每一组的第1列综丝，然后再穿每一组的第2列综丝。图2-18（b）为从织机上面俯视的角度观察的穿综示意图。第1根经纱穿入第1页综框中第1列综的第1根综丝；第2根经纱穿入第2页综框的第1列综的第1根综丝；第3根经纱穿入第3页综框的第1列综的第1根综丝；第4根经纱穿入第4页综框的第1列综的第1根综丝，第5根经纱穿入第1页综框的第2列综的第1根综丝，第6根经纱穿入第2页综框的第2列综的第1根综丝；第7根经纱穿入第3页综框的第2列综的第1根综丝；第8根经纱穿入第4页综框的第2列综的第1根综丝，第一个穿综循环完成。其余经纱的穿综方法以此类推。

（2）飞穿法所需综框页数（列数）。飞穿法所需综框页（列）数 Z = 穿综循环经纱数 $r = R_j$（或所需综框页数）×每页综框上的综丝列数。采用飞穿法时，由于 $R_j < Z = r$，因此飞穿法在绘作时，组织图不止画一个循环。图2-18所示的飞穿法穿综，如果是复列式综框，则需要的综框数为4，相当于有8列综丝，或者直接用8页综丝，经纱循环数 R_j 为4；所需的综页或综列数为8；穿综循环经纱数 r 为8。

（3）飞穿法特点。飞穿法由于增加了综框页（列）数，可减少每页（列）综上的综丝数，减少经纱与综丝的摩擦，使织造能顺利进行。

（4）飞穿法适用范围。飞穿法适用于组织循环不大，但经纱密度较大的织物。高密平纹织物和高密斜纹织物常用飞穿法穿综。图2-19（a）为平纹组织采用两页四列飞穿法穿综图；图2-19（b）为平纹组织采用两页八列（一页四列式综框）飞穿法穿综图；图2-19（c）为斜纹组织采用三页六列飞穿法穿综图。

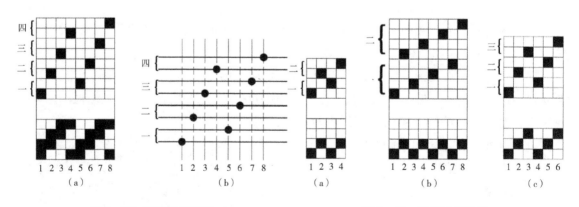

图2-18 飞穿法示意图　　　　　　　　　　图2-19 飞穿法穿综图

3. 照图穿法　在组织循环较大或组织比较复杂但织物组织中有部分经纱的浮沉规律相同的情况下，可以将运动规律相同的经纱穿入同一页综框中，这样可以减少使用综框的数目。照图穿法是将运动规律相同的经纱穿入同一页综框，将运动规律不同的经纱穿入不同的综框，因为照图穿法可以节省综框数也称为省综穿法。

（1）照图穿法穿综。图2-20（a）所示为照图穿法穿综图，从组织图上看出，第1根、第 6 根经纱的运动规律相同，它们都穿入第 1 页综框；第 2 根、第 5 根经纱的运动规律相同，它们都穿入第 2 页综框；第 3 根、第 8 根经纱的运动规律相同，它们都穿入第 3 页综框；第 4 根、第 7 根经纱的运动规律相同，它们都穿入第 4 页综框。组织循环经纱数为 8，但使用的综框数为 4，节约了综框使用数目。图 2 - 20（b）为从织机上面俯视的角度观察的穿综示意图，第 1 根经纱穿入第 1 页综框的第 1 根综丝；第 2 根经纱穿入第 2 页综框的第 1 根综丝；第 3 根经纱穿入第 3 页综框的第 1 根综丝；第 4 根经纱穿入第 4 页综框的第 1 根综丝，第 5 根经纱穿入第 2 页综框的第 2 根综丝；第 6 根经纱穿入第 1 页综框的第 2 根综丝；第 7 根经纱穿入第 4 页综框的第 2 根综丝；第 8 根经纱穿入第 3 页综框的第 2 根综丝，一个穿综循环完成。

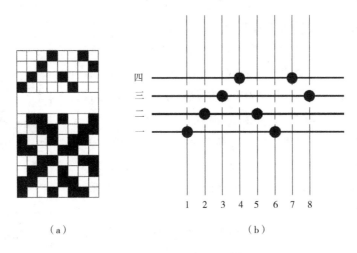

（a）　　　　　　　　　　　　（b）

图 2 - 20　照图穿法示意图

图 2 - 21（a）（b）的穿综图均为照图穿。由图 2 - 21（a）（b）可以看出，组织图和穿综图中都有对称处，穿综图的形状如山形，因而把这种穿综方法也称为山形穿法或对称穿法。

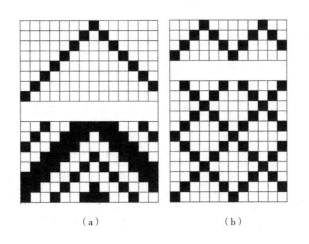

（a）　　　　　　　　（b）

图 2 - 21　照图穿（山形穿）法穿综图

（2）照图穿法所需综框数。照图穿法的穿综循环经纱数与组织循环经纱数相等，大于所需要的综框数，即 $r = R_j > Z$。

（3）照图穿法特点。照图穿法可以减少所使用的综框数目，但有可能每页综框上的综丝数不等。如图2-21（b）所示，综框上所用综丝数和所穿经纱数不一样，导致综框之间的综丝密度和负荷不等，综框的磨损程度不相同。另外，照图穿法在穿综时操作人员不易记忆，容易出错。

（4）照图穿法适用范围。照图穿法适用于组织循环较大，但组织中有部分经纱运动规律相同的织物。

4. 间断穿法　如果织物是由两种或两种以上的组织在经向并列配置，穿综时通常采用间断穿法。间断穿法是将穿综区域进行左右分区，每种组织按照自身的穿综要求进行穿综，不同的组织分别穿在不同的穿综区域中。

（1）间断穿法穿综。图2-22所示为两种组织并列配置的间断穿法穿综图，织物由两种不同的组织在经向并列排列而形成，第一种组织的经纱循环数为2，经纱总根数为40根；第二种组织的经纱循环数为3，经纱总根数为48根。第一种组织按照顺穿法穿在第一区1、2综框的综丝上，直至穿完40根经纱；第二种组织按照顺穿法穿在第二区3、4、5综框的综丝上，直至穿完48根经纱。至此一个穿综循环完成，穿综循环经纱数为88。

如果是三种组织并列配置，则将穿综区域分成三个区，每区按照自身的穿综要求进行穿综。

（2）间断穿法所需综框数。间断穿法的穿综循环经纱数与组织循环经纱数相等，大于所需要的综框数，即 $r = R_j > Z$。图2-22中的经纱循环数为88，穿综循环经纱数也为88，所需综框数为5。

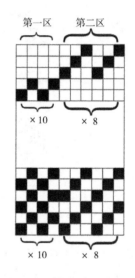

图2-22　间断穿法穿综图

（3）间断穿法特点。间断穿法用较少的综框可以织出条格等复杂的花纹织物，其缺点是综框上所用综丝数和所穿经纱数不一样，导致综框的综丝密度和负荷不等，综框的磨损程度不相同。

（4）间断穿法适用范围。间断穿法适用于两种或两种以上的组织在经向并列配置的条格织物。

5. 分区穿法　当织物是由两种或两种以上不同组织或用不同性质的经纱（如不同粗细或不同原料）进行织造，同时它们是间隔排列时，常常采用分区穿法。分区穿法是将综框进行前后分区，分别将间隔排列的不同性质的经纱穿入各个区域，各区的综框数对应于穿入的那组经纱所需要的综框数。用分区穿法穿综时，通常综框提升次数多的经纱穿在前区，提升次数少的经纱穿在后区。

（1）分区穿法穿综。图2-23（a）所示为分区穿法穿综图，织物的经纱由两种不同的组织在经向间隔排列而形成，1、2、3、4经纱与纬纱构成经面组织，Ⅰ、Ⅱ、Ⅲ、Ⅳ经纱与纬纱构成纬面组织。将综框分成前后两区，1、2、3、4 经纱因为提升多，顺次穿入前区，Ⅰ、Ⅱ、Ⅲ、Ⅳ经纱顺次穿入后区。图 2-23（b）也为分区穿法穿综图，1、2、3、4、5、6、7、8 经纱顺次穿入前区；Ⅰ、Ⅱ、Ⅲ、Ⅳ与Ⅴ、Ⅵ、Ⅶ、Ⅷ经纱为两个组织循环，顺次穿入后区，穿了两个循环。

（2）分区穿法所需综框数。分区穿法的穿综循环经纱数与组织循环经纱数相等，通常情况下大于或等于所需要的综框数，即 $r = R_j \geq Z$。图 2-23（a）所示的经纱循环数为 8，穿综循环经纱数也为 8，所需综框数为 8。图 2-23（b）所示织物由两种组织构成，其中一个组织的经纱循环数为 8；另一个组织的经纱循环数为 4，共有两个循环。因此，该织物的组织循环经纱数为 16，穿综循环经纱数也为 16，所需综框数为 12。

（3）分区穿法特点。分区穿法将综框按照前、后进行分区，各区的综框完成各自独立穿综的任务，可满足织物上经向间隔排列的多种组织或不同原料的联合使用，但穿综操作较复杂，操作人员不易记忆。

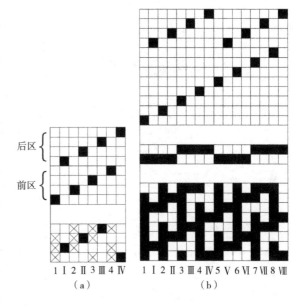

图 2-23　分区穿法穿综图

（4）分区穿法适用范围。分区穿法适用于包含多种组织或多种经纱且它们是间隔排列的织物，如复杂组织中的经二重组织、双层组织等。

从以上介绍的几种穿综方法可以看出，每一种穿法适用于不同的组织和织物，采用何种穿综方法需视织物组织、经纱密度、操作方便等因素而定。

在实际生产中，有时不用上面的方法来描述穿综图，而用文字加数字来表示。如图 2-22 所示的穿综，可写成：共需 5 页综框，穿法为（1、2）×20 次，（3、4、5）×16 次，或写成 $\underset{1,2}{\underbrace{20\ 次}}$、$\underset{3,4,5}{\underbrace{16\ 次}}$。

四、穿筘图

穿筘图在上机图中位于组织图和穿综图之间。穿筘图是表示钢筘每筘齿穿入的经纱根数的图解。

1. 穿筘的表示方法　通常也是用方格纸来表示穿筘图。在穿筘图中两横行表示相邻的两个筘齿，纵行表示与组织图对应的经纱。穿入同一筘齿的经纱数涂以连续符号■、▨表示，穿入相邻筘齿的经纱在另一横行涂以连续符号。某织物的穿筘图如图 2-24（a）所示，表示每筘齿穿入4根经纱。织机上穿筘状况如图2-24（b）所示。

穿筘方式也可以不画在上机图中，用文字说明来表示。例如，每筘齿穿入4根经纱，用文字表示为：4入/筘。

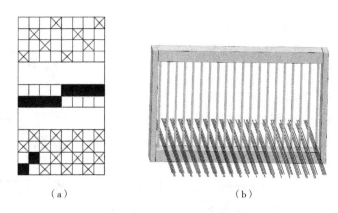

（a） （b）

图2-24 穿筘示意图

一个穿筘循环经纱数为两个相邻筘齿所穿入的经纱数之和，穿筘图中至少画一个穿筘循环。图2-24（a）的一个穿筘循环经纱数为8根，画了一个穿筘循环。

如图2-25（a）所示，组织循环经纱数为6根，每筘齿穿入2根，穿筘循环经纱数为4根，组织循环经纱数不是穿筘循环经纱数的倍数。如果上机图中穿筘图按照图2-25（a）作图，在实际生产过程中，会给操作工造成误解，将这个"穿筘图"再次循环为如图2-25（b）所示，从而出现穿筘的问题。这样穿筘有可能造成穿错处的经纱易磨损，织物上会有一条"痕迹"。

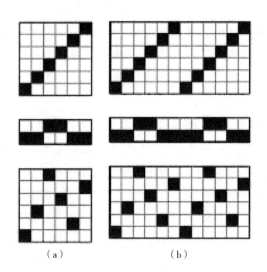

（a） （b）

图2-25 穿筘循环不完整引起穿筘问题示意图

如果出现上例这样的情况，为避免误解，则需在上机图中增加组织循环的个数，即上机图中的经纱数必须是组织循环经纱数和穿筘循环经纱数的最小公倍数。图2-25中，组织循环经纱数为6，穿筘循环经纱数为4，6与4的最小公倍数为12，组织图需绘2个循环，其上机图应按照图2-26（a）进行调整。上机图中筘齿穿入数也可用数字表示，则可按照图2-26（b）的方式表示。

2. 穿筘的方式

（1）平穿。每筘齿穿入数相同的称为平筘穿法，用于普通织物。

（2）花穿。筘齿穿入数不相同或有空筘（筘齿中不穿经纱），用于密度不同的织物或有特殊外观要求的（如透孔）织物等。

3. 空筘的表示 如果穿筘时需要空筘，在穿筘图中空筘位置下方以 ∧ 表示，如图2-27（a）所示；如果工艺单中只画穿综图和纹板图，可以在穿综图上以□表示空筘，图2-27（a）中的穿综图可画成图2-27（b）的形状；用数字"0"表示，图2-27（a）的穿筘写成3入、0、3入、0…。如果穿综图和穿筘图都用数字表示，图2-27（b）可以写成（1210343012103430）3入。

4. 每筘齿穿入数的确定 钢筘的密度常用筘号来表示。筘号即每10cm钢筘（或每2英寸）内的筘齿数。钢筘的筘号对设

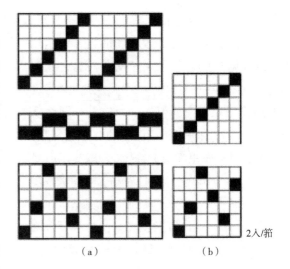

（a）　　　　　　（b）

图2-26　一个完整的穿筘循环示意图

计每筘穿入数时有影响。每筘齿穿入数的多少应根据织物的外观要求、经纱密度、细度、筘号及织物组织等而定，同一种织物在不同工厂可能采用不同的穿入数。

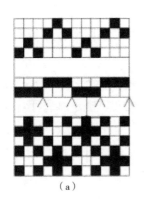

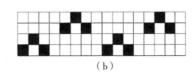

（a）　　　　　　　　　　（b）

图2-27　空筘表示方法示意图

当经密确定好后，如果选择穿入数大，则筘齿稀，经纱排列不匀，易产生筘路，但对经纱磨损小；如果选择穿入数小，筘齿密，经纱排列均匀，但对经纱磨损大。一般对经密大的织物，穿入数可取大些。在选择筘齿穿入数时，尽可能等于组织循环经纱数或组织循环经纱数的约数或倍数。色织和直接销售的坯布，穿入数应小些；要进行后整理的织物，穿入数可大些。穿筘数还要考虑某些组织的特殊要求，如透孔组织、网目组织、纱罗组织等织物的特殊外观要求。

五、纹板图

纹板图是根据组织图中经纱的提升需要来控制综框运动的图解。纹板图通常也是用方格纸来表示，由于纹板图在上机图中的位置有两种，因而其绘作方法也有两种。

1. 纹板图位于组织图右侧 纹板图位于组织图右侧，如图2-28（a）所示。纹板图位于

组织图右侧的方法绘图简单、校对简捷，所以工厂一般采用此法。

图2-28（a）中，纹板图的纵行表示与穿综图相对应的综框，顺序从左往右，纵行数等于穿综图中的综框页（列）数；横行表示与组织图相对应的引入一根纬纱，顺序从下往上，横行数等于组织图中的纬纱循环数。在纹板图的格子里涂绘上符号▧、■表示所对应横行的纬纱引入时所对应纵行的综框需要提升。纹板循环数等于组织循环纬纱数。

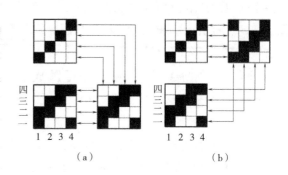

图2-28　纹板图画法示意图

图2-28（a）所示纹板图，表示引入第1根纬纱时，第1页、第4页综框要提升；引入第2根纬纱时，第1页、第2页综框要提升；引入第3根纬纱时，第2页、第3页综框要提升；引入第4根纬纱时，第3页、第4页综框要提升，一个纹板循环完成。

2. 纹板图位于穿综图右侧　图2-28（b）中，纹板图的纵行表示与组织图相对应的纬纱，顺序从左往右，纵行数等于组织图中的纬纱数；横行表示与穿综图相对应的综框数，顺序从下往上，横行数等于穿综图中的综框数。

当纹板图在穿综图右侧时，纵行和横行所代表的意义不同，在纹板图的格子里涂绘上符号▧、■所表示的意义与在组织图右侧相同。

3. 纹板控制综框提升的过程　在载纬器引入纬纱时，经纱按照织物组织的要求形成梭口，构成经组织点的经纱由综框提升形成梭口上层，本文以电子多臂小样机为例，说明纹板控制综框提升的过程。

图2-29所示为电子多臂小样机。小样机综框的提升由计算机控制部分（图2-30）和机械控制部分（图2-31）两部分组成。

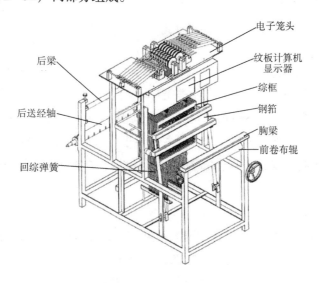

图2-29　电子多臂小样机

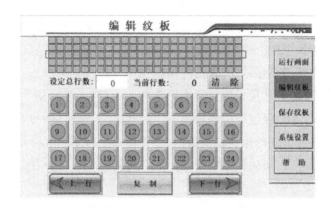

图 2-30　编辑纹板面板

在图 2-30 所示操作屏上的"设定总行数"处输入织物的纹板总数（等于纬纱循环数），然后在纹板输入区，按照纹板图输入第一块纹板，输完第一块纹板后，点击"下一行"，再输入第二块纹板，依次完成整个纹板图的输入。点击保存纹板，这样纹板图就保存在计算机中了（纹板设置详见第十二章实验教程）。

如图 2-31 所示，整个提综系统由电磁阀、气缸、气缸支架、导向滚轮、钢丝绳、综框挂钩、综框、综丝、回综弹簧和固定弹簧的支架等组成。

打纬时，计算机控制部分会按照纹板图的提综指示，依次向所对应的综框电磁阀发出动作信号。电磁阀得电后，接通气源，对应综框的气缸回缩，带动钢丝绳向上提综，完成综框的提升。当电磁阀

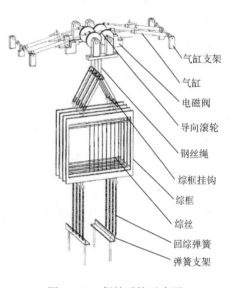

图 2-31　提综系统示意图

失电后，气缸失气，综框下方的回综弹簧回拉，带动综框向下运动，直至复位。通过计算机控制电磁阀的得电和失电，使气缸、提综、回综弹簧完成一个完整的升降动作，从而实现综框的上下开口运动。

六、上机图、穿综图及纹板图的相互关系

织物上机图中组织图、穿综图和纹板图三图之间有着不可分割的关系。例如，如果织物组织不变，变换穿综方式，则纹板图也要相应进行变化；如果穿综方式不变，纹板图发生变化，则可以得到新的织物组织。熟练运用组织图、穿综图和纹板图之间的关系，在织物设计和实际生产中具有重要意义。

1. 已知组织图和穿综图，绘制纹板图　织物设计时，通常情况是首先设计组织图，再根据织物组织、经纱密度和工艺条件等确定穿综方法，最后由组织图和穿综图绘制纹板图。

例：已知组织图和穿综图如图2－32中所示，绘制纹板图。

①图2－32（a）纹板图绘制步骤（纹板图在组织图的右边）。

第一步：确定纹板图范围。由组织图和穿综图得知，纹板图的纵行和横行都为4。

第二步：引入第1纬时，经纱1、4为经组织点需要提升，经纱1、4分别穿入1、4综框中，表明1、4综框需要提升，所以在纹板图第1块纹板的1、4方格上必须涂上符号"■"。引入第2纬时，经纱1、2为经组织点需要提升，经纱1、2分别穿入1、2综框中，表明1、2综框需要提升，所以在纹板图的第2块纹板的1、2方格上必须涂上符号"■"。以此类推。

从图2－32（a）看出，当穿综为顺穿时，如果纹板图在组织图右边，则纹板图与组织图完全一样。

②图2－32（b）纹板图绘制步骤（纹板图在穿综图的右边）。

第一步：确定纹板图范围。由组织图和穿综图得知，纹板图的纵行和横行都为4。

第二步：引入第1纬时，经纱1、4为经组织点需要提升，经纱1、4分别穿入1、4综框中，表明1、4综框需要提升，所以在纹板图的第1块纹板的1、4方格上必须涂上符号"■"。引入第2纬时，经纱1、2、6为经组织点需要提升，经纱1、2、6分别穿入1、2综框中，表明1、2综框需要提升，所以在纹板图的第2块纹板的1、2方格上必须涂上符号"■"。以此类推。

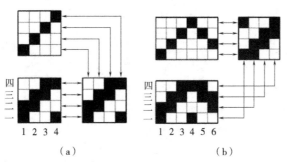

图2－32　绘制纹板图

2. 已知穿综图和纹板图，绘制组织图　有时为了扩大组织循环但又不能使用太多综框，常会先设计穿综图和纹板图，再通过这两个图得出织物组织图。例如，绉组织中的省综设计法就是采用的这种设计方式。

例：已知穿综图和纹板图，如图2－33所示，绘制组织图。

第一步：确定组织图范围。由穿综图和纹板图得知，组织图的纵行和横行都为6。

第二步：引入第1纬时，纹板图中的2、3综框提升，穿综图中的2、3综框穿入2、4、6经纱，表明2、4、6经纱在引入第1纬时要提升，所以在组织图第1纬上的2、4、6方格必须涂上符号"■"。引入第2纬时，纹板图中的1、2综框提升，穿综图中的1、2综框穿入1、2、3经纱，表明1、2、3经纱在引入第2纬时要提升，所以在组织图第2纬上的1、2、3方格必须涂上符号"■"。以此类推。

3. 已知组织图和纹板图，绘制穿综图　为了进一步熟悉三图之间的关系，在已知组织图和纹板图的情况下，分析绘制与之对应的穿综图。

例：已知组织图和纹板图，如图2-34中所示，绘制穿综图。

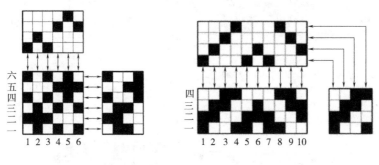

图2-33 绘制组织图　　　　图2-34 绘制穿综图

第一步：确定穿综图范围。由组织图和纹板图得知，穿综图的纵行为10，横行为4。

第二步：组织图中观察到第1根、第5根、第7根经纱浮在1、2纬之上，纹板图中观察到引入第1纬、第2纬时都要提升的综框是第1页综框，表明第1根、第5根、第7根经纱穿入第1页综框，所以在穿综图第1页综框上的1、5、7方格必须涂上符号"■"。组织图中观察到第2根、第6根、第10根经纱浮在第2纬、第3纬之上，纹板图中观察到引入第2纬、第3纬时都要提升的综框是第2页综框，表明第2根、第6根、第10根经纱穿入第2页综框，所以在穿综图第2页综框上的2、6、10方格必须涂上符号"■"。以此类推。

由上述可知，组织图、穿综图和纹板图三者之间相辅相成，具有紧密的关联性。对于事先设计好的织物组织，如果在穿结经中或纹板设置中出错，就不可能获得设计好的织物组织，因此在上机准备过程时要认真仔细。换个角度来看，也常常通过改变纹板图来织制不同花纹效果的织物。

☞ 思考与练习题

1. 名词解释：织物组织、组织点、经组织点、纬组织点、经浮点、纬浮点、组织循环、经纱循环数、纬纱循环数、同面组织、异面组织、经面组织、纬面组织、组织图、经向飞数、纬向飞数、纵向截面图、横向截面图、经浮长、纬浮长、平均浮长、上机图、穿综图、穿筘图、纹板图、顺穿法、飞穿法、照图穿法、间断穿法、分区穿法。

2. 简述机织物的形成过程。

3. 说明上机图的组成与布置方式。

4. 穿综时有哪些原则？

5. 穿综的方法有哪些？说明各穿综方法的特点和适用范围。

6. 穿筘的方法有哪些？怎样确定筘齿穿入数？

7. 组织图如题图2-1所示，试绘制第1根、第2根经纱的纵向截面图和第1根、第2根纬纱的横向截面图。

8. 组织图如题图2-2所示，采用四页两列式复列式综框飞穿法穿综，试绘制上机图。

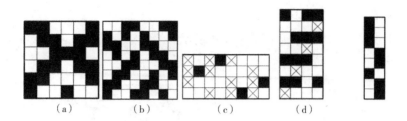

题图 2-1　　　　　　　　　　题图 2-2

9. 组织图如题图 2-3 所示，请选择穿综的方法，说明选择穿综方法的理由，并绘制上机图。

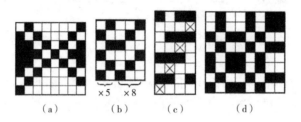

题图 2-3

10. 已知组织图和穿综图如题图 2-4 所示，试绘制纹板图。

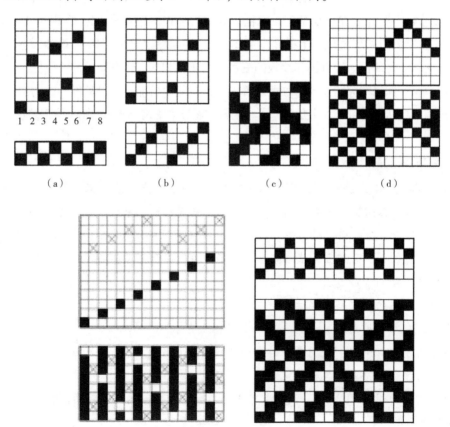

题图 2-4

11. 已知穿综图和纹板图如题图 2 – 5 所示，试绘制组织图。

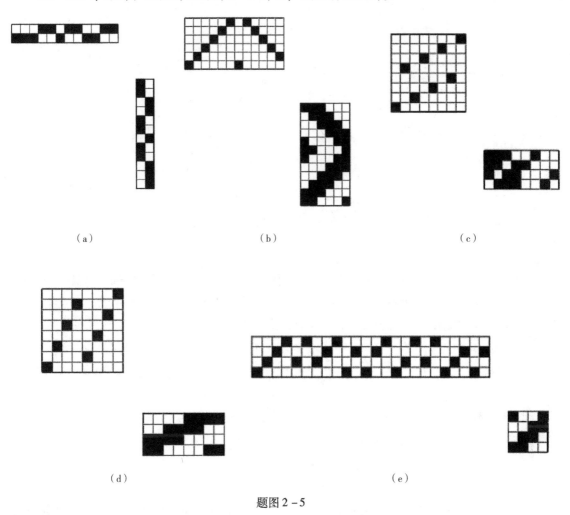

（a）　　　　　　　　　　　（b）　　　　　　　　　　　（c）

（d）　　　　　　　　　　　　　　（e）

题图 2 – 5

12. 已知组织图和纹板图如题图 2 – 6 所示，试绘制穿综图。

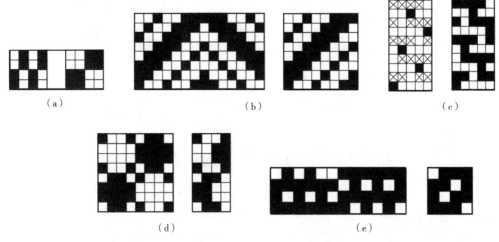

（a）　　　　　　　　（b）　　　　　　　　　　（c）

（d）　　　　　　　　　　（e）

题图 2 – 6

第三章　三原组织与应用

本章目标

1. 熟悉三原组织的概念及特征。
2. 掌握平纹组织、斜纹组织和缎纹组织的表示方法及上机方法。
3. 熟悉平纹组织、斜纹组织和缎纹组织的典型品种和应用。

织物组织是纺织品设计中一项很重要的内容，改变织物组织，将对织物的风格（外观、手感、成形性等）产生较大的影响，同时，也对织物的力学性能、服用性能等产生影响，织物组织同样也影响着织物上机织造的技术条件。

在织物组织中，最简单的组织为平纹、斜纹和缎纹，通常称为三原组织。三原组织是其他组织的基础，三原组织尽管不复杂，但是在棉、毛、丝、麻及各类化纤织物中，有着极广泛的应用。

图3-1（a）、（b）和（c）分别为原组织平纹、斜纹、缎纹组织图，从图中可以看出，三原组织是指具备以下特征的织物：

（1）组织循环经纱数 R_j 等于组织循环纬纱数 R_w，$R_j = R_w$。

（2）组织点飞数是常数，即 $S =$ 常数。

（3）每根经纱或纬纱上，只有单独的经组织点，而其余的都是纬组织点；或者只有单独的纬组织点，而其余的都是经组织点。

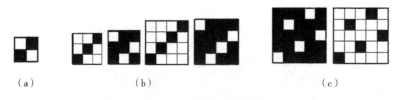

(a)　　　　　　(b)　　　　　　　　(c)

图3-1　原组织组织图

第一节　平纹组织

一、平纹组织特征

平纹组织是最简单的组织，如图3-2所示，（a）为平纹组织立体交织示意图及其纵、横向截面图，（b）为平纹织物实物图，它是由经、纬纱线一上一下相间交织而成，图3-3（a）为平纹组织平面交织示意图，（b）为平纹组织图。

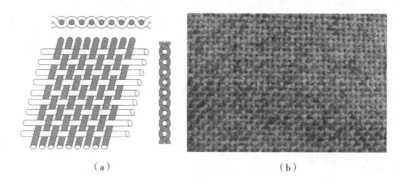

图3-2　平纹组织立体交织示意图及实物图

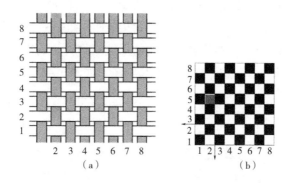

图3-3　平纹平面交织示意图及组织图

由平纹织物立体交织示意图和平面交织示意图可以看出，平纹组织组织参数具有以下特点：

$$S_j = S_w = \pm 1$$
$$R_j = R_w = 2$$

平纹组织在一个组织循环内经、纬组织点是平衡的，由两个经组织点和两个纬组织点构成，正反面相同，是同面组织；平纹组织的经纬纱每间隔一根纱线就进行一次交织，纱线在织物中的交织最频繁，屈曲最多，织物挺括、坚牢、平整。

二、平纹组织表示方法与绘作

1. 组织表示方法　平纹组织的表示方法除了用组织图表示外，在企业生产和贸易过程中，又可以用分式来表示，其中分子表示经组织点，分母表示纬组织点。习惯上称平纹组织为一上一下，即用分数"$\frac{1}{1}$"来表示。

2. 组织图绘作　绘制平纹组织时，应先画出组织图的范围，经纱两根、纬纱两根，如图 3-4 所示。一般画组织图时，均以左下角第 1 根经纱和第 1 根纬纱相交的方格作为起始点，当第 1 根经纱与第 1 根纬纱交织点为经组织点时，那么第 1 根经纱与第 2 根纬纱交织处就是纬组织点，依据织物组织飞数绘制第 2 根经纱上的组织点，组织图如图 3-4（a）所示。

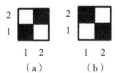

图 3-4　平纹组织图

当平纹组织起始点为经组织点时，又称之为单起平纹，一般画图时习惯上将经组织点作为平纹组织的起始点。当平纹组织的起始点为纬组织点时，又称为双起平纹，如图 3-4（b）所示。

当平纹组织与其他组织相配合时，要考虑起始点问题。例如，当平纹组织作为提花织物的勾边组织时，需要考虑起始点问题。

三、平纹组织上机设计

1. 穿综　在传统的有梭织机上，织造经密较小的平纹织物时，可采用两页综的顺穿法，如图 3-5（a）所示；一般织造中等密度的平纹织物时，如中平布，采用两页两列复列式综框飞穿法，如图 3-5（b）所示；在织经密很大的平纹织物，如细布和府绸时，可采用两页四列复列式综框，或四页两列复列式综框用双踏盘织造，如图 3-5（c）所示。

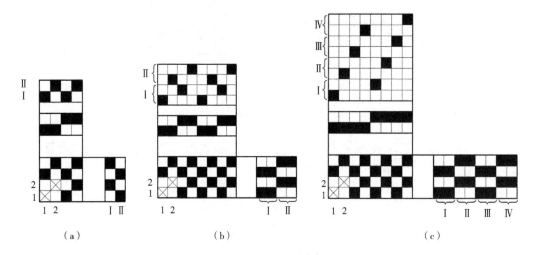

图 3-5　传统的有梭织机平纹组织上机图

在新型无梭织机上，因无复列式综框，织造平纹织物时，全部采用顺穿法，在织物经密较小时，可采用两页综的顺穿法，如图 3-5（a）所示。在织物密度中等时，如中平布，可采用四页综框的顺穿法，如图 3-6（a）所示，织第 1 纬时，第 Ⅰ 页、第 Ⅲ 页综提综，织第 2 纬时，第 Ⅱ 页、第 Ⅳ 页综提综；在织物经密较大时，如府绸、防羽绒布，可采用八页综的顺穿法，如图 3-6（b）所示，在图 3-6（b）的情况下，织第 1 纬时，提 Ⅰ 、Ⅲ 、Ⅴ 、Ⅶ 页综，织第 2 纬时，提综 Ⅰ 、Ⅳ 、Ⅵ 、Ⅷ 页综，织造时采用这样的提综方式，能够保证布机振动小，运动平稳。

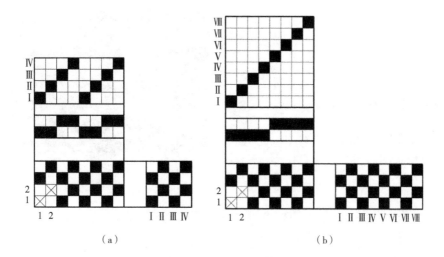

（a）　　　　　　　　　　　（b）

图3-6　无梭织机平纹组织上机图

2. 穿筘　穿筘可采用2人/筘或者4人/筘，为防止布面筘痕的产生，可采取2人/筘。

四、形成特殊效应平纹织物的方法

平纹组织尽管非常简单，如果配以不同的织物密度、纱线线密度、捻向及织造、后整理等工艺，会获得不同的外观风格和性能特点。

1. 稀密条形织物　采用平纹组织，每筘齿穿入不同经纱根数，在织物的表面会形成稀密条形外观特点。

2. 纵向条形织物　在织物穿筘时，按条形要求进行空筘，空筘的地方会形成纵向缝隙，形成纵条纹，可用于夏季服装面料，增加织物的透气性，如图3-7所示。

3. 凸条效应的织物　主要采用不同粗细的纱配合而成。从图3-8（a）中可以看到，经纱排列一粗一细，或者一粗两细，布面就形成纵条效应；如图3-8（b）所示，当纬纱排列一粗一细，或者一粗两细，布面就形成横条效应；如果纵横

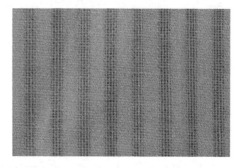

图3-7　通过空筘形成的条纹效果织物

向均间隔采用粗纱，会形成格子效应，图3-8（c）采用粗细纱搭配，在织物表面形成小方格效应。

4. 泡泡纱织物　织造时采用双织轴，一个织轴送经量大一些，另一个织轴送经量小一些，送经量大的部分经纱在布面上形成绉泡。图3-9所示为平纹泡泡纱织物。

5. 起绉织物　采用平纹组织，配合强捻纱及捻向的配合，在织物表面形成起绉效应，在棉、毛、丝、麻中均有使用，如凡立丁、薄花呢等，丝织物中的乔其纱织物和双绉织物等。图3-10所示为强捻纱形成的平纹起绉织物。

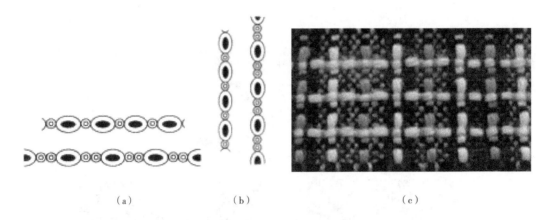

（a）　　　　　　　（b）　　　　　　　　　　（c）

图 3-8　粗细纱间隔平纹织物

图 3-9　平纹泡泡纱织物

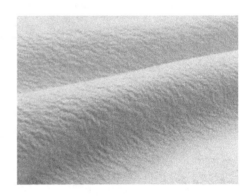

图 3-10　强捻纱形成的平纹起绉织物

6. 隐条、隐格织物　由于捻向不同，形成的反光效应不同，在织物表面会形成隐条或者隐格效应，在棉、毛织物中常采用这种设计方法。图 3-11 所示为平纹隐格织物。

7. 烂花织物　利用织物原料性能上的差异，比如涤/棉织物，涤纶耐酸而棉不耐酸，在织物后整理过程中，轧酸，使棉的部分烂掉，棉烂掉后，纱线变细，就会在织物表面形成半透明的花纹。图 3-12 所示为涤/棉烂花织物。

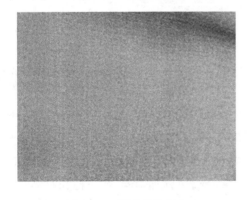

图 3-11　平纹隐格织物

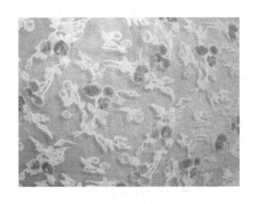

图 3-12　涤/棉烂花织物

五、平纹组织应用

平纹组织在棉、毛、丝、麻及化纤等织物中有着广泛的应用；在现代产业用纺织品中，平纹组织的应用也很多。

1. 经典平纹棉织物

（1）粗平布。指经纬纱用32tex及以上（18英支及以下）的粗特纱织制的平纹织物，经、纬向织物密度接近。具有布面粗糙、手感厚实和坚牢耐用的特点。粗布的经纬纱常用低等级棉花纺制，外观平坦，质地较坚牢，手感较挺爽。

（2）中平布。指用20.8~30.7tex（19~28英支）经纬纱制织的平纹织物，经、纬向织物密度接近。具有结构较紧密、布面匀整光洁的特征，经纬纱常用3~3.5级的棉花纺制或用棉、黏胶纤维或各种纤维混纺纱作经纬纱。中平布以本色直接上市销售，供制作衫、裤、被里和衬布等。坯布可加工成漂白布、印花布、染色布，供制作衣服、床上用品等。

（3）细平布。又称细布，指经纬用9.9~20.1tex（29~59英支）纱制织的平纹织物。具有质地细薄、布面匀整、手感柔软等特征。常用棉纱作经纬纱，也可用化纤或混纺纱。设计该类织物，经纬常用线密度相同或接近的细特纱，经向密度等于或略大于纬向密度。经纬纱用相同捻向，织纹清晰；用相反捻向，则布面丰满。可根据品种外观要求选用。

（4）细纺。用特细的精梳棉纱或涤/棉纱作经纬织制的平纹织物。因其质地细薄，与丝绸中纺类织物相仿，故称细纺。细纺具有结构紧密、布面光洁、手感柔软、轻薄似绸的特点。细纺的经纬均用优质长绒棉纺制，或与涤纶混纺制成混纺纱，涤纶和棉的混纺比为65:35、40:60和30:70等。细纺经特殊后整理，有不缩不皱、快干免烫、良好的吸湿性和穿着舒适性等性能，适宜做夏季衬衫。刺绣用细纺，密度稍稀，通过刺绣加工成手帕、床罩、台布、窗帘等装饰用品。

（5）府绸。布面呈现由经纱构成的菱形颗粒效应，其经密高于纬密，经纬密之比约为2:1或5:3。府绸具有质地轻薄、结构紧密、颗粒清晰、布面光洁、手感滑爽、有丝绸感特点。府绸的用途颇广，主要用于缝制男女衬衫、风衣、雨衣和外衣。

（6）巴厘纱。用细特强捻纱线制织的稀薄平纹织物，俗称玻璃纱。具有质地稀薄、手感挺爽、布孔清晰、透明度强、透气性佳等特点。用棉或涤/棉混纺精梳纱线织制，以单纱作经纬的巴厘纱，经纬纱均为19~14.5tex（40~60英支），捻系数为400~480。以股线作经纬的巴厘纱，线的规格为5tex×2~7.5tex×2（80/2~120/2英支），单纱捻系数为340~360，股线捻系数为475~520，两者均以Z捻向加捻。组织为平纹。织物的经纬向紧度大致相同，一般为25%~40%。

（7）麦尔纱。一种低经纬密度的平纹织物。具有结构稀疏、质地轻薄、手感柔软、透气性好等特点。大多用纯棉纱织制，也有用涤纶与棉、涤纶与富强纤维、棉与维纶等混纺纱作经纬，一般涤纶与棉或富强纤维混纺比为65:35，棉与维纶混纺比为50:50。经纬纱粗细基本接近，一般为10~14.5tex（40~60英支）普梳单纱。经向紧度为28%~40%，纬向紧度为24%~36%。

（8）防羽绒布。用作羽绒服装、羽绒被等面料的织物，通称羽绒布。具有结构紧密、透气量小、防羽绒钻出性强等特点。常见的防羽绒布多用精梳棉纱或涤/棉混纺细特纱织制，织物组织多为平纹，织物的总紧度在88%以上，而经向紧度和纬向紧度分别为73%和53%以上。

（9）柳条麻纱。经纱排列成条纹，条纹与条纹之间有孔隙，柳条宽度为2.0～2.5mm，纵向条纹的孔隙约为柳条宽度的1/4，即0.5～0.6mm。大多用棉纱或涤/棉混纺纱织制。

2. 经典平纹毛织物

（1）凡立丁。凡立丁是夏季服用轻薄的毛织物。原料好，纱线线密度小，捻度大，经纬密度较小，手感滑、挺、糯、活络、有弹性。织物多为匹染素色，色泽以中浅色为主。

（2）花呢类织物。花呢类织物是毛织物中非常丰富的一个大类，其中有部分花呢采用平纹组织。

①格子花呢。经纬纱均采用两种或两种以上不同颜色的毛纱织成，平纹或斜纹等组织构成不同的格子效应。一般纬经比为0.86左右，平方米质量为260～270g/m²。

②粗平花呢（粗支平纹花呢）。粗支A/B毛纱为经纬纱，平纹组织，配以隐条隐格和彩色嵌条，形成各种明暗立体条格花式效应。一般纬经比为0.8～0.82，平方米质量为230～250g/m²。

③薄花呢。纱线线密度小，质轻，平纹组织。可采用条染混色或异色合股、各种色纱交织，正反捻花线、嵌条线等装饰的条子或格子织物。织物活络、有弹性、滑、挺、爽（或糯）、薄。纱线线密度为20tex×2～12.5tex×2（也可双经单纬或高达10tex×2）。平方米质量为124～195g/m²。

3. 经典平纹组织丝织物

（1）丝织物的纺类。经纬丝无捻或弱捻，外观平整细密、质地轻薄，采用桑蚕丝、人造丝、锦纶丝、涤纶丝等。主要品种包括电力纺、无光纺、锦纶纺、涤纶纺、富春纺等。

（2）绉类。绉类是丝织物中的一个大类，主要以平纹组织为主，外观呈现某种绉纹，光泽柔和，手感柔软，富有弹性和悬垂性，密度不很高。单纯使用平纹组织的主要包括如下品种。

①乔其绉。白织的绉类丝织物，又名乔其纱。经线和纬线采用S和Z两种不同捻向的强捻，两根相间排列，并配置稀松的经纬密度。坯绸经精练后，致使扭转的绉线扭力回复，使得绸面颗粒微凸，结构稀松，质地轻薄透明，手感柔爽富有弹性，外观清淡雅洁，并具有良好的透气和悬垂性。

②双绉。经纱无捻，采用两种不同捻向的强捻纬纱以2S/2Z交替织入，形成绉效应，具有手感柔软，弹性好，轻薄凉爽等特点，但是缩水率大。

③碧绉。经线无捻，纬线采用碧绉线，一粗一细，细的无捻或有捻，粗的有捻，粗细捻向相反，相对于粗的纱线反向加捻，从而粗丝线反方向退捻以螺旋状环抱细丝线而成碧波绉线。织物有爽感，同时丰满蓬松，保暖性好，手感丰厚，多用于女装，其中日本和服大量应用。

（3）绸类。绸类也是丝织物的一个大类，采用平纹组织的主要有以下品种。

①塔夫绸。塔夫绸经纬密度大，属于传统的高档产品。挺括性好，多用于男士衬衣。

②双宫绸。纬丝用桑蚕双宫丝，质地紧密挺阔，色泽柔和，绸面呈现均匀而不规则的粗节。作西式服装面料和装饰用绸，也有用于贴墙装饰，是国际上颇为流行的品种之一。

③绵绸。又称疙瘩绸，桑蚕紬丝为原料的平纹织物。由于紬丝为绢纺产品，粗细不匀，使得织物表面具有粗糙不平的独特外观。绸面粗犷，丰厚，少光泽，手感滑糯，绵粒分布均匀。也有用紬丝和棉纱交织的绵绸，染色后形成杂色效应。

除了以上一些主要应用外，平纹组织还常用于产业上。例如，防弹衣及防弹头盔用织物：采用高强纤维原料，经纬密度相同的平纹织物，在使用时，采用多方向单层平纹织物层叠；高压水龙带织物：主要采用平纹组织，也有少量采用方平或者斜纹组织。因平纹浮线线短，结构稳定，易于做密封处理；防雨织物：雨伞、遮阳伞织物，与高压水龙带织物一样，需要做密封处理；此外，平纹组织在轮胎帘子线、筛网、土工格栅中也均有使用。

第二节　斜纹组织

一、斜纹组织特征

斜纹组织是由连续的经组织点或纬组织点形成的浮长线在织物表面连接在一起，构成有斜线纹路的组织，如图 3 – 13 所示。

原组织斜纹是指在一个组织循环内，任何一根经纱或纬纱上仅有一个经组织点或者纬组织，且经、纬纱组织循环纱线数相等，组织点飞数为常数的斜纹组织。依据原组织斜纹的定义，组织循环为 2 时，无法形成斜纹线，形成平纹组织。因此，原组织斜纹的组织参数具有以下特点：

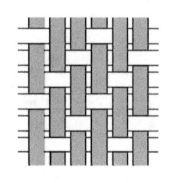

图 3 – 13　斜纹组织交织示意图

$$S_j = S_w = \pm 1$$
$$R_j = R_w \geqslant 3$$

从斜纹组织交织示意图可以看出，原组织斜纹组织在一个组织循环内经、纬组织点是不平衡的，要么是经面组织，要么是纬面组织；织物表面有浮长线存在，当纱线粗细相同、织物密度相同时，斜纹组织相对于平纹组织而言，交织次数少，斜纹织物的坚牢度不如平纹织物，但是织物手感相对柔软，因其交织次数少于平纹组织。在实际生产中，斜纹织物的可密性（在其他条件相同的情况下，织物能达到的密度）比平纹织物大。

二、斜纹组织表示方法与绘作

1. 组织表示方法　斜纹组织除了用组织图表示外，在企业生产或者贸易中，常常用分数来表示，分子表示在组织循环中每根纱线上的经组织点数，分母表示在组织循环中每根纱线上的纬组织点数，分子分母之和等于组织循环纱线数 R。在原组织的斜纹分式中，分子或分母必有一个等于1。图 3－14 中（a）、（b）、（c）和（d）用分式表示分别为：$\frac{1}{2}$、$\frac{2}{1}$、$\frac{1}{3}$、$\frac{3}{1}$。

从斜纹组织交织示意图 3－13 中可以看到，斜纹线是有方向的，有的斜纹线是从左下向右上倾斜，称为右斜纹，如图 3－14（a）、（c）所示；有的斜纹线是从右下向左上倾斜，称为左斜纹，如图 3－14（b）、（d）所示。那么用分式表示时，可以在分式旁边加上"箭头"来表示斜纹的方向。"↗"表示右斜纹，"↖"表示左斜纹，图 3－14（a）用分数表示为 $\frac{1}{2}$↗、（b）用分数表示为 $\frac{2}{1}$↖、（c）用分数表示为 $\frac{1}{3}$↗、（d）用分数表示为 $\frac{3}{1}$↖。

斜纹的方向与组织飞数有关，从图 3－14（a）、（c）中可以看出，其单独组织点飞数均是：$S_j = +1$，$S_w = +1$，由此可知，当组织点飞数为"＋"时，斜纹组织为右斜纹；图 3－14（b）、（d）中的单独组织点飞数是：$S_j = -1$，$S_w = -1$，由此可知，当组织点飞数为"－"时，斜纹组织为左斜纹。

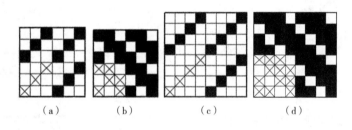

（a）　　　　（b）　　　　（c）　　　　（d）

图 3－14　斜纹组织图

因斜纹组织的分式表示法中，分子和分母分别表示一个经纱上的经、纬组织点数，因此，分子大于分母时，说明组织图中经组织点占多数，称为经面斜纹，如图 3－14（b）、（d）所示；当分子小于分母时，说明组织图中纬组织点占多数，称为纬面斜纹，如图 3－14（a）、（c）所示。

2. 组织图绘作　斜纹组织的绘图方法比较简单，首先，按照表示斜纹组织的分式，求出组织循环纱线数 R = 分子 + 分母，在意匠纸上画出组织图范围；其次，习惯上以第 1 根经纱与第 1 根纬纱相交的组织点为起始点，按照表示斜纹组织的分式，在第 1 根经纱上填绘经组织点，连续经组织点的个数等于分子的数量；最后，再按组织飞数逐根填绘其他经纱上的经组织点。

以 $\frac{3}{1}$↖为例，先在意匠纸上画出组织循环，$R_j = R_w = 4$，并分别标出经、纬纱序号；然后在第 1 根经纱与第 1 根纬纱交织点为起始点，在第 1 根经纱上连续填绘 3 个经组织；因是右斜纹组织，组织点飞数 $S_j = +1$，按飞数填绘第 2 根、第 3 根、第 4 根经纱上的经组织点。

图 3 –15 所示为斜纹组织绘图的过程。

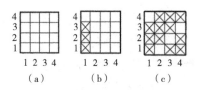

图 3 –15 $\frac{3}{1}$↗斜纹组织绘图

三、斜纹组织上机设计

1. 穿综 织制斜纹织物时，可采用顺穿法，如图 3 – 16（a）所示，所用综页数等于其组织循环纱线数。在传统的有梭织机上，当织物的经密较大时，为了降低综丝密度，以减少经纱受到的摩擦，多数采用复列式综框飞穿法穿综，所用综页列数等于组织循环的 2 倍，如图 3 – 16（b）所示；在新型的无梭织机上，当斜纹织物密度较大时，对于 $\frac{2}{1}$ 斜纹多数采用成倍增加综框页数的顺穿法，这样有利于提高劳动效率，如图 3 – 16（c）所示；对于 $\frac{3}{1}$ 斜纹织物，从提高劳动效率出发，采用成倍增加综框页数的顺穿法，如图 3 – 16（d）所示；如果从张力均匀性考虑，可以采取成倍增加综框列数的飞穿法，如图 3 – 16（e）所示。在实际生产中 $\frac{3}{1}$ 斜纹需要四页综框生产，一般来说，综丝密度不会太高，采用八页综生产的情况较少。

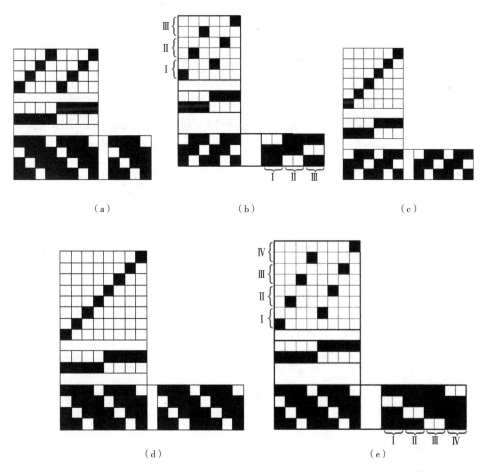

图 3 – 16 斜纹组织上机图

2. 穿筘　斜纹织物每筘穿入数，当组织循环较小时，如三页斜纹、四页斜纹，穿入数为组织循环的整数倍，三页斜纹穿入 3 入/筘，四页斜纹穿入 4 入/筘，以利于提高生产效率。当斜纹组织组织循环较大的时候，以生产操作的方便性及提高生产效率为目的，每一筘齿中穿入经纱根数为 3～4 根。

3. 斜纹织物的上机反织　在斜纹织物生产过程中，常常有正织与反织之分，所谓的反织法就是将 $\dfrac{3}{1}\nearrow$ 在织造时织成 $\dfrac{3}{1}\nwarrow$，织好后布的反面是正面，一般用于经面斜纹。采用正织时，易在布面上发现百脚、跳花、纬缩等织疵，便于及时纠正，但开口装置耗电多、不易发现断经、拆坏布容易损伤经纱等；如果采用踏盘反织，能节约用电、易发现断经、拆坏布方便，但不易检查百脚、跳花、经缩浪纹等疵点。因此，正反织各有优缺点。在纺织生产史上，有梭织机生产经面斜纹时，有时采用反织法，主要是由于电力不足，以节电为目的，目前的无梭织机上使用较少，这样也利于在生产过程中对布面质量的控制。

四、斜纹组织捻向设计

在设计与生产斜纹织物时，对斜纹织物的外观风格要求是纹路匀、深、直，为了突出斜纹织物的这种外观风格，在设计和生产斜纹织物时，一定要注意纱线捻向与斜纹方向的关系。

传统的环锭纺纱，纤维依靠加捻聚集在一起，在加捻过程中，纤维会以纱线轴芯为中心产生转移，与纱线中心线方向呈现一个交叉角，依据纤维倾斜的方向，可分为 Z 捻和 S 捻，一般单纱为 Z 捻，股线为 S 捻。斜纹织物表面的织纹是否清晰，除了受纱线线密度和织物经纬密度的影响之外，还与纱线捻向有密切的关系，所以必须根据纱线的捻向合理地选择斜纹线的方向。

当织物受到光线照射时，浮在织物表面的每一纱线段上可以看到纤维的反光，各根纤维的反光部分排列成带状，称作"反光带"。如图 3－17（a）中，经纱的捻向为 S 捻纱线，其反光带的倾斜方向为箭头所示的右斜方向；如图 3－17（b）中，经纱的捻向为 Z 捻纱线，其反光带的倾斜方向为箭头所示的左斜方向，即反光带的方向与纱线中纤维排列的方向相交。如果是纬面斜纹，则由纬纱的捻向来决定反光带的方向。

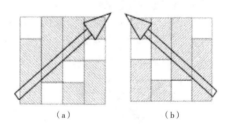

（a）　　　　　　（b）

图 3－17　斜纹织物纱线捻向与斜纹纹路斜向的关系

在斜纹织物中，当反光带的方向与织物的斜纹线方向一致时，斜纹线就清晰。

五、斜纹组织应用

斜纹组织的织物应用较广泛，在棉、毛、丝、麻织物中均有应用。

1. 经典斜纹棉织物

（1）棉斜纹布。一般采用$\frac{2}{1}$↗斜纹组织，表面有明显的斜向纹路，反面织纹不明显，近似平纹，因此又称为单面斜纹，经纬纱交织次数比平纹少，经向密度比平纹布大。主要用作橡胶鞋基布、球鞋夹里布、金钢砂基布、染整加工后的成品，可制作服装、被套、台布、阳伞、床上用品等。图 3 - 18 所示为斜纹织物实物图。

（2）牛仔布（棉织物中的劳动布）。组织结构一般为$\frac{2}{1}$、$\frac{3}{1}$斜纹，是一种较粗厚的色织经面斜纹棉布，经纱颜色深，一般为靛蓝色；纬纱颜色浅，一般为浅灰或煮练后的本白纱。又称靛蓝劳动布。

（3）单面卡其（纱卡其、线卡其）。$\frac{3}{1}$织物组织，可以分为线卡和纱卡，线卡一般是右斜，纱卡是左斜，染整加工后常作制服、运动裤、男女外衣，特细卡其可作衬衫，也可作装饰材料。

2. 经典斜纹毛织物　斜纹组织无论在精纺还是粗纺毛织物中应用都较多，原组织斜纹主要是在精纺毛织物的华达呢产品中使用。

单面毛华达呢的组织结构一般为$\frac{2}{1}$、$\frac{3}{1}$斜纹，产品多为匹染素色，纬经密度比为 0.51 ~ 0.57，斜纹倾角约为 63°。织物挺括、有身骨、紧密、弹性足，贡子清晰、饱满。图 3 - 19 所示为毛华达呢织物实物图。

图 3 - 18　棉斜纹布面料

图 3 - 19　单面毛华达呢织物实物图

3. 经典斜纹丝织物　原组织斜纹在丝织物中最典型的应用产品是里子绸。里子绸又称美丽绸，采用$\frac{2}{1}$、$\frac{3}{1}$斜纹组织，一般用于服装里衬，较多使用黏胶丝，目前，化学纤维原料在里子绸中也被大量使用。

第三节　缎纹组织

一、缎纹组织特征

缎纹组织是原组织中最复杂的一种组织，图3－20是缎纹组织交织示意图及组织图。从图3－20中可以看出，缎纹组织的特点在于每根经纱或纬纱上都有单独的经或者纬组织点，每个单独的组织点周围全部是与其相反的组织点，这些单独的组织点分布均匀，且有规律。缎纹组织的单独组织点，在织物上由其两侧的经（或纬）浮长线所遮盖，在织物表面都呈现经（或纬）的浮长线，因此，布面平滑匀整、富有光泽、质地柔软。

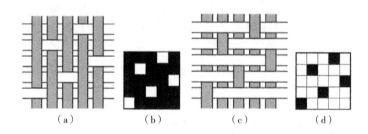

图3－20　缎纹组织交织示意图及组织图

与原组织缎纹的特征相一致，原组织缎纹组织参数应具有以下特点。

1. 组织循环纱线数　组织循环纱线数$R \geq 5$（6除外）。$R = 2$时，只能形成平纹组织；$R = 3$时无法形成互不相连的组织点；$R = 4$时，要想实现组织点互不相连，那么会出现有的纱线上没有交织点，如图3－21所示，因此，缎纹组织的组织循环数$R \geq 5$。

2. 组织飞数　组织飞数$1 < S < R - 1$。飞数等于1或都等于$R - 1$时，组织点会相连形成斜纹。在整个组织循环中飞数始终保持不变，即为正则缎纹。

3. 组织循环纱线数与飞数的关系　如果R与S有约数的话，会出现一些纱线上没有交织点，如图3－22所示。当$R = 6$时，飞数应该是在2、3、4中选取，图3－22（a）为$R = 6$，$S = 2$；（b）为$R = 6$，$S = 3$；（c）为$R = 6$，$S = 4$。由于2、3、4与6均有约数，出现一些纱线上没有交织点，因此，R与S必须互为质数。所以$R = 6$时，无法形成规则缎纹。

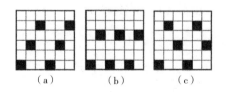

图3－21　$R = 4$时无法形成缎纹组织　　　图3－22　R为6时的组织图

从缎纹组织交织示意图3－20可以看出，在其他条件不变的情况下，缎纹组织循环越大，浮线越长，织物越柔软、平滑和光亮，但其坚牢度越低。因缎纹组织的浮线比平纹、斜纹更长，因此缎纹组织的可密性比平纹和斜纹更大。

缎纹组织也有经面缎纹与纬面缎纹之分，图 3 – 20（b）是经面缎纹组织图，（d）是纬面缎纹组织图。

按缎纹组织的特征及组织参数，相同的组织循环数，有多个飞数满足要求，可以画出多个缎纹组织图，以 $R=11$ 的缎纹组织为例，其飞数可选择为 2、3、4、5、6、7、8、9，可以画出 8 种缎纹组织（以纬面缎为例），如图 3 – 23 所示。

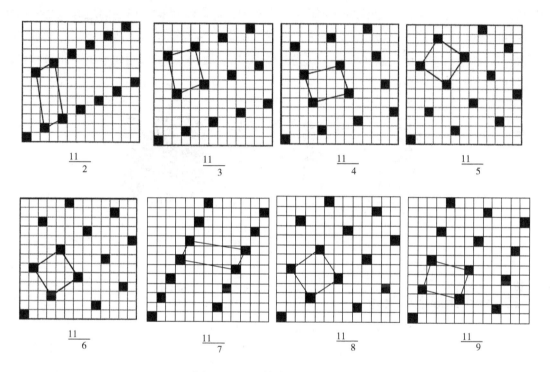

图 3 – 23　11 枚纬面缎纹组织图

从图 3 – 23 可以看出，缎纹组织飞数影响到单个组织点的分布，依据缎纹组织的单独组织点分布均匀、且有规律、相距较远的原则，11 枚 7 飞和 11 枚 5 飞两个组织最合理。进一步观察可以发现，当相邻的四个组织点分布状态呈正方形时，缎纹组织效果最好。

二、缎纹组织表示方法与绘作

1. 组织表示方法　除了用组织图表示缎纹组织外，也可以用分式表示缎纹组织，分子表示组织循环纱线数 R，分母表示飞数 S。飞数有按经向计算和纬向计算两种方法，一般约定为经向飞数用于经面缎纹，纬向飞数用于纬面缎纹。图 3 – 20（b）所示组织中 $R=5$，$S_j=3$，用 $\frac{5}{3}$ 表示，称五枚三飞经面缎纹。图 3 – 20（d）所示组织中 $R=5$，$S_w=2$，用 $\frac{5}{2}$ 表示，称五枚二飞纬面缎纹。

在企业生产和贸易过程中，缎纹组织的表示方法，有时候也按着斜纹组织的分式表示方法来表示，图3-20（b）所示组织可表示为$\frac{4}{1}$缎纹，$S_j = 3$，图3-20（d）所示组织可表示为$\frac{1}{4}$缎纹，$S_j = 3$ 或者 $S_w = 2$。

2. 组织图绘作 以$\frac{8}{3}$经面缎纹为例。如图3-24所示，绘制缎纹组织图时，首先，在意匠纸上画出组织图范围，经纱8根、纬纱8根；其次，习惯上以第1根经纱与第1根纬纱相交的组织点为起始点，填绘单独的组织点，本例为经面缎纹组织，单独的组织点是纬组织点，在第1根经纱与第1根纬纱相交处确定为纬组织点，第1根经纱其他的组织点均填绘为经组织点；然后再按组织飞数（$S_j = 3$）逐根确定每根经纱上单独的纬组织点，并将每根经纱上其他的点填绘成经组织点。

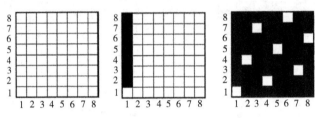

图3-24 $\frac{8}{3}$经面缎纹组织绘作方法示意图

三、缎纹组织上机设计

1. 穿综与穿筘 在织制缎纹织物时，多数采用顺穿法。每一筘齿穿入2~4根。

2. 缎纹织物的上机反织 在织机上织制缎纹织物时，也可分正织与反织，两者各有优缺点。如五枚经面缎纹可采用$\frac{4}{1}$踏盘正织，也可采用$\frac{1}{4}$踏盘反织。正织时，产品质量和机械效率都比反织高，但断经、跳纱疵点较难发现。反织时，虽断经、跳纱疵点容易发现，利于及时处理，但产品质量与机械效率都不如正织。目前，无梭织机上的缎纹组织采用正织居多。

四、缎纹组织设计注意事项

为了突出缎纹组织的风格特点，在织物设计和上机织造时，还要注意如下几点。

1. 织物密度的选择 对于经面缎纹，布面呈现的是经纱的效果，为了突出经面效应，经密应大于纬密，一般情况下，经纬密度之比约为3:2；同理，纬面缎纹为了突出纬面效应，纬密应大于经密，经纬密度比约为3:5。

2. 缎纹组织的斜向问题 缎纹组织虽然不像斜纹组织那样有明显的斜向，但织物表面存在一个主斜向，并随飞数的变化而变化。当飞数$S < R/2$时，缎纹组织的主斜向为右斜，如图3-25（a）、（c）所示；当飞数$S > R/2$时，缎纹组织的主斜向为左斜，如图3-25（b）、 （d）所示。依据织物风格不同，织物表面有的要求显示斜向，有的要求不显示斜向，捻向同斜向的配合关系与斜纹组织相同。棉直贡，要求贡子清晰，显斜向，图3-25（a）中的经纱应该选用S捻，图3-25（b）中的经纱应该选用Z捻；棉横贡要求不显斜向，图3-25（c）中的纬纱应该选用S捻，图3-25（d）中的纬纱应该选用Z捻。

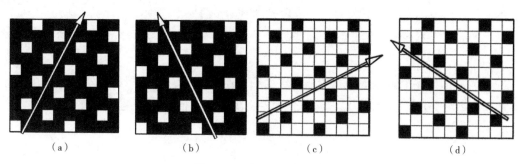

| （a） | （b） | （c） | （d） |

图3-25 缎纹组织的斜向

3. 合理设计纱线的线密度及捻度 根据不同织物的不同风格要求，棉织物中的横贡缎要求织物表面光泽度好，织物柔软，宜选用较细的精梳棉纱，纱线的捻度在不影响织造的前提下以小为宜；而精纺毛织物中的贡呢类，要求织物表面显示斜向，风格挺括，纱线常采用较粗的精纺毛纱。

五、缎纹组织应用

缎纹组织常应用于棉、毛、丝织物设计中。

1. 经典缎纹棉织物

（1）直贡缎。组织以五枚三飞或五枚二飞经面缎纹居多。主要用于服装及床上用品等。

（2）横贡缎。组织以五枚三飞或五枚二飞纬面缎纹居多，横贡是棉织物中高档产品，多用于妇女衣裙儿童棉衣及室内装饰。

（3）缎条织物。缎纹组织与其他组织配合或经缎纬缎配合织成各种织物，如缎条府绸、缎条手帕、缎条床单等。

2. 经典缎纹毛织物

（1）直贡呢。直贡呢是经面织物，采用五枚加强经面缎纹组织，纱线细、密度大、厚重，呢面斜纹陡急，斜纹角度在75°左右的称"直贡呢"（礼服呢）。身骨紧密、厚实。

（2）横贡呢。横贡呢是纬面织物，采用五枚纬面缎纹组织，呢面斜纹平坦，斜纹角度在15°左右。

（3）驼丝锦。细洁紧密的中厚型素色毛织物。采用缎纹组织及其变化组织织制。驼丝锦有精纺和粗纺，原料用细羊毛，精纺驼丝锦纱支较细，织物平方米质量为$321\sim370g/m^2$。呢面平整，织纹细致，手感结实柔滑，紧密而有弹性，适宜作礼服。

（4）贡丝锦。细洁紧密的中厚型素色毛织物，有精纺和粗纺，采用缎纹组织及其变化组织织制，呢面平整，织纹细致，手感结实柔滑，紧密而有弹性，适宜作礼服。

3. 经典缎纹丝织物 缎纹组织在丝织物中的使用最多，原组织缎纹织物主要有以下产品。

（1）素绉缎（素绸缎）。织物组织为五枚缎的真丝缎类品种，素绉缎属全真丝绸面料中的常规面料，手感滑爽，富有弹性，不会有毛糙的感觉，组织密实；纬线强捻（2600 捻）、经线不加捻，所以缩水率相对较大，下水后光泽有所下降。

同类产品还有素库缎、素软缎、乔其缎、天蚕缎、桑波缎、万寿缎、丝棉缎等缎面丝织面料。

（2）素软缎织物。素软缎是指用八枚经面缎纹组织织成，经丝用桑蚕丝，纬丝用有光黏胶人造丝。缎面光滑，质地柔软，可用于女装、戏装、高档里料、绣花坯料、被面、帷幕、边条装饰等。

👉 思考与练习题

1. 什么是三原组织？三原组织具体什么特征？

2. 比较平纹组织、斜纹组织、缎纹组织的特点。

3. 绘作下列组织的上机图。

①平纹（采用飞穿法） ②$\frac{2}{1}\nearrow$（采用飞穿法） ③$\frac{8}{3}$纬面缎纹

4. 说明下列织物采用什么组织，同时用分式表示其组织。

粗平布、巴厘纱、细纺、塔夫绸、府绸、单面华达呢、单面纱卡其、单面线卡其、直贡、横贡、双绉、乔其纱。

5. 依据缎纹组织的组织特征确定 13 枚纬面缎纹，其飞数为多少时，组织点的分布最合理。

6. 试绘作 10 枚缎纹构成的所有可能的缎纹组织图。

7. 绘图说明斜纹组织和缎纹组织正反面组织之间的关系，以$\frac{3}{1}\nearrow$斜纹和$\frac{8}{3}$纬面缎纹为例画图说明。

8. 需获得斜纹线条清晰的$\frac{1}{3}\nearrow$斜纹织物，应该采用什么捻向的纱线？

9. 说明为什么雨伞织物大多数是平纹组织？

10. 新型织机上织造高密平纹织物应采取什么穿综方法？

11. 从织物风格出发，为什么平纹组织穿入数越多，越容易出现筘痕？

12. 从织物浮长线长短分析一下，为什么织物经密相同时，缎纹组织可实现的最大纬密大于平纹组织可实现的最大纬密？

13. 如平纹织物和斜纹织物的经密和纬密相同的情况下，试分析哪种织物感觉更厚一些？为什么？

第四章　变化组织与应用

本章目标

1. 熟悉变化组织的概念及类型。
2. 掌握变化组织的构成方法及特征。
3. 掌握变化组织的上机设计与上机图绘制。
4. 熟悉变化组织的典型品种与应用。

变化组织是以原组织为基础，加以变化而得到的各种不同组织。变化的方法主要是改变组织点浮长、飞数的大小、斜纹线的方向以及纱线循环数等。通过这些改变仍能保持原组织的一些特性。变化组织分为平纹变化组织、斜纹变化组织和缎纹变化组织三类，常见的变化组织见表4-1。

表4-1　常见的变化组织

序号	变化组织类型	常见组织
1	平纹变化组织	经或纬重平组织、方（重）平组织
2	斜纹变化组织	加强斜纹、复合斜纹、角度斜纹（急斜纹、缓斜纹）、曲线斜纹、破斜纹、菱形斜纹、锯齿形斜纹、飞断斜纹、芦席斜纹、阴影斜纹、夹花斜纹
3	缎纹变化组织	加强缎纹、变则缎纹、重缎纹、阴影缎纹

第一节　平纹变化组织

平纹变化组织是把平纹组织中单个组织点在经向、纬向或经纬向延长，延长的长度可以是两点、三点以及更多点。根据组织点延长方向的不同，可分为经重平组织、纬重平组织、方重平组织（也称为方平组织）。

一、经重平组织

1. 经重平组织特征　经重平组织是在平纹组织的基础上沿着经向延长组织点而构成。延长后的组织点数一般不超过6个组织点，浮长线过长，影响织物保形性。由平纹组织变化得到的经重平组织及其纵向截面图如图4-1所示。图4-1（a）表示在平纹基础上沿经向向上、向下分别延长一个组织点，读作"2上2下经重平"，记作"$\frac{2}{2}$经重平"；

图4-1（b）表示在平纹基础上沿经向向上、向下分别延长两个组织点，读作"3上3下经重平"，记作"$\frac{3}{3}$经重平"；与

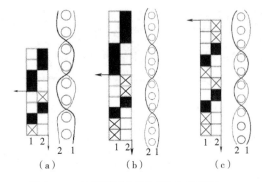

图4-1　经重平组织图及纵向截面图

图4-1（a）和图4-1（b）不同的是，图4-1（c）在平纹组织基础上向上和向下延长的组织点数不同，这类组织称为变化经重平组织，读作"3上2下2上3下变化经重平"，记作"$\frac{3}{2}\frac{2}{3}$变化经重平"。

经重平织物表面呈横条纹外观。增加纬纱线密度、降低纬密，则经纱更加凸起；若配合较大的经密和较细的经纱，在织物表面呈现出明显的由经浮长线组成的横凸纹。采用变化经重平组织，则显现出粗细有别的横凸纹效应。

2. 经重平组织图绘作　经重平是沿经向增加组织点，纬向未增加。因此，组织循环经纱数等于基础组织平纹的经纱循环数，即$R_j = 2$；组织循环纬纱数等于分式中的分子与分母之和，即$R_w = $分子+分母。

确定R_j和R_w后，在第1根经纱上按分式填绘组织点，第2根经纱则填绘与第1根相反的组织点，使两根经纱的组织点呈"底片翻转"关系。图4-2所示为$\frac{2}{2}$经重平组织的绘制过程。

图4-2　经重平组织的绘制方法

3. 经重平组织上机设计　经重平组织的上机与平纹相同，上机图如图4-3所示。参照织物密度，穿综可采用顺穿法或飞穿法。图4-3（a）表示织物密度不大时，采用2页综顺穿法织造。当经密较大时，若采用2页综顺穿法，经纱和综丝之间相互摩擦程度增加，易造成开口不清和断经等问题，故采用两页两列式飞穿法或4页综顺穿法织造，如图4-3（b）和（c）所示。为保证织造稳定性，经重平织物对经纱品质要求较高，对纬纱品质要求相对低一些。

经重平组织穿筘一般为2～4入/筘。

4. 经重平组织应用　经重平组织可用于服用织物，也可利用凸纹效应搭配色纱生产装饰

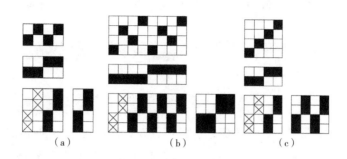

图 4-3　经重平组织上机图

织物。其中，经重平及变化经重平组织常用作织物的布边组织及毛巾织物的地组织。例如，$\frac{2}{2}$ 经重平组织常用作各种织物的布边；$\frac{2}{2}$ 经重平组织、$\frac{2}{1}$ 及 $\frac{3}{1}$ 变化经重平组织也常用作毛巾组织的基础组织与起毛组织。

二、纬重平组织

1. 纬重平组织特征　纬重平组织是在平纹组织的基础上沿着纬向延长组织点而构成的。在平纹基础上向左、向右分别延长一个组织点，得到 $\frac{2}{2}$ 纬重平，组织图与纬向截面图如图 4-4（a）所示，读作"2上2下纬重平"。同经重平组织类似，也可以在平纹基础上，向左、向右延长不同的组织点数，得到变化纬重平组织，图 4-4（b）为 $\frac{3}{2}$ 变化纬重平及其纬向截面图，读作"3上2下变化纬重平"；图 4-4（c）为 $\frac{3}{2}\frac{2}{1}$ 变化纬重平组织及其纬向截面图，读作"3上2下2上1下变化纬重平"。

纬重平织物表面呈纵条纹外观，当纬密增加，同时增加经纱线密度，织物表面则呈明显纵向条纹效应。

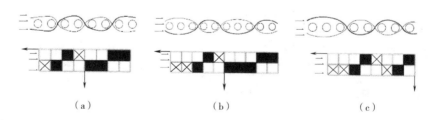

图 4-4　纬重平组织图及横向截面图

2. 纬重平组织图绘作　纬重平是沿纬向增加组织点，纬纱根数未增加，故 $R_w = 2$；组织循环经纱数则由横向增加组织点数而定，等于分式中的分子与分母之和，即 $R_j = $ 分子 + 子母。

纬重平组织绘图方法与经重平类似。不同的是，根据组织分式沿纬向填绘第一根纬纱，再以"底片翻转法"填绘第二根纬纱,图4-5所示为纬重平组织的绘制过程。

图4-5 纬重平组织的绘制方法

3. 纬重平组织上机设计 纬重平组织上机设计时,穿综可采用顺穿或照图穿。当经密不大时,可采用照图穿,图4-6(a)为采用2页综框的照图穿;当经密较大时,可增加综页数,采用顺穿法,图4-6(b)为采用4页综框的顺穿法。

穿筘数一般为2~4入/筘,为保证布面平整效果,应尽量使相同运动规律的经纱穿入不同的筘齿内,如图4-6所示。

纬重平织物一般要求纬密大于经密,织造时对经纱品质要求较高,且生产效率较低。

4. 纬重平组织应用 纬重平组织可用于服用和装饰织物,也常用作织物的布边组织。例如,$\frac{2}{2}$纬重平组织又称为"双经平纹",在织物中应用较广,常用作各种织物的布边组织,也是典型的麻袋布组织;$\frac{2}{1}$及$\frac{3}{1}$变化纬重平组织常用作织制夏季麻纱织物。

三、方平组织

1. 方平组织特征 方平组织是在平纹组织的基础上沿着经、纬两个方向同时延长组织点而构成。图4-7(a)为$\frac{2}{2}$方平组织,图4-7(b)为$\frac{3}{3}$方平组织。如果经纬向延长的组织点数不同,得到变化方平组织,图4-7(c)为$\frac{3}{2}$变化方平组织。方平组织织物外观平整,光泽良好。由于经纬连续组织点相同,如配合相同的经纬密和经纬原料,能使织物呈现出匀整的方格花纹效应。

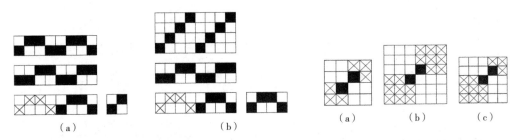

图4-6 纬重平组织上机图   图4-7 方平组织组织图

2. 方平组织图绘作 以$\frac{2}{1}\frac{1}{1}\frac{1}{2}$变化方平组织为例,说明方平组织图的绘作步骤。

第一步:计算R_j和R_w:$R_j = R_w = $分子+分母$= 2+1+1+1+1+2=8$;

第二步:按分式表示的经纬组织点分别填绘出第1根经纱和第一根纬纱,如图4-8(a)

所示；

第三步：从第一根纬纱上看，凡是有经组织点的经纱均按第1根经纱的浮沉规律填绘组织点，如图4-8（b）所示；

第四步：从第一根纬纱上看，凡是有纬组织点的经纱均按与第1根经纱相反浮沉规律填绘组织点，得出方平组织图，如图4-8（c）所示。

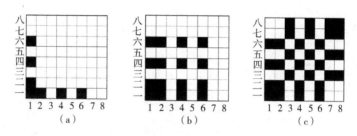

图4-8 方平组织的绘制

3. 方平组织上机设计 方平组织的穿综与纬重平相似，可采用顺穿或照图穿。

穿筘数一般为2～4人/筘。生产中，为保证织物平整度，要避免相同运动规律经纱穿入相同筘齿，大多数采用双层筘织制或单层筘密不规则穿筘。双层筘由前后两排筘片组成，前排筘片正对后排筘齿（两片筘片间的空隙）的中心，后排筘片正对前排筘齿的中心，双层筘具体穿筘方法，如图4-9所示。穿入后排第一筘齿的经纱1、2、3、4分开穿入前排第一、第二筘齿中，后排第二筘齿的经纱5、6、7、8分开穿入前排第二、第三筘齿中。这样可以不用单层密筘而达到防止经纱移位的目的，降低了经纱断头的概率。

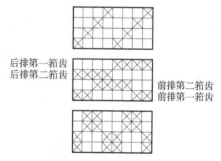

图4-9 双层筘穿筘方法示意图

4. 花式方平组织 在方平组织中，若浮长线过长，会影响织物的坚牢度。通过将组织局部进行变化，构成花式方平组织，则能有效解决上述问题。素色织物中可利用这种组织变化丰富织物表面视觉效果。若配合色纱，则更易形成色彩繁多、错综复杂的花纹效应。常见的花式方平组织有麦粒组织和鸟眼组织。

（1）麦粒组织。在一个组织循环内，沿对角线作方平或变化方平组织，再在另一对角线处作单行或多行方向相反的斜纹线而构成的组织称为麦粒组织。图4-10（b）是由图4-10（a）的$\frac{4}{4}$方平组织变化形成的，图4-10（d）是由图4-10（c）的$\frac{6}{6}$方平组织变化形成的。图4-10（b）和（d）花式方平组织中有不同方向的单行或双行排列的斜纹线，此类组织外观呈麦粒状，故名麦粒组织。

（2）鸟眼组织。鸟眼组织又称为分区重平组织。将组织分为四等份或八等份，在相

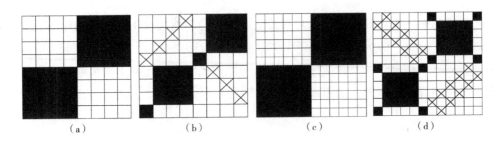

(a)　　　(b)　　　(c)　　　(d)

图 4-10　麦粒组织图

邻区域交替填绘经重平和纬重平，如图 4-11 所示。鸟眼组织织物具有似鸟眼状的特殊外观效应，布面美观别致。

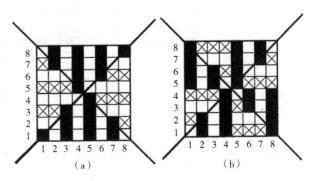

5. 方平组织应用　方平组织外观平整，光泽较好，常用于各种服用面料，如精纺毛织物中的板司呢等，还可用于桌、餐巾及家纺装饰织物中。其中 $\frac{2}{2}$ 方平组织常用作织物的布

图 4-11　鸟眼组织图

边。变化方平组织具有宽窄不等的纵横向条纹，织物的外观效应类似于麻织物，因此，常用于织制仿麻织物。因麻织物的纱线条干不均匀，这类组织不要求有很强的规律性，设计时组织循环纱线数较大，如图 4-12 所示。

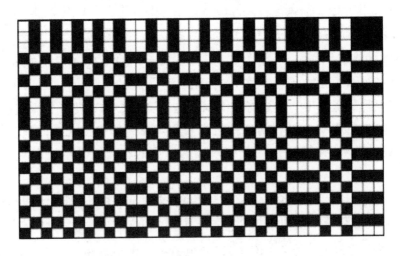

图 4-12　仿麻织物的变化方平组织图

第二节　斜纹变化组织

斜纹变化组织是在原组织斜纹的基础上加以变化而得到的。可以采用延长组织点浮长、改变组织点飞数的数值或方向（即改变斜纹线的方向）、增加斜纹线条数或同时采用几种变化方法。斜纹变化组织种类多，花型多变，美观大方，应用非常普遍，在服用织物、家纺装饰织物等各类织物中都有广泛的应用。主要斜纹变化组织包括：加强斜纹、复合斜纹、角度斜纹、曲线斜纹、山形斜纹、破斜纹、菱形斜纹、锯齿形斜纹、飞断斜纹、芦席斜纹、阴影斜纹、夹花斜纹等。

一、加强斜纹组织

1. 加强斜纹组织特征　加强斜纹组织是斜纹变化组织中最简单的一种，是以原组织的斜纹组织为基础，在其单个组织点旁（沿经向或纬向）延长组织点而成的，如图 4 – 13 所示。加强斜纹组织的基本特征是完全组织的每根纱线上不存在单独的经（或纬）组织点，因此其组织参数为 $R_j = R_w \geqslant 4$，且 $S = \pm 1$。

2. 加强斜纹组织表示与作图　加强斜纹组织可用分式表示，分式中各数字与符号的含义与原组织的斜纹组织相同，分子表示一个组织循环中每根经纱上的经组织点数，分母表示纬组织点数，斜纹线的方向则用箭头表示，图 4 – 13（a）为 $\frac{2}{2}\nearrow$，图 4 – 13（b）为 $\frac{2}{4}\nearrow$，图 4 – 13（c）为 $\frac{5}{2}\nwarrow$。加强斜纹组织的组织循环纱线数等于分式中分子与分母之和。加强斜纹组织图的绘制方法与原组织斜纹相同。

在分式中，如果分子大于分母，则此组织的正面经组织点占优势，称为"经面加强斜纹"，如图 4 – 13（c）所示；如果分子小于分母，则此组织的正面纬组织点占优势，称为"纬面加强斜纹"，如图 4 – 13（b）所示；如果分子等于分母，则织物正面的经、纬组织点相等，称为"双面加强斜纹"，如图 4 – 13（a）所示。

3. 加强斜纹组织上机设计　当织制经密较小的加强斜纹织物时，可采用顺穿法，如图 4 – 13（a）所示。当织物经密较大时，为降低综丝密度以减少对经纱的摩擦，一般采用飞穿法，如图 4 – 14 所示。

穿筘时，每筘齿穿入的经纱根数一般为 2~4 根。

4. 加强斜纹组织应用　加强斜纹组织中应用最多的是 $\frac{2}{2}$ 加强斜纹。这种组织浮长不长，织物紧度比平纹大一些，布身紧密厚实，适用于中厚型织物，在棉、毛、丝织物中均有广泛的应用。如棉织物中的哔叽、华达呢和卡其等，精纺毛织物中的哔叽、华达呢、哈味呢等，粗纺毛织物中的麦尔登、海军呢、制服呢、海力司等，丝织物中的真丝绫、闪色绫、斜纹绸

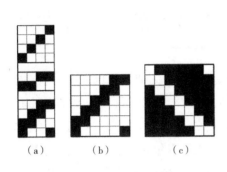 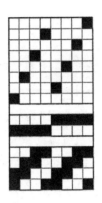

<table>
<tr><td>（a）</td><td>（b）</td><td>（c）</td></tr>
</table>

图 4 – 13　加强斜纹组织　　　　　　　图 4 – 14　加强斜纹采用飞穿法穿综

等。加强斜纹组织还常用作其他组织的基础组织，斜纹织物的布边组织，也常采用$\frac{2}{2}$加强斜纹。图 4 – 15 所示为加强斜纹组织织物。

图 4 – 15　加强斜纹组织织物

二、复合斜纹组织

1. 复合斜纹组织特征　复合斜纹是由同一方向的经或纬浮长线所构成的两条或两条以上粗细不同的斜纹纹路的组织，如图 4 – 16 所示。其组织参数为 $R_j = R_w \geqslant 5$，且 $S = \pm 1$。

 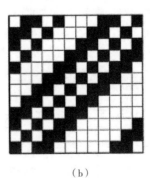 

（a）　　　　　　　　　　（b）　　　　　　　　　　（c）

图 4 – 16　复合斜纹组织

2. 复合斜纹组织表示与作图 复合斜纹组织也可用分式表示，分式中的各数字与符号的含义与加强斜纹组织相同，但复合斜纹的分式为多分子与分母的复合分式，分式中有几对分子与分母，则组织中就有几条斜纹线。图 4 – 16 （a）为 $\dfrac{2}{1}\dfrac{2}{3}\nearrow$，有两条斜纹线；图 4 – 16 （b）为 $\dfrac{4}{2}\dfrac{1}{2}\dfrac{1}{1}\nearrow$，有三条斜纹线；图 4 – 16 （c）为 $\dfrac{1}{1}\dfrac{2}{3}\dfrac{1}{1}\dfrac{2}{1}\nearrow$，有四条斜纹线。复合斜纹组织的组织循环纱线数等于分式中分子与分母之和。复合斜纹组织图的绘制方法与原组织斜纹、加强斜纹相同。

3. 复合斜纹组织上机设计 复合斜纹织物上机时，一般采用顺穿法；每筘齿经纱穿入数应随织物经密而不同，一般是 2 ~ 4 根/筘。

4. 复合斜纹组织应用 复合斜纹组织常用于棉织物中的彩格女线呢，粗纺毛织物中的彩格粗花呢，以及中长纤维仿毛花呢等织物。复合斜纹组织还常被用作其他组织的基础组织。图 4 – 17 所示为复合斜纹组织织物。

图 4 – 17 复合斜纹组织织物

三、角度斜纹组织

1. 角度斜纹组织特征 在斜纹组织中，当经、纬向飞数均为 ±1，且织物的经、纬向密度相同，即 $P_j = P_w$ 时，织物上斜纹线与水平线的夹角 $\theta = 45°$，如图 4 – 18 （a）所示。当织物的经、纬向密度不相等或者组织的经、纬向飞数不为 ±1 时，则织物上斜纹线与水平线的夹角 θ（$0° < \theta < 90°$）会随之发生变化，往往不是 45°，而形成角度斜纹，斜纹线的倾斜角度大于 45°的称为急斜纹组织，斜纹线的倾斜角度小于 45°的称为缓斜纹组织。

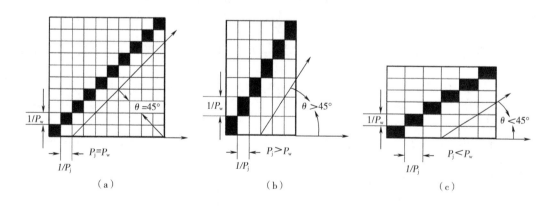

（a）　　　　　　　　　（b）　　　　　　　　　（c）

图 4 – 18 经密和纬密与斜纹线角度的关系

当经、纬向飞数均为 ±1，且 $P_j > P_w$ 时，$\theta > 45°$，如图 4 – 18 （b）所示；当经、纬向飞数均为 ±1，且 $P_j < P_w$ 时，$\theta < 45°$，如图 4 – 18 （c）所示。由此可知，可以通过选用不同的经、纬向密度比来改变斜纹线的角度，但比值不宜太大或太小，否则会影响织物的力学性能

与外观效应。

用改变经、纬向飞数值的方法，同样也可以达到改变斜纹线倾斜角度的目的。在织物的经、纬向密度一定的条件下，若增加经向飞数值（即 $|S_j| > 1$），得到的斜纹线的倾斜角度 >45°，为急斜纹组织；若增加纬向飞数值（即 $|S_w| > 1$），得到的斜纹线的倾斜角度 <45°，为缓斜纹组织。如图 4–19 所示，斜纹线的倾斜角度与 $|S_j|$ 成正比，与 $|S_w|$ 成反比。

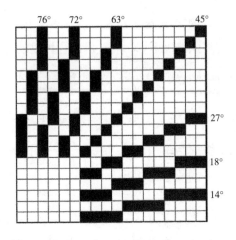

图 4–19　飞数与斜纹线角度的关系

如果同时考虑经、纬纱的密度与经、纬纱的飞数对织物表面斜纹线倾斜角度的影响，则它们之间的关系可用下式表示：

$$\tan\theta = \frac{P_j \times |S_j|}{P_w \times |S_w|} \qquad (4-1)$$

2. 角度斜纹组织图绘作　急斜纹组织常采用加强斜纹或复合斜纹作为基础组织，$|S_j| > 1$，一般应使飞数的绝对值小于或等于基础组织中最长的浮线长度，以保证斜纹线的连续。绘制组织图的步骤为：

第一步：计算组织循环纱线数：

$$R_j = \frac{基础组织的组织循环经纱数}{基础组织的组织循环经纱数与 |S_j| 的最大公约数}$$

$$R_w = 基础组织的组织循环纬纱数$$

第二步：画出组织图的范围，先在第 1 根经纱上按照基础组织分式的浮沉规律填绘组织点，然后按照经向飞数 S_j 依次确定其余各根经纱上填绘组织点的起点，同时按照基础组织分式的浮沉规律填绘各根经纱，直至完成一个组织循环。

图 4–20（a）为以 $\frac{4\quad5}{2\quad2}\nearrow$ 复合斜纹为基础组织，经向飞数 $S_j = 2$ 的急斜纹组织，$R_j = 13, R_w = 13$。图 4–20（b）为以 $\frac{5\quad4\quad2}{2\quad1\quad2}\nwarrow$ 复合斜纹为基础组织，经向飞数 $S_j = -2$ 的急斜纹组织，$R_j = 8$，$R_w = 16$。

缓斜纹组织的作图方法与急斜纹组织类似，$|S_w| > 1$，S_w 取值范围同 S_j。绘制组织图的步骤为：

第一步：计算组织循环纱线数：

$$R_j = 基础组织的组织循环经纱数$$

$$R_w = \frac{基础组织的组织循环纬纱数}{基础组织的组织循环纬纱数与 |S_w| 的最大公约数}$$

第二步：画出组织图的范围，先在第一根纬纱上按照基础组织分式的浮沉规律填绘组织点，然后按照纬向飞数 S_w 依次确定其余各根纬纱上填绘组织点的起点，同时按照基础组织分式的浮沉规律填绘各根纬纱，直至完成一个组织循环。

图 4-21 为 $\dfrac{6}{3}\dfrac{1}{3}\nearrow$ 复合斜纹，为基础组织，$S_w=3$ 的缓斜纹组织，$R_j=13$，$R_w=13$。

3. 角度斜纹组织上机设计　角度斜纹组织上机时，一般采用顺穿法；每筘齿经纱穿入数应随织物经密而不同，一般是 2~4 入/筘。

4. 角度斜纹组织应用　急斜纹组织应用于棉织物中的典型产品有粗服呢、克罗丁等，在精纺毛织物中应用较广泛，如礼服呢、马裤呢、巧克丁等。图 4-22 为急斜纹组织织物。缓斜纹组织在实际生产中应用较少，只在某些粗纺毛织物中有所应用。

（a）　　　　　　（b）

图 4-20　急斜纹组织图

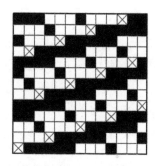

图 4-21　缓斜纹组织图

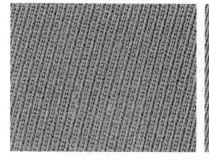

图 4-22　急斜纹组织织物

四、曲线斜纹组织

1. 曲线斜纹组织特征　在斜纹组织中，不断改变飞数的大小和方向，使斜纹线的倾斜角度随飞数的变化而变化，从而获得呈曲线形外观效应的斜纹组织，这种组织称为曲线斜纹组织。当飞数增加时，斜纹线的倾斜角增大；反之，则斜纹线的倾斜角减小。如果变化经向飞

数 S_j 的数值，则构成经曲线斜纹；变化纬向飞数 S_w 的数值，则构成纬曲线斜纹。

设计曲线斜纹时，通常采用原组织斜纹、加强斜纹或复合斜纹作为基础组织。飞数的值原则上是可以任意选定的，但必须符合如下条件：①所选各飞数值之和 ΣS 等于 0 或基础组织的组织循环纱线数的整数倍；②最大飞数必须小于基础组织中最长的浮线长度，以保证曲线的连续。

2. 曲线斜纹组织图绘作

第一步：计算 R_j 和 R_w。

①经曲线斜纹：

$$R_j = 设计的经向飞数 S_j 的个数$$
$$R_w = 基础组织的组织循环纬纱数$$

②纬曲线斜纹：

$$R_j = 基础组织的组织循环经纱数$$
$$R_w = 设计的纬向飞数 S_w 的个数$$

第二步：在第一根纱线（经曲线斜纹为第一根经纱，纬曲线斜纹为第一根纬纱）上，按照基础组织的浮沉规律填绘组织点，其余各根纱线依次按照规定的飞数逐根填绘即可。应注意，第二根纱线的浮沉规律的起点是按照第一个飞数填绘的，最后一个飞数则是组织循环中绘制第一根纱线的飞数，它起到验证的作用，以保证各循环之间曲线图形的连续性。

图 4–23 是以 $\dfrac{4\ \ 1\ \ 1}{3\ \ 1\ \ 3}$ 复合斜纹为基础组织，按下列经向飞数的变化顺序绘制的经曲线斜纹，$S_j = 2$、2、2、1、1、1、0、1、0、0、1、0、0、0、1、0、0、1、0、1、1、1、2、2、2。$\Sigma S_j = 26$，是基础组织的组织循环经纱数的 2 倍，$R_j = 28$，$R_w = 13$。

如果同时变化飞数的数值和方向，所构成的曲线斜纹，其弯曲形状就更为多种多样。图 4–24 所示是仍以 $\dfrac{4\ \ 1\ \ 1}{3\ \ 1\ \ 3}$ 复合斜纹为基础组织，但按下列经向飞数的数值和方向的变化顺序绘制的经曲线斜纹，$S_j = 2$、2、1、1、0、1、0、0、1、1、1、1、–

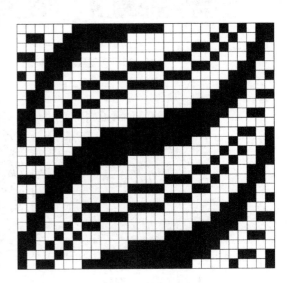

图 4–23 变化经向飞数值的经曲线斜纹

1、–1、–1、0、–1、–1、0、0、–1、0、–1、–1、–2、–2。$\Sigma S_j = 0$，$R_j = 28$，$R_w = 13$。

图 4–25 所示是以 $\dfrac{3\ \ 2}{2\ \ 1}$ 复合斜纹为基础组织，按下列纬向飞数的变化顺序绘制的纬曲线斜纹，$S_w = 1$、1、0、1、0、0、1、1、0、1、1、1、–1、–1、–1、0、–1、–1、0、0、–1、0、–1、–1。$\Sigma S_w = 0$，$R_j = 8$，$R_w = 24$。

图 4-24 变化经向飞数值和方向的经曲线斜纹

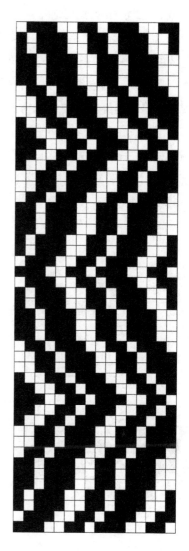

图 4-25 变化纬向飞数值和
方向的纬曲线斜纹

3. 曲线斜纹组织上机设计 织制经曲线斜纹
织物时，穿综可采用照图穿法，所用综页数等于
基础组织所需的综页数；织制纬曲线斜纹织物时，
穿综则可采用顺穿法。

4. 曲线斜纹组织应用 曲线斜纹组织多用于
棉型或毛型服用及装饰用织物中，如棉色织女线
呢、毛粗花呢、大衣呢等。图 4-26 为曲线斜纹
组织织物。

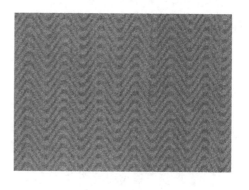

图 4-26 曲线斜纹组织织物

五、山形斜纹组织

1. 山形斜纹组织特征　山形斜纹是以斜纹组织作为基础组织，变化斜纹线的方向（即变化飞数的符号），使斜纹线的方向一半向右斜，一半向左斜，形成类似于山峰形状的组织，称为山形斜纹。山形斜纹可按山峰指向的不同，分为经山形斜纹和纬山形斜纹两种。若山形斜纹的山峰指向经纱方向，称为经山形斜纹，如图4-27所示；若山峰指向纬纱方向，则称为纬山形斜纹，如图4-28所示。由这些组织图可以看出，山形斜纹的特点是以作为峰顶（或谷底）的一根纱线（经山形为经纱，纬山形为纬纱）为轴线，即以斜纹方向改变前的第1根及第 K_j（或 K_w）根纱线作为对称轴，在它的左右对称位置的经纱（或上下对称位置的纬纱）其组织点沉浮规律相同。

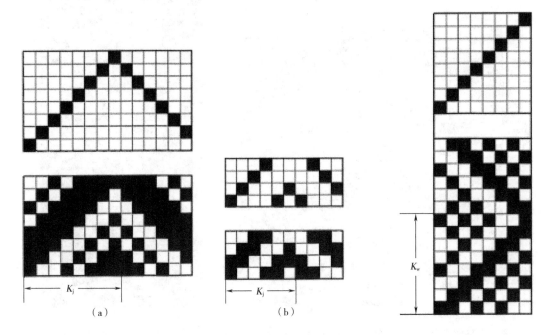

图4-27　经山形斜纹组织图及穿综图　　　　图4-28　纬山形斜纹组织图及穿综图

2. 山形斜纹组织图绘作　山形斜纹的基础组织通常采用原组织斜纹、加强斜纹和复合斜纹。

图4-27（a）是以 $\dfrac{4}{1}\dfrac{1}{2}$ 斜纹为基础组织，$K_j = 8$ 的经山形斜纹组织，其绘制方法如下：

第一步：计算 R_j 和 R_w：

$$R_j = 2K_j - 2 = 2 \times 8 - 2 = 14$$

$$R_w = 基础组织的组织循环纬纱数 = 8$$

其中，K_j 代表斜纹线改变方向前的经纱根数；

第二步：从第1根到第 K_j 根经纱按基础组织的浮沉规律依次填绘组织点；

第三步：从第（$K_j + 1$）根经纱开始，按与基础组织相反的斜纹线方向，逐根填绘组织点，即原 $S_j = +1$，现改为 $S_j = -1$ 填绘，直至画完一个组织循环。

图 4 - 27（b）是以 $\dfrac{2}{2}$ 斜纹为基础组织，$K_j = 6$ 的经山形斜纹组织。

在经山形斜纹中，如果 K_j 值保持不变，则不同方向的斜纹线长度相同。如果在一个组织循环中改变 K_j 值，可以使斜纹线长短不同，就得到了变化经山形斜纹组织，如图 4 - 29 所示。

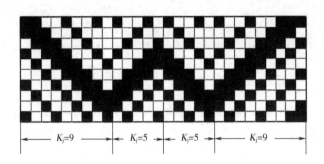

图 4 - 29　变化经山形斜纹组织图

图 4 - 28 所示是以 $\dfrac{2\quad 1\quad 1}{1\quad 1\quad 2}$ 斜纹为基础组织，$K_w = 8$ 的纬山形斜纹组织，其绘制方法与经山形斜纹相似。

第一步：计算 R_j 和 R_w：

$$R_j = 基础组织的组织循环经纱数 = 8$$
$$R_w = 2K_w - 2 = 2 \times 8 - 2 = 14$$

其中，K_w 代表斜纹线改变方向前的纬纱根数；

第二步：从第 1 根到第 K_j 根纬纱按基础组织的浮沉规律依次填绘组织点；

第三步：从第（$K_j + 1$）根纬纱开始，按与基础组织相反的斜纹线方向，逐根填绘组织点，即原 $S_w = +1$，现改为 $S_w = -1$ 填绘，直至画完一个组织循环。

变化纬山形斜纹组织的绘作与变化经山形斜纹组织相似。

3. 山形斜纹组织上机设计　在织制经山形斜纹织物时，穿综可采用山形穿，所用综页的数目取决于基础组织的组织循环经纱数或斜坡长度 K_j（当 K_j 小于基础组织的组织循环经纱数时）。织制纬山形斜纹织物时，穿综可采用顺穿法。

4. 山形斜纹组织应用　山形斜纹组织应用较广泛，常在棉织物中的人字呢、男线呢、床单布，毛织物中的大衣呢、女式呢、花呢中采用。图 4 - 30 为山形斜纹织物。

六、破斜纹组织

1. 破斜纹组织特征　破斜纹组织与山形斜纹一样，也是由左斜纹和右斜纹组合而成，但它和山形斜纹的不同点在于左、右斜纹的交界处有一条明显的分界线，在分界线两边的纱线，

图4-30 山形斜纹组织织物

其经纬组织点相反,亦即在改变斜纹线方向的位置,组织点不连续,而呈间断状态,故称为破斜纹,而此分界线称为断界。断界的存在是破斜纹组织的重要特征。根据断界的方向,破斜纹分为经破斜纹和纬破斜纹两种,断界与经纱平行的称为经破斜纹,如图4-31所示;断界与纬纱平行的称为纬破斜纹,如图4-32所示。

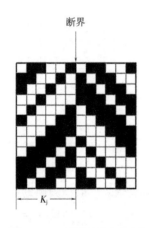

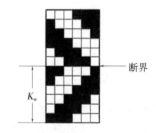

图4-31 经破斜纹组织图   图4-32 纬破斜纹组织图

2. 破斜纹组织图绘作 破斜纹的基础组织通常选用加强斜纹和复合斜纹,采用双面斜纹组织的破斜纹效果较好。

图4-31是以 $\frac{3}{3}\frac{1}{2}\frac{2}{1}$ 斜纹为基础组织, $K_j = 6$ 的经破斜纹组织,其绘制方法如下:

第一步:计算 R_j 和 R_w :

$$R_j = 2K_j = 2 \times 6 = 12$$

$$R_w = 基础组织的组织循环纬纱数 = 12$$

其中, K_j 代表斜纹断界前的经纱根数;

第二步:从第1根到第 K_j 根经纱按基础组织的浮沉规律依次填绘组织点;

第三步：从第 (K_j+1) 根经纱开始（即断界的右半部）改变斜纹线方向，并且断界两侧对称位置的经纱上组织点必须相反，即把经组织点改成纬组织点，纬组织点改成经组织点，直至完成整个组织。这种绘图方法称为"底片翻转法"。

图 4-32 是以 $\dfrac{3}{3}$ 斜纹为基础组织，$K_w=6$ 的纬破斜纹组织，其绘制方法与经破斜纹相似。

第一步：计算 R_j 和 R_w：

$$R_j = 基础组织的组织循环经纱数 = 6$$
$$R_w = 2K_w = 2 \times 6 = 12$$

其中，K_w 代表斜纹断界前的纬纱根数；

第二步：从第 1 根到第 K_w 根纬纱按基础组织的浮沉规律依次填绘组织点。

第三步：从第 (K_j+1) 根纬纱开始（即断界的上半部）改变斜纹线方向，并且断界两侧对称位置的纬纱上组织点必须相反，按"底片翻转法"绘制，直至完成整个组织。

有的破斜纹组织在断界处并不呈底片翻转的关系，只是改变了斜纹线的方向。如图 4-33（a）、（b）所示。例如，以原组织斜纹为基础组织的破斜纹，断界前的 K 根纱线按基础组织绘作；断界后，调整基础组织其余纱线的顺序，使斜纹线方向相反即可构成。其中 K 值一般选取基础组织的组织循环纱线数的一半。图 4-33（a）是以 $\dfrac{3}{1}$ 斜纹为基础组织（$K_j=2$）构成，图 4-33（b）所示是以 $\dfrac{1}{3}$ 斜纹为基础组织（$K_j=2$）构成，分别称为 $\dfrac{3}{1}$ 经破斜纹和 $\dfrac{1}{3}$ 纬破斜纹，统称为四枚破斜纹。又因为这两种组织具有缎纹组织的外观效应，也可称为四枚不规则缎纹。

调整起始点位置，四枚破斜纹还有图 4-33（c）、（d）、（e）、（f）几种组织图的形式。

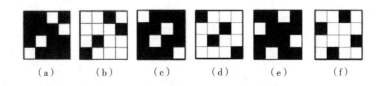

（a）　　　（b）　　　（c）　　　（d）　　　（e）　　　（f）

图 4-33　四枚破斜纹组织图

与变化山形斜纹组织相似，通过改变组织循环中的 K 值，可以使斜纹线长短不同，就得到了变化破斜纹组织。图 4-34 是以 $\dfrac{3}{3}$ 斜纹为基础组织，K_j 分别取 8 和 4 所构成的变化经破斜纹。变化破斜纹在一个完全组织循环中，

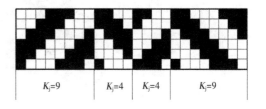

| $K_j=9$ | $K_j=4$ | $K_j=4$ | $K_j=9$ |

图 4-34　变化经破斜纹组织

可以有多条断界。

3. 破斜纹组织上机设计 织制经破斜纹织物时，穿综一般采用照图穿法；织制纬破斜纹织物时，穿综一般采用顺穿法。

4. 破斜纹组织应用 破斜纹织物由于断界明显，织物表面呈现清晰的人字纹效应，因此较山形斜纹应用普遍，在棉、毛织物中应用较为广泛，一般用于棉织物中的线呢、床单布，毛织物中的人字呢等，也常被用于织制毯类等织物。图 4-35 为破斜纹组织织物。

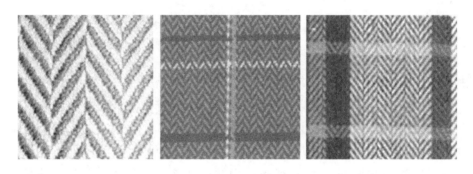

图 4-35 破斜纹组织织物

七、菱形斜纹组织

1. 菱形斜纹组织特征 菱形斜纹是山形斜纹和破斜纹的进一步发展，将经山形斜纹与纬山形斜纹或经破斜纹与纬破斜纹两种组织联合起来，在其组织图中具有粗细相同或不同的斜纹线构成菱形图案的组织。图 4-36 （a）、（b）为按山形斜纹构作的菱形斜纹，图 4-36 （c）为按破斜纹构作的菱形斜纹。

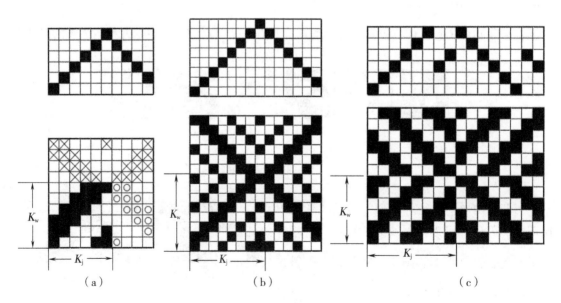

图 4-36 菱形斜纹组织图及穿综图

2. 菱形斜纹组织图绘作　菱形斜纹的基础组织通常选用原组织斜纹、加强斜纹和复合斜纹。K_j 和 K_w 可以相等也可以不等；K_j 和 K_w 可以等于也可以不等于基础组织的组织循环纱线数。

图 4 – 36（a）是以 $\dfrac{3}{3}$ 斜纹为基础组织，$K_j = K_w = 6$，按山形斜纹构作的菱形斜纹组织，其绘制方法如下：

第一步：计算 R_j 和 R_w：

$$R_j = 2K_j - 2 = 2 \times 6 - 2 = 10$$
$$R_w = 2K_w - 2 = 2 \times 6 - 2 = 10$$

第二步：在 K_j、K_w 范围内，按基础组织画出菱形斜纹的基础部分，如组织图中位于左下角以符号"■"表示的部分；

第三步：按照山形斜纹的画法，以第 K_j 根经纱为对称轴，先画出经山形斜纹，如符号"▣"所示，这样就完成了菱形斜纹的一半，再以第 K_w 根纬纱为对称轴，画出其余部分，如符号"⬚"所示。

图 4 – 36（b）是以 $\dfrac{2}{2}\dfrac{1}{2}$ 斜纹为基础组织，$K_j = K_w = 8$，按山形斜纹构作的菱形斜纹组织。图 4 – 36（c）是以 $\dfrac{2}{2}$ 斜纹为基础组织，$K_j = 8$，$K_w = 6$，按破斜纹构作的菱形斜纹组织。由经、纬破斜纹联合而成的菱形斜纹交界处存在比较清晰的断界。

按照菱形斜纹组织的绘图原理，改变其基础组织，可以得到各种变化菱形斜纹，花型更加美观，如图 4 – 37 所示。

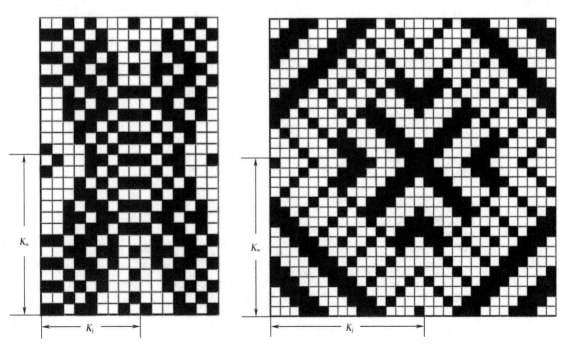

图 4 – 37　变化菱形斜纹组织

3. 菱形斜纹组织上机设计　在织制菱形斜纹织物时，一般采用山形穿法穿综；穿筘为 2~4 入/筘。

4. 菱形斜纹组织应用　菱形斜纹组织花型对称，变化繁多，花纹细致美观，一般适用于棉织物、毛织物及丝绸织物等，如棉织物中的女线呢、床单布等，毛织物中的各种花呢。图 4-38 为菱形斜纹织物。

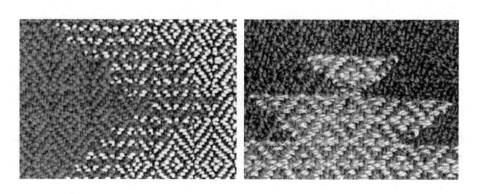

图 4-38　菱形斜纹织物

八、锯齿形斜纹组织

1. 锯齿形斜纹组织特征　锯齿形斜纹也是由山形斜纹进一步变化而成的。山形斜纹各山峰之顶是位于同一水平线（或垂直线）上，如将山形斜纹加以变化，使各山峰的峰顶处在一条斜线上形成锯齿状的组织，称为锯齿形斜纹组织。锯齿形斜纹组织可分为经锯齿形斜纹和纬锯齿形斜纹，齿顶指向经纱方向的称为经锯齿形斜纹，如图 4-39 所示；齿顶指向纬纱方向的则称为纬锯齿形斜纹，如图 4-40 所示。在组织图上，每一齿顶高（或低）于前一齿顶的组织点数，即每一锯齿的起点高（或低）于前一锯齿起点的组织点数称为锯齿飞数 S'。S' 应该满足 $1 \leqslant S' \leqslant K-2$，这样才能保证锯齿产生位差且组织点连续。

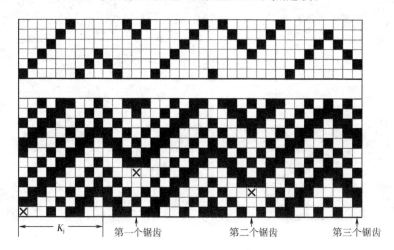

图 4-39　经锯齿形斜纹组织

2. 锯齿形斜纹组织图绘作　锯齿形斜纹的基础组织通常选用原组织斜纹、加强斜纹和复合斜纹。

图 4 – 39 是以 $\frac{2}{1}\frac{1}{2}$ 斜纹为基础组织，斜纹线改变方向前的纱线根数 $K_\text{j} = 9$，锯齿飞数 $S_\text{j}' = 4$，绘制的经锯齿形斜纹，其绘制方法如下。

第一步：计算 R_j 和 R_w：

在计算 R_j 之前，首先须计算一个锯齿内的经纱数以及一个组织循环内的锯齿个数。

$$一个锯齿内的经纱数 = （2K_\text{j} - 2）- S_\text{j}' = （2 \times 9 - 2）- 4 = 12$$

$$锯齿个数 = \frac{基础组织的组织循环纱线数}{基础组织的组织循环纱线数与锯齿飞数的最大公约数}$$

$$= \frac{6}{6 与 4 的最大公约数} = \frac{6}{2} = 3$$

$$R_\text{j} = 锯齿个数 \times 一个锯齿内的经纱根数 = 3 \times 12 = 36$$

$$R_\text{w} = 基础组织的组织循环纬纱数 = 6$$

第二步：画出组织图的范围及每个锯齿的范围，并按照锯齿飞数画出每个锯齿第 1 根经纱的起始组织点，如图 4 – 39 中符号"⊠"所示；

第三步：在第一个锯齿内从第 1 根经纱到第 K_j 根经纱按基础组织的浮沉规律顺序填绘。从第（K_j + 1）根经纱开始，按与基础组织相反方向的斜纹线填绘组织点，直至一个锯齿画完；

第四步：按照同样方法，绘制其他各锯齿。

图 4 – 40 是以 $\frac{3}{2}\frac{1}{1}\frac{1}{2}$ 斜纹为基础组织，斜纹线改变方向前的纱线根数 $K_\text{w} = 8$，锯齿飞数 $S_\text{w}' = 4$，绘制的纬锯齿形斜纹，其构图方法与经锯齿形斜纹相似。

3. 锯齿形斜纹组织上机设计　织制经锯齿形斜纹织物时，一般采用照图穿法穿综；织制纬锯齿形斜纹织物时，可用顺穿法穿综。

4. 锯齿形斜纹组织应用　锯齿形斜纹组织纹路曲折变化，花纹美观，可用于服用织物、床单及装饰织物等。图 4 – 41 为锯齿形斜纹组织织物。

九、飞断斜纹组织

1. 飞断斜纹组织特征　织物组织的斜纹线朝一

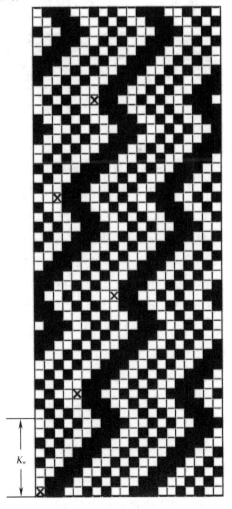

图 4 – 40　纬锯齿形斜纹组织

图 4-41　锯齿形斜纹织物

个方向跳跃式延伸，在斜纹线的跳跃处存在明显的断界，断界处的相邻纱线的组织点相反，而斜纹线方向保持不变，这种斜纹变化组织称为飞断斜纹组织。飞断斜纹可分为经飞断斜纹和纬飞断斜纹，斜纹飞跳断界与经纱平行的称为经飞断斜纹，如图 4-42 所示；斜纹飞跳断界与纬纱平行的称为纬飞断斜纹，如图 4-43 所示。

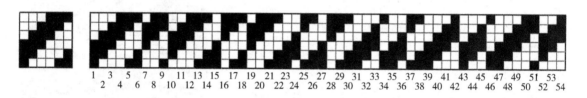

图 4-42　经飞断斜纹组织

2. 飞断斜纹组织图绘作　飞断斜纹组织是以斜纹组织为基础组织，按基础组织填绘一定数量的经（或纬）纱后，再飞跳过该基础组织内一定数量根数的经（或纬）纱后继续填绘一定数量的经（或纬）纱，使两部分斜纹交界处的组织点相反，出现明显的断界。飞跳的根数一般选用基础组织纱线循环数的一半少 1 根，经过依次填绘和飞跳，直到画完一个完全组织为止。飞断斜纹组织的循环数以作图循环时的纱线根数为循环数，另一系统的纱线循环数与基础组织相同。当基础组织选用双面加强斜纹时，按上述飞跳规律，能保证飞跳处出现"底片翻转"关系。

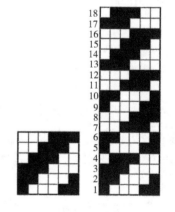

图 4-43　纬飞断斜纹组织

图 4-42 是以 $\dfrac{3}{3}$↗斜纹为基础组织，按经纱填绘 6 根飞跳 2 根再填绘 3 根的规律绘制的经飞断斜纹组织，图 4-43 以 $\dfrac{3}{3}$↗斜纹为基础组织，按纬纱填绘 4 根飞跳 2 根再填绘 2 根的规律绘制的纬飞断斜纹组织。

3. 飞断斜纹组织上机设计　织制经飞断斜纹织物时，常采用照图穿法穿综；织制纬飞断斜纹织物时，则采用顺穿法穿综。穿筘一般 2~4 入/筘。

4. **飞断斜纹组织应用**　飞断斜纹组织主要用于精纺毛织物花呢、女式呢。图 4-44 为飞断斜纹织物。

十、芦席斜纹组织

1. **芦席斜纹组织特征**　芦席斜纹也是由变化斜纹线方向的方式构成。它由一部分右斜纹和一部分左斜纹组合而成，其外观好像编织的芦席，故称芦席斜纹，如图 4-45 所示。

2. **芦席斜纹组织图绘作**　芦席斜纹一般以双面加强斜纹作为基础组织。

图 4-44　飞断斜纹织物

图 4-45（a）是以 $\frac{2}{2}$ 加强斜纹为基础组织，同一方向的平行斜纹线条数为 2 条的芦席斜纹，其绘制方法如下。

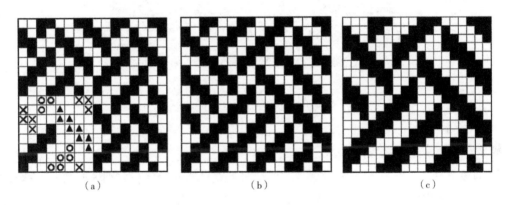

（a）　　　　　　　　　（b）　　　　　　　　　（c）

图 4-45　芦席斜纹组织

第一步：计算 R_j 和 R_w：

　　$R_j = R_w =$ 基础组织的组织循环纱线数 × 同一方向的平行斜纹线条数 $= 4 \times 2 = 8$

第二步：把组织循环框图沿经向分为相等的左、右两部分，然后从左半部的左下角开始，按基础组织的连续经组织点填绘第一条右斜纹，直到左半部的最后一根经纱为止，如图 4-45（a）中符号"■"所示；

第三步：在右半部，从第一根斜纹线的顶端向上移动基础组织的连续组织点数，图 4-45（a）中为 2，以此作为起点，向下画相反方向的左斜纹线，如图 4-45（a）中符号"▲"所示；

第四步：按基础组织的浮沉规律，画出其余几条右斜纹，其位置相对于前一条斜纹线向右下方移动基础组织的连续组织点数，其长度与第一条右斜纹线一样长（即占有的经纱根数相同），且不与左斜纹相连，如图 4-45（a）中符号"回"所示；

第五步：同理，画出其余几条左斜纹线，其组织点位于前一条左斜纹线向右上方移动基础组织的连续组织点数，如图4－45（a）中符号"⊠"所示。

图4－45（b）是以$\frac{2}{2}$加强斜纹为基础组织，同一方向的斜纹线为四条的芦席斜纹组织；

图4－45（c）是以$\frac{3}{3}$加强斜纹为基础组织，同一方向的斜纹线为三条的芦席斜纹组织。

3. 芦席斜纹组织上机设计　织制芦席斜纹织物时，采用照图穿法或顺穿法穿综，穿筘为2～4入/筘。

4. 芦席斜纹组织应用　芦席斜纹花纹精致美观，在棉织物、化纤织物及毛织物中均有应用，如女线呢、仿毛花呢、各类花呢、女士呢以及床单等织物。图4－46为芦席斜纹织物。

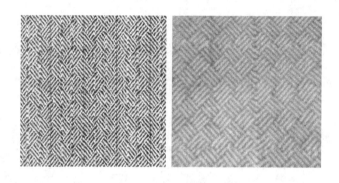

图4－46　芦席斜纹织物

十一、阴影斜纹组织

1. 阴影斜纹组织特征　阴影斜纹是增加经组织点将纬面斜纹过渡到经面斜纹，或者减少经组织点将经面斜纹过渡到纬面斜纹，或由纬面斜纹逐渐过渡到经面斜纹再过渡到纬面斜纹的组织。这种组织构成的织物表面呈现由明到暗或由暗到明的光影层次感，在提花织物中经常应用。阴影斜纹的过渡组织沿纬向并列而形成时称为纬向阴影斜纹；若过渡组织沿经向并列而形成时称为经向阴影斜纹。

2. 阴影斜纹组织图绘作　阴影斜纹通常采用原组织斜纹为基础组织，其绘制方法如下。

以一个原组织的纬面斜纹组织为例，其组织循环纱线数为$R_基$，由纬面斜纹过渡到经面斜纹的过渡段数为$(R_基-1)$，则经向阴影斜纹的组织循环经纱数$R_j=R_基×(R_基-1)$，组织循环纬纱数$R_w=R_基$（纬向阴影斜纹的计算与其相反）。将R_j分成$(R_基-1)$组，每$R_基$根纱线为一组，在第一组内填绘基础组织，然后从第二组开始，依次在每个$R_基$循环内顺序递增经组织点的个数，直到画完一个组织循环为止。

纬向阴影斜纹的绘制方法与经向阴影斜纹相似。

图4－47（a）是以$\frac{1}{5}\nearrow$斜纹为基础组织的经阴影斜纹组织图；图4－47（b）是$\frac{1}{4}\nearrow$斜纹为基础组织的纬阴影斜纹组织；图4－47（c）是由纬面斜纹逐渐过渡到经面斜纹再过渡到纬面斜纹得到的经阴影斜纹组织。

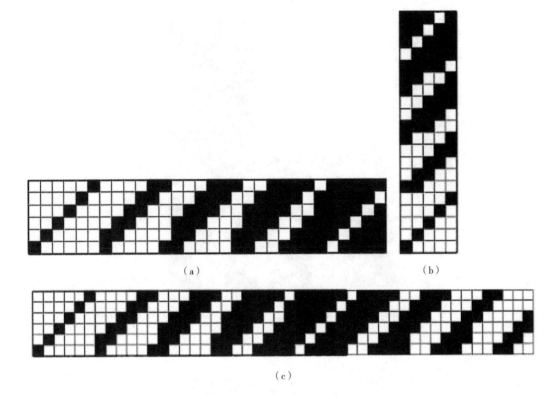

(a)　　　　　　　　　　　　　　(b)

（c）

图4-47　阴影斜纹组织

3. 阴影斜纹组织上机设计　织制经阴影斜纹织物时，穿综多采用照图穿法；织制纬阴影斜纹织物时则多采用顺穿法穿综。

4. 阴影斜纹组织应用　阴影斜纹一般用于大提花织物的阴影部分，在家纺织物中应用较为广泛。图4-48为阴影斜纹织物。

十二、夹花斜纹组织

夹花斜纹是在斜纹组织的主斜纹线之间配以方平、重平或其他小花纹组织，使织物外观

图4-48　阴影斜纹织物

活泼、优美，增加花色品种，夹花斜纹的基础组织常为加强斜纹或复合斜纹组织。

在绘制夹花斜纹时，应先绘一个主斜纹线，然后在空白处填入适当的组织。必须注意主体斜纹线与填绘的各个组织点不能相互接触，以免破坏主斜纹线而造成花纹不清晰，所以至少空一个纬组织点。另外注意第一根经（或纬）纱与最后一根经（或纬）纱的衔接，要保证组织连续。图4-49为夹花斜纹组织。

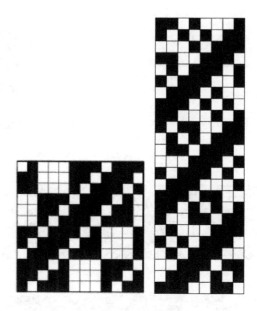

图 4 - 49　夹花斜纹组织

第三节　缎纹变化组织

通过对原组织缎纹的组织变化，达到增加织物牢度或使缎纹组织中的单独组织点分布更均匀的目的。缎纹变化组织是以原组织的缎纹为基础，通过增加经（纬）组织点、改变组织点飞数或延长组织点而构成。

缎纹变化组织主要有加强缎纹组织、变则缎纹组织、重缎纹组织及阴影缎纹组织。

一、加强缎纹组织

加强缎纹是以原组织缎纹为基础，在其单独的组织点四周添加一个或多个同类组织点而构成的。加强缎纹组织循环纱线数和上机条件均与原组织缎纹相同，且能保持原组织缎纹的基本特征。因添加了组织点，提高了纱线的交织次数，加强缎纹较原组织缎纹的牢度有所提高，常用于棉、毛、丝织物及起绒织物。

图 4 - 50 （a）和（b）是以 $\frac{8}{5}$ 纬面缎纹为基础，分别在单独组织点的右方和上方添加一个组织点构成的 $\frac{8}{5}$ 纬面加强缎纹。这种形式的加强缎纹，一般用于刮绒织物，可防止纬纱移动。

图 4 - 50 （c）是以 $\frac{8}{3}$ 纬面缎纹为基础，在其右上方添加三个组织点构成的加强缎纹，

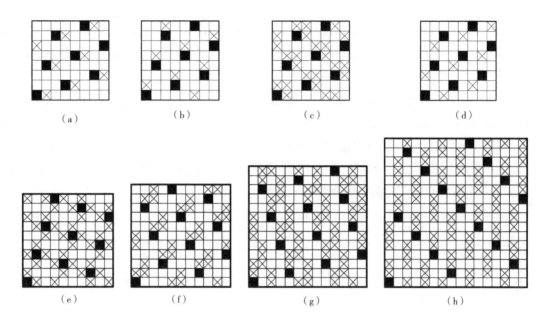

图 4 – 50　加强缎纹组织图

织物表面呈现出经面或纬面的小型花纹，外观犹如花岗岩花纹，此类组织也称为花岗石组织。

图 4 – 50（c）也可看成 $\dfrac{2}{3}\dfrac{2}{1}$ 斜纹为基础，$S_j = 3$ 的急斜纹组织，表面呈斜方块，兼具方平和斜纹的双重特征，故又称为斜纹色子贡、斜纹板司呢，一般用于毛织物的精纺面料，如毛军服呢等。

图 4 – 50（d）也是 $\dfrac{8}{3}$ 纬面加强缎纹，用作线绨被面的花部组织。

图 4 – 50（e）为 $\dfrac{10}{7}$ 纬面加强缎纹，在原纬面缎纹单独经组织点四周各添加一个经组织点，使其纵向正、反面经浮长和横向正、反面纬均浮长线等于 3，呈十字状。该类组织的织物手感柔软，外观呈海绵状，也称为海绵组织。若配以较小的捻度和较粗的纱线，则织制的海绵组织织物吸水性好，常用作衣料、毛巾织物等。

图 4 – 50（f）为 $\dfrac{11}{7}$ 纬面加强缎纹，是在原纬面缎纹的单独组织点上方、右方及对角同时添加三个经组织点而构成。若配以较大的经密、较细的经纱，可获得织物正面呈斜纹外观（如华达呢），而背面则呈现出经面缎纹的外观效应，这种组织又称为缎背华达呢。常用于精纺毛织物中，织物手感丰厚，外观挺阔，弹性好。

图 4 – 50（g）和（h）分别是 $\dfrac{13}{4}$ 和 $\dfrac{16}{7}$ 纬面加强缎纹，织物表面斜纹线斗直但不明显，作为毛驼丝锦的常用组织，也称为"驼丝锦"组织。

二、变则缎纹组织

在一个组织循环内，缎纹组织的飞数恒定不变的称为正则缎纹；若一个组织循环内，组织点飞数是个变数，构成的缎纹组织称为变则缎纹或不规则缎纹。变则缎纹组织仍保持缎纹组织的外观。

设计变则缎纹应注意三点：①每一个飞数值仍应满足 $1 < S < R - 1$（四枚变则缎纹除外）；②在一个完全组织内配置组织点时，必须注意组织点均匀分布，且每根经纱或纬纱上只能有一个经组织点或纬组织点；③组织点飞数之和应是组织循环纱线数 R 的整数倍。

原组织缎纹组织，当 $R = 4$ 和 $R = 6$ 时，无法绘制缎纹组织，而改变飞数则可实现。图 4-51（a）为四枚变则纬面缎纹（四枚纬破斜纹），其飞数 S_w 为 1、2、3、2；图 4-51（b）为四枚经面缎纹组织，其飞数 S_j 为 1、2、3、2。这两个四枚变则缎纹组织在生产中常被称为 $\frac{1}{3}$ 和 $\frac{3}{1}$ 四枚破斜纹。图 4-51（c）为六枚变则纬面缎纹，其飞数 S_w 为 2、2、3、4、4、3。设计 $R = 7$ 的正则缎纹时，组织点分布不易均匀，改变飞数后，则可获得组织点分布较均匀的七枚变则缎纹，如图 4-51（d）所示。

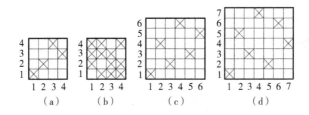

图 4-51　变则缎纹组织组织图

三、重缎纹组织

重缎纹组织是在原组织缎纹的基础上，沿经向或纬向延长循环纱线数，即延长单独组织点的经向或纬向浮长线所得到的组织，其外观仍保持缎纹组织的外观。根据组织点延长的方向，重缎纹组织可分为重纬缎纹、重经缎纹、经纬向重缎纹。织物浮长线加长，手感松软，常用于粗纺女式呢、粗花呢和手帕织物中。

图 4-52（a）为 $\frac{5}{2}$ 纬面重经缎纹，通过以 $\frac{5}{2}$ 纬面缎纹为基础，延长纬向浮长线而构成，织物中出现并经效果；图 4-52（b）为 $\frac{5}{2}$ 经面重纬缎纹，通过以 $\frac{5}{2}$ 经面缎纹为基础，延长经向浮长线而构成，织物中出现双纬效果，在手帕织物中应用广泛；图 4-52（c）是 $\frac{5}{2}$ 纬面经纬向重缎纹，通过以五枚二飞纬面缎纹为基础，分别延长经、纬两个方向浮长线而构成，织物中出现并经、双纬效果。

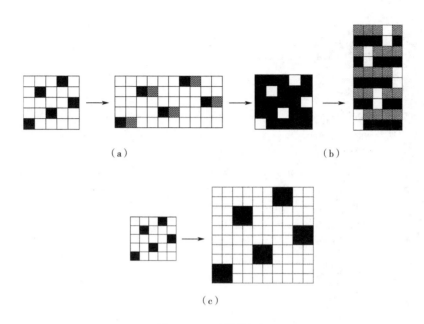

图 4-52　重缎纹组织

四、阴影缎纹组织

与阴影斜纹类似，阴影缎纹组织是基于纬面缎纹逐渐过渡到经面缎纹或经面缎纹逐渐过渡到纬面缎纹的一种变化组织，它所织制的织物呈现出由明到暗或由暗到明的缎纹外观效应。

阴影缎纹按组织过渡情况可分为单过渡阴影缎纹和对称过渡阴影缎纹；按过渡组织沿经向和沿纬向，可分为经向阴影缎纹和纬向阴影缎纹；按增加经组织点的方向，可分为经纱阴影缎纹和纬纱阴影缎纹。

图 4-53（a）是以 $\dfrac{8}{3}$ 纬面缎纹为基础构作的，是在纬面缎纹的经浮点上方，每一个过渡阶段增加一个经浮点而成的阴影缎纹，属于单过渡、经向、经纱阴影缎纹组织。其过渡段数 $n = (R_0 - 1) = 7$，$R_j = 8$，$R_w = R_0 (R_0 - 1) = 8 \times 7 = 56$，其中 R_0 为基础组织组织循环经纱数。

图 4-53（b）是以 $\dfrac{8}{3}$ 纬面缎纹为基础构作的，是在纬面缎纹的经浮点右方，每一个过渡阶段增加一个经浮点而成的阴影缎纹，属于单过渡、纬向、纬纱阴影缎纹组织。

图 4-53（c）是以 $\dfrac{5}{2}$ 纬面缎纹为基础构作的，该组织由纬面逐渐过渡到经面，再由经面逐渐过渡到纬面，属于对称过渡、纬向、纬纱阴影缎纹组织。其过渡段数 $n = (R_0 - 1) \times 2 = 8$，$R_j = R_0 (R_0 - 1) \times 2 = 5 \times 4 \times 2 = 40$，$R_w = 5$。

阴影缎纹配合纱线的光泽效应后，染色性能差异可制备出颜色渐变效果显著的织物。

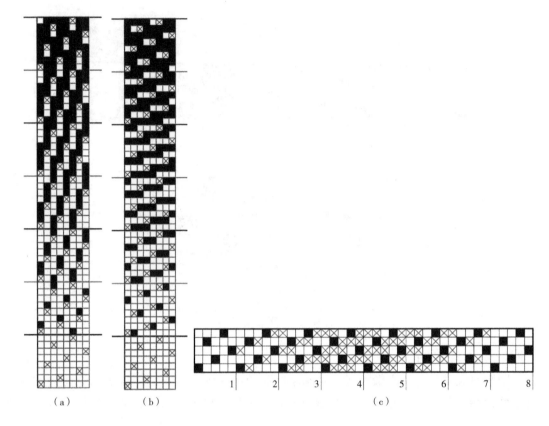

图 4-53 阴影缎纹组织图

☞ 思考与练习题

1. 平纹变化组织包括哪几类? 这些变化组织分别通过什么方式获得?

2. 试作 $\dfrac{4}{3}$ 和 $\dfrac{4}{3}\dfrac{3}{2}$ 变化经重平组织图及上机图。

3. 试作 $\dfrac{4}{3}$ 和 $\dfrac{4}{3}\dfrac{3}{2}$ 变化纬重平组织图及上机图。

4. 试作 $\dfrac{4}{3}$ 和 $\dfrac{4}{3}\dfrac{3}{2}$ 变化方重平组织图及上机图。

5. 设计斜纹变化组织时的变化方法主要有哪些?

6. 写出组织循环等于5的所有可能的加强斜纹组织和复合斜纹组织的分式表达式。

7. 试作下列加强斜纹的组织图: (1) $\dfrac{4}{3}\nearrow$; (2) $\dfrac{3}{5}\nearrow$; (3) $\dfrac{3}{2}\nearrow$。

8. 试作下列复合斜纹的组织图: (1) $\dfrac{2}{3}\dfrac{3}{2}\nearrow$; (2) $\dfrac{3}{2}\dfrac{1}{2}\dfrac{1}{1}\nearrow$; (3) $\dfrac{4}{2}\dfrac{2}{1}\dfrac{2}{3}\nwarrow$。

9. 试述影响斜纹倾斜角的因素。

10. 试作克罗丁织物的组织图, 其基础组织为 $\dfrac{3}{1}\dfrac{3}{1}\dfrac{1}{2}\dfrac{1}{1}\nearrow$, $S_j = 2$。

11. 某织物经纬纱密度为 527 根/10cm × 286 根/10cm，基础组织为 $\frac{5\quad 1\quad 1}{2\quad 2\quad 1}$↗，要求斜纹线的倾斜角为 74°，试作该织物的上机图（$\tan 74° = 3.5$）。

12. 以 $\frac{5\quad 1\quad 2}{2\quad 1\quad 1}$↗为基础组织，经纬密度相同，$S_w = 2$，试作缓斜纹组织图。

13. 以 $\frac{3\quad 2}{3\quad 1}$↗为基础组织，按下列经向飞数的变化顺序绘作经曲线斜纹，S_j 为 2, 1, 2, 1, 1, 1, 0, 1, 0, 1, 0, 1, 1, 1, 2, 1, 2, 2, -2, -2, -1, -2, -1, -1, -1, 0, -1, 0, -1, 0, -1, -1, -1, -2, -1, -2。

14. 按照下列已知条件，分别绘作经山形斜纹的组织图。

(1) $K_j = 6$，基础组织为 $\frac{3}{3}$ 斜纹；

(2) $K_j = 9$，基础组织为 $\frac{2\quad 1}{1\quad 2}$ 斜纹；

(3) $R_j = 16$，基础组织为 $\frac{2}{1}$ 斜纹。

15. 以 $\frac{2\quad 2\quad 1}{1\quad 2\quad 2}$ 斜纹为基础组织，以 12 根经纱构成右斜，9 根经纱构成左斜，6 根经纱构成右斜，9 根经纱构成左斜的规律排列经纱，绘作变化经山形斜纹组织的组织图。

16. 按照下列已知条件，分别绘作纬山形斜纹的组织图。

(1) $K_w = 8$，基础组织为 $\frac{1\quad 2\quad 1}{1\quad 1\quad 2}$ 斜纹；

(2) $K_w = 9$，基础组织为 $\frac{2\quad 3}{1\quad 2}$ 斜纹；

(3) $R_w = 16$，基础组织为 $\frac{3}{3}$ 斜纹。

17. 按照下列已知条件，分别绘作破斜纹的组织图。

(1) $K_j = 12$，基础组织为 $\frac{4\quad 1\quad 1}{1\quad 4\quad 1}$ 斜纹；

(2) $K_j = 8$，基础组织为 $\frac{2\quad 1}{2\quad 1}$ 斜纹；

(3) $K_w = 9$，基础组织为 $\frac{2\quad 2}{1\quad 2}$ 斜纹；

(4) $R_w = 16$，基础组织为 $\frac{4}{3}$ 斜纹。

18. 以 $\frac{3}{3}$ 斜纹为基础组织，以 5 根经纱构成右斜，2 根经纱构成左斜的规律排列经纱，绘作变化经破斜纹的上机图。

19. 按照下列已知条件，分别绘作菱形斜纹的组织图。

（1）$R_j = R_w = 14$，基础组织为$\dfrac{3}{1}\dfrac{1}{3}$斜纹；

（2）$K_j = K_w = 8$，基础组织为$\dfrac{2}{3}\dfrac{2}{1}$斜纹（要求交界处清晰）；

（3）$K_j = 6$，$K_w = 8$，基础组织为$\dfrac{3}{3}$斜纹。

20. 按照下列已知条件，分别绘作锯齿斜纹的组织图。

（1）$K_j = 8$，$S_j' = 4$，基础组织为$\dfrac{2}{3}\dfrac{1}{2}$斜纹；

（2）$K_j = 6$，$S_j' = 3$，基础组织为$\dfrac{3}{3}\dfrac{1}{2}$斜纹；

（3）$K_w = 6$，$S_w' = 3$，基础组织为$\dfrac{3}{2}\dfrac{2}{2}$斜纹。

21. 以$\dfrac{2}{1}\dfrac{2}{2}\dfrac{1}{2}\nearrow$斜纹为基础组织，按经纱画4根飞跳4根的规律，绘作经飞断斜纹的上机图。

22. 以$\dfrac{4}{4}\nearrow$斜纹为基础组织，按经向与纬向均画6根飞跳3根的规律，分别绘作经、纬飞断斜纹的上机图。

23. 按照下列已知条件，分别绘作芦席斜纹的组织图。

（1）以$\dfrac{2}{2}$斜纹为基础组织，同一方向斜纹线为4条；

（2）以$\dfrac{3}{3}$斜纹为基础组织，同一方向斜纹线为3条；

（3）以$\dfrac{4}{4}$斜纹为基础组织，同一方向斜纹线为2条。

24. 以$\dfrac{1}{4}\nearrow$斜纹为基础组织，绘作纬向阴影斜纹。

25. 以$\dfrac{4}{3}\dfrac{1}{8}\nearrow$斜纹为基础组织，设计一个夹花斜纹组织。

26. 缎纹变化组织包括哪几类？这些变化组织分别通过什么方式获得。

27. 以8枚正则缎纹为基础，试作可能的变则8枚缎纹。

28. 以$\dfrac{8}{5}$正则缎纹为基础，试作经向、纬向、经纬向加强缎纹。

29. 以$\dfrac{7}{3}$正则缎纹为基础，试作纬面重缎纹组织。

30. 试作以$\dfrac{5}{2}$纬面缎纹为基础的阴影缎纹组织图。

第五章　联合组织与应用

本章目标

1. 熟悉联合组织的概念和类型。
2. 熟悉联合组织构成的方法以及形成特殊外观的原因。
3. 掌握联合组织的设计要点和设计注意事项。
4. 掌握联合组织的上机设计。
5. 熟悉联合组织的应用。

为了丰富织物的外观和获得独特的织物风格，常常将两种或者两种以上的原组织或变化组织按照不同的方式联合起来。将两种或两种以上的原组织或变化组织，用各种不同的方法联合而成的组织，称为联合组织。通常构成联合组织的方法有：两种组织或者两种以上组织进行简单合并排列；两种不同组织的经纱或者纬纱按照一定规律间隔排列；在一种组织上按另一种组织的规律增加或减少组织点。联合组织可在织物上形成纵向条纹或者横向条纹或者格子图案，也可以形成一定规律分布的小孔洞或者四周高中间低的形似蜂巢的外观，还可以形成起绉效果的外观或凸条外观等。

按照不同的联合方法，可获得多种类型的联合组织，其中应用较广的联合组织有：条纹组织、格子组织、绉组织、透孔组织、蜂巢组织、凸条组织、网目组织、平纹地小提花组织等。

第一节　条纹组织

织物上条纹图案的形成方法主要有三类：一是用色纱织造或者在印花时在织物上形成条纹；二是由条纹组织在织物上形成条纹；三是由色纱和条纹组织共同配合在织物上形成条纹。条纹组织指采用两种或者两种以上的织物组织沿纵向（经向）或者横向（纬向）并列排列，使织物形成纵向条纹或者横向条纹的组织。按照形成条纹方向的不同分为纵条纹组织和横条纹组织。

一、纵条纹组织

纵条纹组织是指采用两种或两种以上不同的织物组织沿纵向（经向）并列配置，在织物表面呈现清晰的纵向条纹外观的组织，如图 5-1 所示。图 5-1（a）是两种组织在纵向排列，图 5-1（b）是三种组织在纵向排列。纵条纹组织广泛应用于服装类织物和家用装饰类织物。

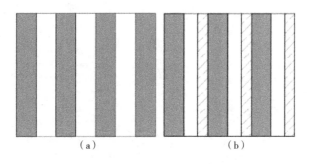

图 5-1　纵条纹纹样

1. 纵条纹组织特征

（1）纵向并排配置两种或者两种以上的组织。例如，$\frac{1}{1}$平纹组织和$\frac{1}{2}\nearrow$斜纹组织在纵向并列配置；$\frac{2}{2}\nearrow$斜纹组织与$\frac{2}{2}\nwarrow$组织和$\frac{2}{2}$方平组织在纵向并列配置等。

（2）纵条纹中每条纹的经纱数和每条纹的经纱密度可以相同也可以不同，每条纹的宽度可以相同也可以不同。

2. 纵条纹组织设计要点　纵条纹组织设计时，需要将组织配置得当，以获得效果较佳的纵条纹织物，也可采用不同颜色的色纱与组织配合，来增强纵条纹效应。

（1）各条纹组织的经纬纱交错次数不宜相差过大。否则，由于各条纹的经纱缩率差异过大容易造成织造困难和织物不平整。如果为了外观风格和效果，必须选择交错次数相差较大的组织并列配置时，如选择由平纹组织与 8 枚缎纹组织构成纵条纹，则应在设计与工艺上采取一些改善的措施。通过调整经纱密度，使交错次数较少条纹的经纱具有较大的经纱密度，交错次数较多的条纹的经纱具有较小的经纱密度；在准备工序时，控制不同条纹经纱的张力，对交错次数较少的条纹的经纱，给予较大的张力，使其产生一定的预伸长，则上机织造时，其张力较小，以此来平衡组织之间的经纱张力差；采用双织轴织造，但这种方式会增加上机复杂性和生产成本，也受到设备的限制，尽量避免应用。

（2）各条纹交界处的相邻两根经纱上组织点的配置最好是经纬组织点相反（即形成底片翻转），以使界线分明。例如，由$\frac{2}{2}$纬重平和平纹构成的纵条纹，在纬重平和平纹交界处经纬组织点相反（即形成底片翻转），如图 5-2（a）所示。由$\frac{2}{2}$斜纹和 $\frac{2}{2}$方平构成的纵条纹，为了使交界处形成底片翻转，分别在斜纹组织条纹结束处增加一根纱线以及在方平组织条纹结束处增加两根纱线，如图 5-2（b）所示，交界处左右两边形成底片翻转。

（3）如果各条纹交界处相邻两根经纱不能构成经纬组织点相反，为使条纹分界清晰，可在两条纹交界处增加 1 ~ 2 根另一组织或 1 ~ 2 根另一颜色的纱线，如图 5 - 2（c）所示，但要注意尽量不要增加过多综页数。

（4）如果是色纱织造，不同组织的条纹可以采用不同颜色的经纱。

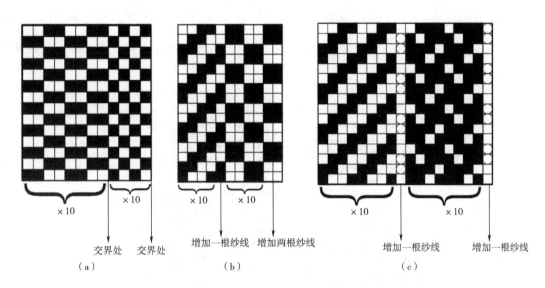

图 5 - 2　纵条纹组织

3. 纵条纹组织上机设计

（1）纵条纹组织的经纱循环数和纬纱循环数计算。

$$经纱循环数\ R_j = 各条纹经纱数之和$$

考虑界限分明等因素，需加以修正。

$$各条纹经纱数 = 各条经密 \times 各条宽度$$
$$纬纱循环数\ R_w = 纵条纹组织中各条纹组织循环纬纱数的最小公倍数$$

图 5 - 2（a）的经纬纱循环数为：

$$R_j = （8 \times 10）+ （4 \times 10）= 120$$
$$R_w = 2 \ 与 \ 2 \ 的最小公倍数 = 2$$

图 5 - 2（b）的经纬纱循环数为：

$$R_j = （4 \times 10 + 1）+ （4 \times 10 + 2）= 83$$
$$R_w = 4 \ 与 \ 4 \ 的最小公倍数 = 4$$

图 5 - 2（c）的经纬纱循环数为：

$$R_j = （8 \times 10 + 1）+ （8 \times 10 + 1）= 162$$
$$R_w = 4 \ 与 \ 4 \ 的最小公倍数 = 4$$

（2）纵条纹组织穿综。穿综时采用间断穿法或照图穿法。图5-3（a）采用的间断穿，将80根纬重平经纱按照图示穿在1、2综上，穿完80根纬重平经纱后，将40根平纹经纱按照图示穿在3、4综上，直至一个穿综循环完成，一个穿综循环经纱根数为120根。图5-3（b）采用照图穿法，将40根$\frac{2}{2}$斜纹经纱按照图示穿在1、2、3、4综上，穿完41根斜纹经纱后，用照图穿综法将42根方平经纱分别穿在1、3综上，直至一个穿综循环完成，一个穿综循环经纱数为83根。

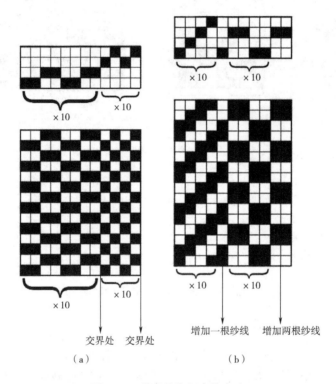

图5-3　纵条纹组织穿综方法

（3）纵条纹组织穿筘。根据纵条纹织物中条纹经纱密度是否相同，分为平筘穿法和花筘穿法。织物在幅宽范围内各条纹的经纱密度相同，穿筘时各条纹采用同一穿入数即平筘穿法；当各条纹经纱密度不相同，穿筘时各条纹采用不同穿入数即花筘穿法。

例：某纵条纹由$\frac{1}{3}$四枚破斜纹和$\frac{3}{1}$四枚破斜纹构成，纬破斜纹和经破斜纹条宽均为0.5cm，经密为320根/10cm，求作该纵条纹织物的上机图。

①R_j和R_w计算。

四枚纬破斜纹条纹：

$$R_{j1} = 0.5 \times 32 = 16；R_{w1} = 4$$

四枚经破斜纹条纹：

$$R_{j2} = 0.5 \times 32 = 16；R_{w2} = 4$$

纵条纹：

$$R_j = 16 + 16 = 32；R_w = 4 \text{ 与 4 的最小公倍数} = 4$$

②上机图。穿综采用间断穿法，因整幅织物经密一样，穿筘采用平筘穿法，每筘齿 2 入，上机图如图 5-4 所示。

二、横条纹组织

横条纹组织是指采用两种或两种以上不同织物组织沿横向（纬向）并列配置，在织物表面呈现清晰的横向条纹外观的组织，如图 5-5 所示。横条纹组织很少单独使用，常与纵条纹组织一起使用，在织物上形成格型图案。

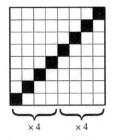
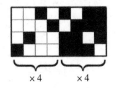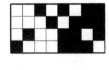

2入/筘

图 5-4　纵条纹上机图

1. 横条纹组织特征

（1）横向并排配置两种或者两种以上的组织。例如，$\frac{1}{1}$平纹组织和$\frac{1}{2}\nearrow$斜纹组织在横向并列配置；$\frac{2}{2}\nearrow$斜纹组织与$\frac{2}{2}\nwarrow$组织和$\frac{2}{2}$方平组织在横向并列配置。

（2）横条纹中每条纹的纬纱数和每条纹的纬纱密度可以相同也可以不同，每条纹的宽度可以相同也可以不同。

2. 横条纹组织上机设计

（1）横条纹组织的经纱循环数和纬纱循环数计算。

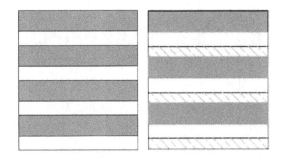

图 5-5　横条纹纹样

$$R_j = \text{横条纹组织中各条纹组织循环经纱数的最小公倍数}$$
$$R_w = \text{各条纹纬纱数之和（考虑界限分明等因素，需加以修正）}$$
$$\text{各条纹纬纱数} = \text{各条纬密} \times \text{各条宽度}$$

（2）横条纹组织穿综。穿综多采用顺穿。

（3）横条纹组织穿筘。穿筘多采用平筘穿法，每筘齿 2～4 入。

例：某横条纹由$\frac{1}{3}\nearrow$斜纹和$\frac{3}{1}\nwarrow$斜纹构成，其中斜纹条宽均为 0.5cm，纬密 320 根/

10cm，求作该横条纹织物的上机图。

①R_j和R_w计算。

$\frac{1}{3}\nearrow$斜纹：

$$R_{j1}=4；R_{w1}=0.5\times32=16$$

$\frac{3}{1}\nwarrow$斜纹：

$$R_{j2}=4；R_{w2}=0.5\times32=16$$

横条纹：

$$R_j=4\text{ 与 }4\text{ 的最小公倍数}=4；R_w=16+16=32$$

②上机图。穿综采用顺穿法，穿筘采用每筘齿2入，上机图如图5-6所示。

注意：横条纹的纬纱循环数为$16+16=32$（根），横条纹组织上机图中，完成一个纬纱循环所需要的纹板数一共为32块，如图5-6中纹板图所示。

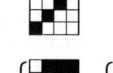
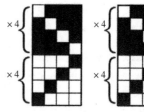

图5-6 横条纹上机图

三、条纹组织应用

纵条纹组织广泛应用于服装类织物和装饰类织物，外观变化十分丰富，不仅条纹宽度、织物组织和条纹颜色可以变化，不同条纹的密度也可以通过设计来加以改变，织物富有立体感。纵条纹组织与色纱和印花等其他工艺相结合，可以获得更加丰富多彩的花型图案。

条纹组织在棉织物的应用有缎条府绸，各种变化麻纱，毛织物中有各种花呢、女式呢等，丝织物的应用也较多。条纹组织织物可作装饰品、床单、被单等床上用品，织物花型美观大方。图5-7为几款不同风格的纵条纹织物。

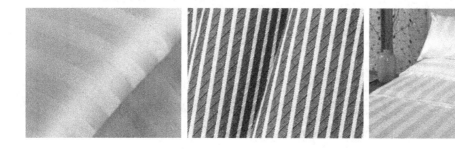

图5-7 纵条纹组织织物

横条纹组织单独应用的情况较少，一般和纵条纹配合使用。

第二节　格组织

织物上格纹图案的形成方法主要有三类，一是采用组织变化设计在织物上形成格纹；二是采用正反组织对比形成格纹；三是用色纱织造或者在印花时在织物上形成格纹。也可以通过组织变化并配合印花在织物上形成格纹。

格组织是指织物的经向和纬向均并列配置了两种或者两种以上的织物组织，使织物表面形成清晰格纹效应的组织。按照形成格纹的不同方式，可分为方格组织和变化格子组织。

一、方格组织

1. 方格组织特征　方格组织是指将基础组织的正反面组织（即经面组织和纬面组织）分别配置在格子的两个对角方向上，在织物表面形成清晰的格子效应的组织。方格纹样如图 5-8 所示。

2. 方格组织设计要点

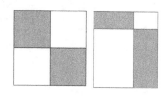

图 5-8　方格纹样

（1）相邻两格子交接处的组织点应互成"底片"关系，这样的格子分界明显，格纹清晰、美观。

（2）处于方格对角位置的部分，不仅组织相同且组织的起始点位置也应相同，这样才能使织物外观整齐美观。

图 5-9 为 $\frac{5}{2}$ 纬面缎纹和 $\frac{5}{2}$ 经面缎纹所构成的方格组织。

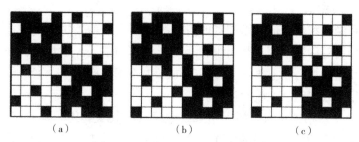

（a）　　　　　　　　（b）　　　　　　　　（c）

图 5-9　5 枚缎纹构成的方格组织

三个方格组织中，图 5-9（a）的设计合理，它构成的方格组织交界处成底片关系，对角方向上的起始点位置相同，所构成的方格组织格纹不粘连且清晰和美观。图 5-9（b）格子分界处不成底片关系；图 5-9（c）格子对角方向上 $\frac{5}{2}$ 缎纹组织的起点不相同。因此，所形成方格组织的外观效果不好。

要使对角方向上组织的起始点位置相同，需对基础组织起始点位置进行选择，选择的方法为：使基础组织的第一根经（纬）纱和最后一根经（纬）纱上的单独组织点距上、下边缘

（左、右边缘）的距离相等。如图 5-10（a）所示，从经向看，A—A 处的左、右经组织点到上、下边缘的距离相等；从纬向看，B—B 处的上、下经组织点到左、右边缘的距离相等。调整经纱的顺序，将第 3 根经纱调整为第 1 根，第 1、第 2 根经纱调整为第 4、第 5，如图 5-10（b）所示；或调整纬纱的顺序，将第 5 根纬纱调整为第 1 根纬纱，如图 5-10（c）所示。

采用调整纱线顺序后的组织来构成方格组织，就能满足对角方向上组织的起始点位置相同，同时交界处成底片关系的要求，从而设计出来的方格组织外观整齐美观。

有些组织的界面成"底片"关系且对角位置形成格型间跳，织物外观为方格，这种组织也称为方格组织，如图 5-11（a）和（b）所示。

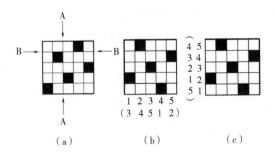

图 5-10　方格组织基础组织的起始位置选择

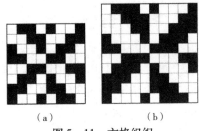

图 5-11　方格组织

3. 方格组织上机设计　方格组织的穿综采用间断穿。穿筘时，一般 2~4 入/筘，交界处左右两边的经纱不能穿入同一筘齿中，以免影响格纹的清晰度。由 $\frac{1}{3}$ ↗斜纹和 $\frac{3}{1}$ ↖斜纹构成的方格组织，上机图如图 5-12 所示，穿筘为 4 入/筘。

二、变化格子组织

由不同组织在经向和纬向成格型配置的组织统称为变化格子组织。设计配置变化格子组织时，要注意纹样的对称性，要使整块织物上的花纹排列整齐。设计时要注意，各格子的经纱交织次数不能相差太大，相差太大会造成经面张力不匀、绞丝、断经、停机等问题，导致无法织造，或者织造效率低，织物品质差。

1. 平格纹组织　平格纹组织是指采用平纹组织或平纹变化组织，应用同种或不同原料，在纵向（经向）和横向（纬向）分别进行条纹的排列配置，在织物表面呈现清晰的格纹外观的组织。平格纹组织广泛应用于服装服饰类织物和家用装饰类织物。

图 5-13 是平纹组织、$\frac{2}{2}$ 方平、$\frac{2}{2}$ 经重平和 $\frac{2}{2}$ 纬重平搭配形成的平格纹组织。该组织的经纱循环 $R_j = 18$ 根，纬纱循环 $R_w = 14$ 根，其中经纱与纬纱的组合和排列可以随设计的需要而变化，形成不同的平格纹组织。

穿筘时，格边方平位置是 4 入/筘，形成的织物格边更为突出；如果格边每筘齿经纱与格身组织都为 2 入/筘，形成的织物格边与格身较平整。

2. 格中格　图 5-14 是以平纹格为基础而成的"米字格"。此类格纹，平纹为主，经浮

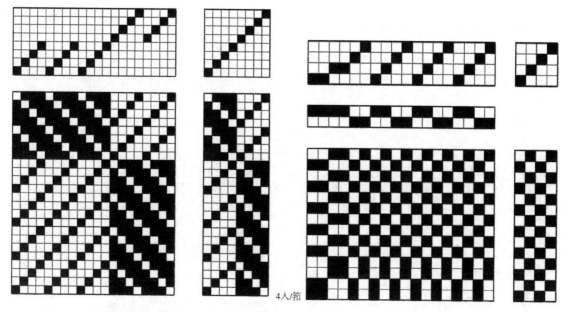

图 5-12 由 4 枚斜纹构成的方格组织上机图

4入/筘

图 5-13 平格纹上机图

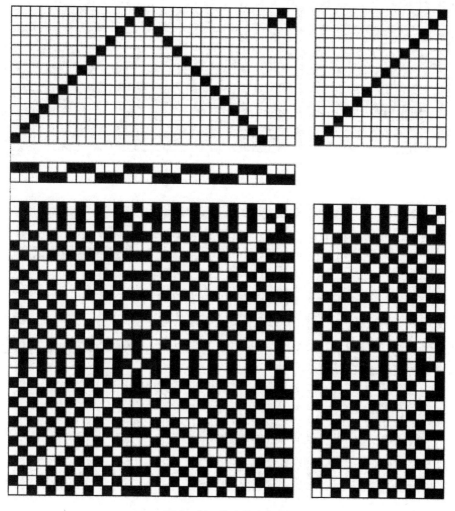

图 5-14 格中格上机图

长或纬浮长不宜过大，否则织造难度增加。如果在多臂织机上织造，注意"米字格"循环的大小，以及织机可用的最大综片数。

3. 不对称格 图5-15是以$\frac{1}{3}$斜纹为基础组织，利用左、右斜纹的不同效应，中间加入重平组织，排列成的格组织。

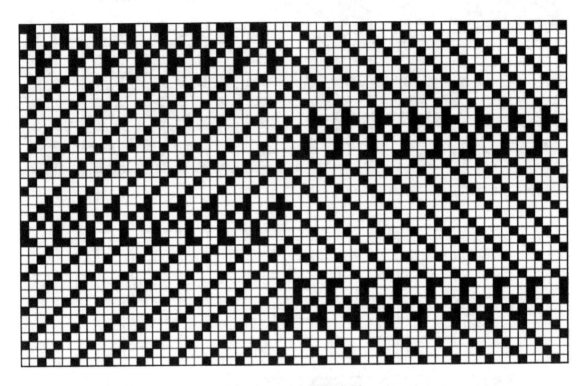

图5-15 不对称格组织图

4. 缎条手帕 图5-16是由纵条纹和横条纹联合构成变化格子组织，这种变化格子组织的典型织物是缎条手帕。纹样图中纵条b_1为$\frac{3}{1}$破斜纹；横条b_2为$\frac{1}{3}$破斜纹；a和c为地组织，采用平纹组织。图5-17是缎条手帕的上机图。变化格子组织还广泛应用于头巾、桌布等服饰与家用纺织品中。设计时通常缎条提花部分的经、纬密度较地部平纹大，突出缎条效应。

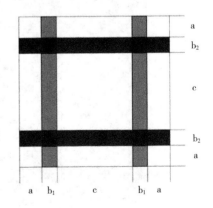

图5-16 缎条手帕纹样

三、格组织应用

格组织在棉、麻、丝、毛、化纤等各类型织物中均有应用，产品极为丰富。格组织的织物线条清晰、简洁大方、图案规整，常用于现代服装与家用纺织品，深受人们的喜爱。图5-18为几款不同的格组织织物。

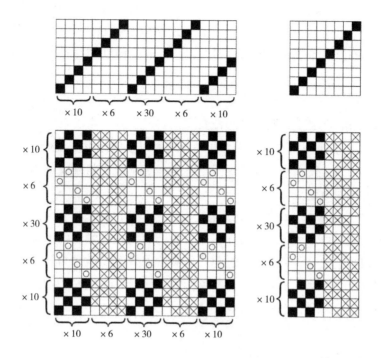

图 5-17 缎条手帕上机图

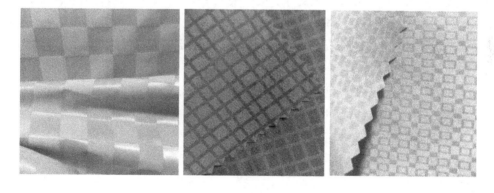

图 5-18 格组织织物

第三节 绉组织

织物的绉效应是指其具有凹凸不平的绉缩外观，绉效应织物因风格独特、光泽柔和、立体感强、富有弹性而深受消费者喜爱。在织物上形成绉效应的方式很多，例如，通过对纱线进行加捻，在纱线上形成具有一定扭矩的内应力，后整理时纱线因退捻而使织物形成绉效应；利用纱线的收缩率不一样，织成的织物经后整理，纱线因收缩率的不同在长度上出现差异，而使织物形成绉效应；通过两个经轴进行送经，两个经轴采用不同的送经量从而导致经纱的张力不一样，织物下机后不同送经量的经纱会产生不同程度的收缩，从而使织物形成绉效应；利用组织设计使织物形成绉效应，即通过不同浮长的经、纬纱交错排列在织物上形成凹凸状的绉效应。

一、绉组织构成与绉效应外观形成原理

1. 绉组织构成　按照一定的方式联合两种或两种以上的原组织或变化组织，利用不同浮长的经、纬纱交错排列，使织物表面呈现凹凸不平的细小颗粒状外观的绉效应，这种联合组织称为绉组织，俗称泥地组织。

2. 绉效应外观形成原理　用绉组织织制的织物由于结构较松的长浮线与结构较紧的短浮点均匀配置，松结构的长浮线在织物表面形成微微凸起的细小颗粒状，这些分布均匀的细小颗粒使得照射到织物上的光线形成了漫反射，织物的光泽显得柔和自然。与此同时，由于这些细小颗粒，织物获得了厚实、柔软、富有弹性的手感。绉组织是应用较广的织物组织之一，它具有织造简单、花纹循环大、变化丰富等特征。

二、绉组织设计要点

绉组织外观效果的好坏，与绉组织设计合理与否有很大关系，起绉效果好的绉组织应使织物表面形成的颗粒状细小且无明显规律，同时要便于织造。绉组织设计时应注意以下几点。

1. 经纬浮长　经、纬浮线不能过长，连续浮长线一般不超过 3 个组织点，以获得细腻的颗粒状外观。不同浮长的组织点沿各个方向均匀分布，使织物表面细小颗粒分布均匀，不出现纵向、横向或斜向的纹路。

2. 组织循环　尽量使经纬纱循环数大一些，组织循环越大，组织点分布越均匀，形成纹路的可能性越小，织物表面起绉的效果就越好。注意：不应增加生产的复杂程度，综框数不宜过多，每页综的载荷应尽量相近。

3. 组织点集聚　不能有大群相同的经（纬）组织点聚集在一起，否则会使织物表面产生光亮和暗淡区域。

4. 经纱交织次数　组织循环内各根经纱的交织次数不宜相差太大，否则会因为经线的织缩率不一致而使开口不清晰，造成织造困难和布面不平整。

三、绉组织构成方法

常用的构成绉组织方法有：增点法、组织移绘法、经纬纱次序调整法、旋转法和省综设计法等。

1. 增点法　增点法是以原组织或变化组织为基础，然后按另一种组织的规律增加组织点构成绉组织，也就是利用两个或两个以上的组织重合起来构成。图 5-19（c）的绉组织是在图 5-19（a）的 $\frac{8}{3}$ 纬面加强缎纹的基础上，按图 5-19（b）的 $\frac{1}{3}$ ↗ 斜纹规律增加经组织

点而成，也可以看成是两个组织重合而成。图 5 - 20（d）的绉组织是在图 5 - 20（a）的 6 枚变则缎纹基础上，按照图 5 - 20（b）$\frac{1}{3}$ 破斜纹的规律增加经组织点，如图 5 - 20（c）所示。采用增点法时，所构成绉组织的组织循环经、纬纱数（R_j、R_w）应该是两个基础组织的组织循环经、纬纱数（R_{j1}、R_{w1}、R_{j2}、R_{w2}）的最小公倍数。

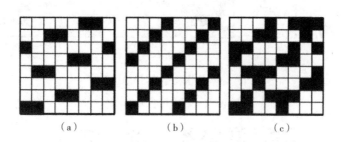

图 5 - 19 增点法构作绉组织（一）

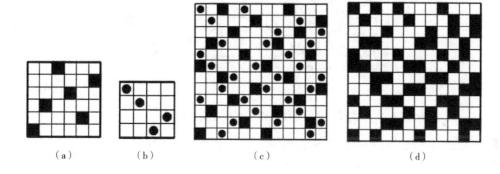

图 5 - 20 增点法构作绉组织（二）

2. 组织移绘法 组织移绘法是将一种组织的经（或纬）纱移绘到另一种组织的经（或纬）纱之间构成绉组织。在移绘时，两种组织的经（或纬）纱可采用 1:1 的排列比，也可采用其他排列比。当经纱排列比为 1:1 时，其绉组织的组织循环经纱数 R_j 为两种基础组织的组织循环经纱数（R_{j1}、R_{j2}）的最小公倍数乘以 2，组织循环纬纱数等于两种基础组织的组织循环纬纱数（R_{w1}、R_{w2}）的最小公倍数。纬向移绘时计算方法与经向移绘相类似。由图 5 - 21（a）$\frac{2}{2}\nearrow$ 和图 5 - 21（b）$\frac{1}{2}\nearrow$ 按照 1:1 的排列比进行移绘而构作绉组织。绉组织的经纱循环数 R_j =（4 与 3）的最小公倍数 ×2 = 24；R_w = 4 与 3 的最小公倍数 = 12。

3. 经纬纱次序调整法 经纬纱次序调整法一般采用长短浮长线的变化组织作为基础组织，然后按绉组织的外观要求变更基础组织的经（或纬）纱排列次序构成绉组织。图 5 - 22 表示通过调整经纱顺序来构作绉组织的方法。以图 5 - 22（a）$\frac{2\ 1\ 2}{2\ 2\ 1}\nearrow$ 为基础组织，将经纱顺序按照 5、1、9、4、6、2、10、8、3、7 的顺序进行调整构作的绉组织，如图 5 - 22（b）所示。

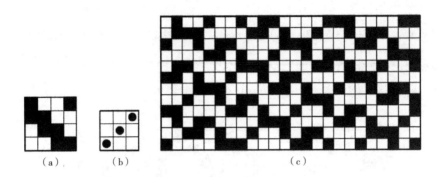

图 5-21 移绘法构作绉组织

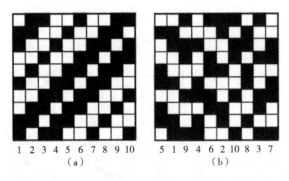

1 2 3 4 5 6 7 8 9 10   5 1 9 4 6 2 10 8 3 7
(a)   (b)

图 5-22 调整经纱排列次序构作绉组织

4. 旋转法 在设计组织循环较小的绉组织时，很容易出现直向、横向或斜向的纹路，用旋转法对容易产生纹路的基础组织进行相应地旋转和组合，便可以减轻纹路的产生，从而使绉组织外观更为匀称。一般选择同面组织（或一个组织循环内经纬组织点相近）作为基础组织，组织循环不要太大，以免所需综页数太大，给织造增加难度。以基础组织的任意一角为圆心每次旋转 90°，将依次旋转 4 次所得的组织组合而构成。图 5-23 所示为旋转组织构成方法，图 5-23（a）为基础组织，图 5-23（b）~（e）分别为以基础组织的顶点 A、B、C、D 为圆心旋转所得的组织。

5. 省综设计法 上述几种方法设计的绉组织，因受到综页数的限制，一个组织循环中的经纬纱数不可能太大，一般来说，经纬纱循环数越大，所织成的织物越不易形成明显的纹路，外观就越均匀，织物绉效应越好。在实际生产中，为了获得绉效应较好的织物，常采用一种扩大组织循环的省综设计法。省综设计法就是使用较少的综页，通过合理安排经纬纱的交织规律，设计出组织循环大且绉效应好的绉组织。

省综设计法的设计方法及步骤如下：

（1）确定所需的综页数。一般是根据生产实际情况和织机设备条件来选定。通常为 4页、5页、6页、8页和 10页。因 4页综变化范围较小，绉效应不够理想，用得较少；5页综构成的是异面绉组织（纬面或者经面绉组织）；6页、8页或 10页综，如果每次开口提升一半综页进行织造，则构成同面绉组织，这种状况比较多；如果每次开口提升少于一半或多于

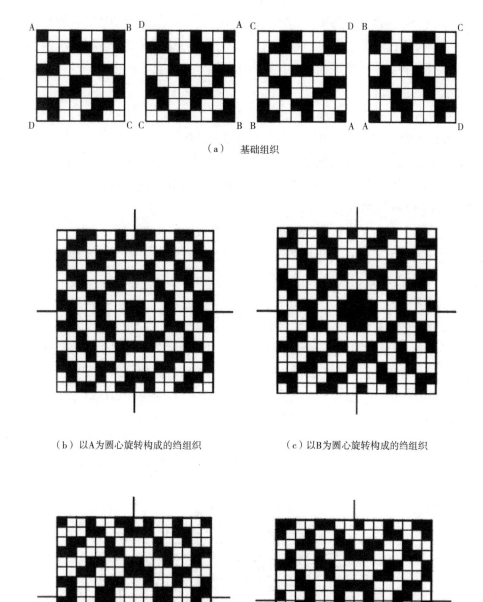

（a） 基础组织

（b）以A为圆心旋转构成的绉组织　　　　　　（c）以B为圆心旋转构成的绉组织

（d）以C为圆心旋转构成的绉组织　　　　　　（e）以D为圆心旋转构成的绉组织

图 5－23　旋转法构作绉组织

一半综页进行织造，则构成异面绉组织。

（2）确定组织循环范围。为了使综框负荷基本一致，一般组织循环经纱数为综页数的整数倍，且各综框穿入的经纱数保持一致，例如，所选定的综页数为6，则组织循环经纱数可采用24，36，48，…，等。组织循环纬纱数与组织循环经纱数大致相当。

（3）确定纹板图。

纹板连续提升次数：不能让连续的组织点太多。一般以不超过3个组织点为佳。因此，在管理同一页综的纹板列上不应出现3纬以上的连续提升。

各综页提升要求：每页综之间的提升次数尽量一致（每根经纱的交织次数尽量一致）。在一个纬纱循环内，每根经纱上的经组织点数与纬组织点数尽量一致，即管理同一页综的纹板列中提升和不提升的次数一致。

每块纹板要求：在同一纹板上，挨着提升的综页数不能超过3页。

在纹板设计过程中，要按照上面的设计要求对纹板图中的各纵列或各横列的提升反复进行调整，因此纹板设计须经过若干次反复才能设计好。

（4）确定穿综方法。

确定穿综循环数：穿综循环数等于绉组织的经纱循环数，为综页数的整数倍。

确定穿综方式：把经纱循环分成若干组，每组的经纱数等于综页数。每组综页的穿综方法是自由的，但是各组之间尽量不相同。一般第一组顺穿，其他几组按不同的顺序穿。在同一片综页上相邻穿入的2根综丝之间最少间隔3根经纱，以避免一根纬纱上出现连续的经或纬组织点。

（5）根据纹板图和穿综图生成组织图。图5－24为经纬纱循环数分别为$R_j = 50$、$R_w = 40$的5页综纬面绉组织的上机图。图5－25为经纬纱循环数分别为$R_j = 60$、$R_w = 40$的6页综同面绉组织上机图。

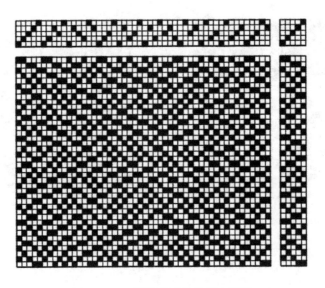

图5－24　5页综异面绉组织上机图

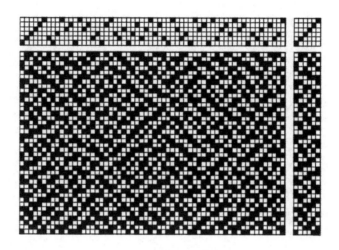

图 5-25　6 页综同面绉组织上机图

图 5-26（a）为经纬纱循环数 $R_j=60$、$R_w=40$ 的 10 页综纬面绉组织上机图，图 5-26（b）为 $R_j=60$、$R_w=40$ 的 10 页综经面绉组织上机图。

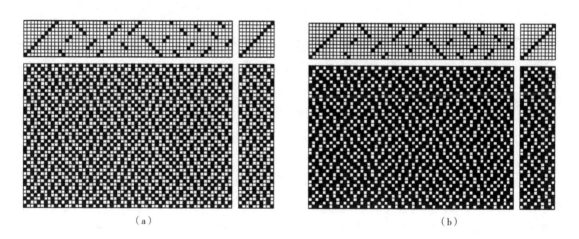

（a）　　　　　　　　　　　　　　　　　（b）

图 5-26　10 页综异面绉组织上机图

四、绉组织应用

采用绉组织的织物具有手感松软、厚实、有弹性、光泽柔和的特点，在棉、毛、丝和化纤等织物中均有大量应用，通过合理的绉组织设计，再配以独特的纱线组合，可以获得绉效应十分明显的织物，绉组织织物常用于服饰及家用纺织品。棉织物中的绉纹呢，毛织物中的绉组织女士呢，丝织物中的四季呢、特纶绉、素花呢、四维呢，化纤织物中毛涤仿麻薄花呢等都是采用绉组织制成的织物。图 5-27 为两款不同的绉组织织物。

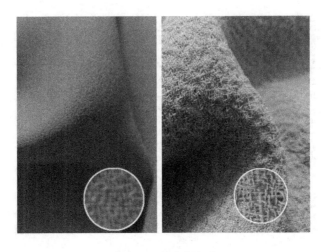

图 5 – 27　绉组织织物

第四节　蜂巢组织

通过平纹组织与长浮线相间配置，使织物具有四周高中间低且呈现方形、六边形、菱形或其他几何形状的蜂巢型外观，这种联合组织称为蜂巢组织。

一、蜂巢组织构成与蜂巢外观形成原理

1. 蜂巢组织构成　蜂巢组织是由交织紧密的平纹组织与经浮长线和纬浮长线联合配置而成。

2. 蜂巢外观形成原理　蜂巢组织的织物之所以能形成边部高中间低的蜂巢形外观，其原因是由于在一个组织循环内，同时有紧组织（交织点多）和松组织（交织点少），二者逐渐过渡、相间配置。在平纹组织处，因交织点最多，所以较薄，在经纬浮长线处，没交织点，故织物较厚。如图 5 – 28 所示，观察甲点平纹几何块型部分，甲点的上面和下面均为正面经浮长线，甲点的左边和右边均为正面纬浮长线，因甲点处平纹几何型块的上下左右均为浮在织物正面的浮长线，所以把甲点处的平纹几何型块带起而形成织物表面凸起的部分。观察乙点平纹几何型块部分，乙点的上面和下面均为反面经浮长线，乙点的左边和右边均为反面纬浮长线，因乙点处平纹几何型块的上下左右均为浮在织物反面的浮长线，所以把乙点处的平纹几何型块带到织物反面凸起，织物正面凹下。凸起部分和凹下部分相互配置逐渐过渡，便形成蜂巢状的外观。蜂巢组织织物外观如图 5 – 29 所示。

织制蜂巢组织织物时采用不同染整缩率、弹性或膨体纱线，则可以增加纱线的收缩程度，从而增强织物的凹凸效应。此外，蜂巢组织的凹凸程度还决定于纱线的粗细程度和织物的张力，当纱线处张力大时，则凹凸效应更为显著。

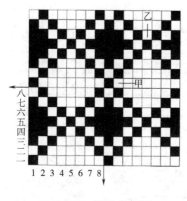

图 5 – 28　蜂巢组织图

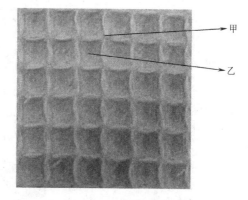

图 5 – 29　蜂巢组织织物

二、蜂巢组织图与上机图绘作

1. 选定适合的基础组织　常用 $\frac{1}{4}$、$\frac{1}{5}$、$\frac{1}{6}$、$\frac{1}{7}$、$\frac{1}{8}$ 等菱形斜纹作为蜂巢组织的基础组织，如图 5 – 30 所示。

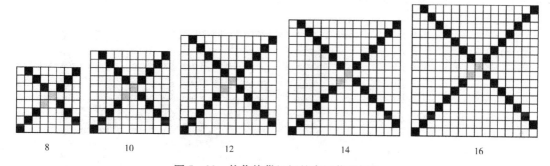

图 5 – 30　构作蜂巢组织的常用菱形斜纹

2. 计算完全组织的经纬纱循环数　R_j、R_w 计算方法与菱形斜纹相同，即 $R_j = R_w = 2K_j$ $(K_w) - 2$。

3. 作菱形斜纹

4. 填绘经组织点　在菱形斜纹线（对角线）划分成的上下的"三角"区域或左右的"三角"区域空白面积内填上经组织点即可。在填绘经组织点时必须注意应与对角线经组织点之间相隔一个纬组织点，如图 5 –31 所示。

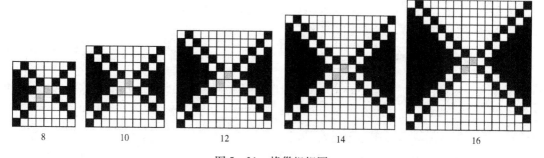

图 5 –31　蜂巢组织图

5. 蜂巢组织上机设计 穿综：采用照图穿（山形穿），如图 5 - 32 所示。穿筘：2 ~ 4 入/筘。

三、变化蜂巢组织

在简单蜂巢组织上进行一些变化，设计绘制出不同外观的蜂巢组织。

1. 长方形蜂巢组织 把菱形斜线所形成的对角线中的折线，错开一格为基础构作蜂巢组织。将上面 $\frac{1}{7}$ 菱形斜纹为基础组织的蜂巢组织，第一条对角线最中间的两个点，相反方向填绘第二条对角线，仍然是 $R_j = R_w = 14$，得到相应的组织图，如图 5 - 33 所示。这种蜂巢组织有长方形的蜂巢外观。

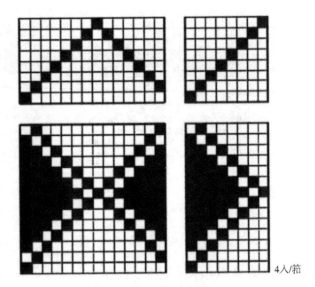

4入/筘

图 5 - 32　蜂巢组织上机图

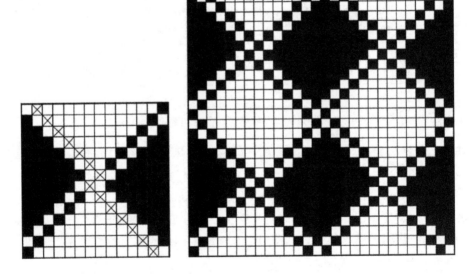

图 5 - 33　长方形蜂巢外观

2. 将菱形斜纹顶点拉开的蜂巢组织 以 $\frac{1}{7}$ 菱形斜纹为基础组织，把菱形斜纹形成的对角线顶点拉开两格，此时 $R_j = 14$，$R_w = 16$，构作的蜂巢组织如图 5 - 34 所示。这种方法构成的蜂巢组织，虽然其经、纬纱循环不等，但其形状仍为正方形的蜂巢外观，其最长的经长浮线与最长的纬长浮线相等。其花形图仍然是正方形的。

3. 双排菱形对角线的蜂巢组织 用双排菱形对角线作基础，构作蜂巢组织，实质是加强

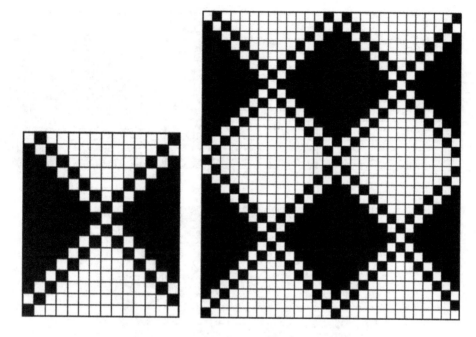

图 5-34 菱形顶点拉开构作的蜂巢组织

对角线，增加织物的坚牢度。这种方法主要在组织循环比较大或纬密比较低的情况下采用。以$\frac{1}{8}$菱形斜纹为基础组织，做双排菱形对角线的变化蜂巢组织，其$R_j = R_w = 16$，如图 5-35 所示。

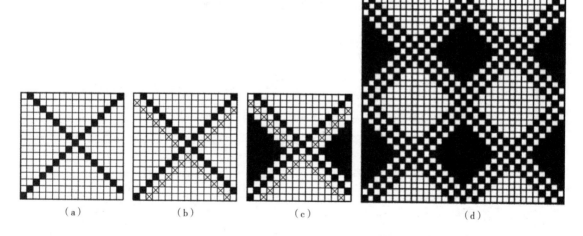

（a）　　　　　（b）　　　　　（c）　　　　　　　（d）

图 5-35 双排菱形对角线构作的蜂巢组织

4. 麦粒状蜂巢组织 在菱形对角线顶点之下一半处，靠中心位置进行填绘，并且只填绘一半的经浮长线，形成变化蜂巢组织。花型类似麦粒，其$R_j = R_w = 16$，如图 5-36 所示。

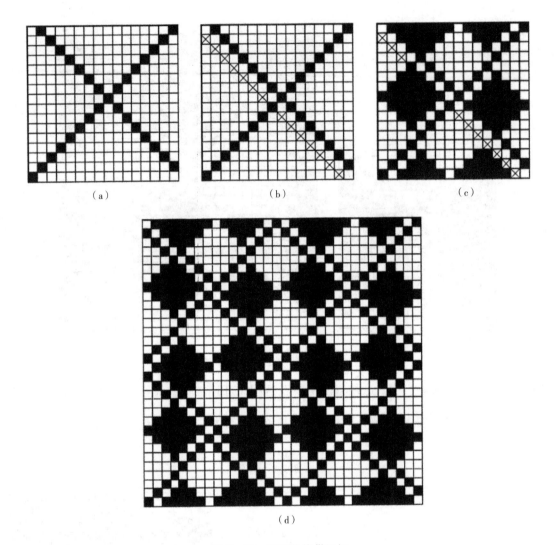

图 5 - 36　麦粒状蜂巢组织

5. 英伦风变化蜂巢组织　在菱形对角线顶点之下一半处，远离中心位置进行填绘，并且只填绘一半的经浮长线，形成英伦风变化蜂巢组织，其 $R_j = R_w = 16$，如图 5 - 37 所示。

总之，蜂巢组织的设计方法很多，不胜枚举。采用不同的经纬原料，可以织造出色彩或风格对比突出的蜂巢外观花形。

四、蜂巢组织应用

用蜂巢组织织成的织物外形美观、立体感强，具有 3D 效果，织物比较松软，富有较强的吸湿性；缺点是不耐摩擦、易钩丝、易 "藏污纳垢"、不易清洗。常用以织制婴幼儿服装、毛呢外套、围巾、餐巾、家用沙发及床品靠枕等。图 5 - 38 为几款不同的蜂巢组织织物。

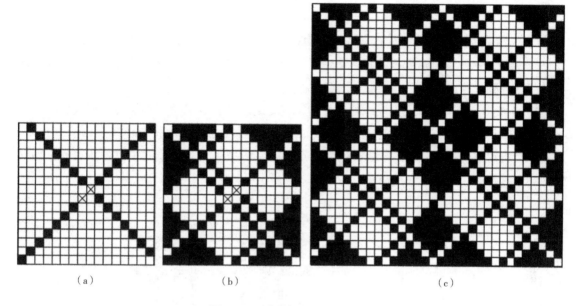

（a）　　　　　　　　（b）　　　　　　　　（c）

图 5-37　英伦风变化蜂巢组织

图 5-38　蜂巢组织织物

第五节　透孔组织

　　通过平纹组织和重平组织相间配置，使织物产生均匀分布的小孔，这种小孔并非因染整工艺而成，是因为组织结构的原因形成的，这种联合组织称为透孔组织。透孔组织的织物，其通透性（透气性、透湿性）较好。由于这类织物的外观与因经纱相互扭绞而形成孔隙的纱羅織物相類似，因此又常稱為"假紗組織"或"模紗組織"。

一、透孔組織構成與透孔外觀形成原理

1. 透孔組織構成 透孔組織是由交織緊密的平紋組織與浮長線較長的經重平組織和緯重平組織聯合配置構成。

2. 透孔外觀形成原理 形成織物透孔的原因是組織中聯合採用了浮長短的平紋組織和浮長較長的重平組織。平紋組織的紗線間交織點多，紗線在相互間的張力作用下而彼此分開；夾在平紋組織中的重平組織的紗線，因交織點較少則張力小，被兩邊的平紋紗線擠起；如此結構導致紗線集聚成束而形成小孔，如圖5-39所示，其中"○"部分就是形成的透孔部分。

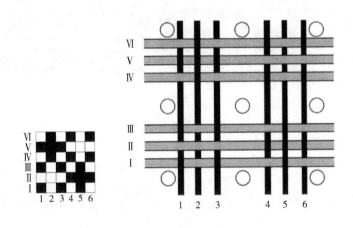

图5-39 透孔形成示意图

由圖5-39可看出，第3、第4經紗為平紋組織，其經緯組織點相反，因此第3、第4經紗之間就不易相互靠攏；第1、第3經紗和第4、第6經紗也為平紋交織，但其交織規律相同；夾在第1、第3經紗中間的第2根經紗和夾在第4、第6經紗中間的第5根經紗均是浮長較長的$\frac{3}{3}$重平組織。在第Ⅱ與第Ⅴ根緯紗浮長線收縮力的作用下，使第1、第3經紗集攏的同時第2根經紗被擠起，則第1、第2、第3根經紗集聚成束；同理第4、第5、第6根經紗集聚成束，因此在第3根與第4根經紗之間形成縱向的縫隙。同理，在第6根與第1根經紗之間也形成縱向的縫隙。

從緯紗方向來看，在第Ⅲ與第Ⅳ根緯紗之間及第Ⅰ與第Ⅵ根緯紗之間形成橫向縫隙。這樣就導致織物上出現了小的孔眼。

二、透孔組織圖繪作

一般情況下，透孔組織的完全組織大小為奇數的2倍。常見的透孔組織有組織循環為6（3根/束×2）、10（5根/束×2）、14（7根/束×2）、18（9根/束×2）等，也有採用組織循環為8（4根/束×2）的透孔組織。根據設計的需要，還有變化組織與透孔組織配合的構圖

形式。

1. 确定组织循环纱线数　透孔组织通常由平纹组织与$\frac{3}{3}$、$\frac{4}{4}$、$\frac{5}{5}$、$\frac{7}{7}$重平组织联合而成，因此，$R_\mathrm{j} = R_\mathrm{w} =$ 分子 + 分母（重平组织）。

2. 绘图步骤　以平纹组织与$\frac{7}{7}$重平组织联合构作透孔组织为例。

第一步：将完全组织划分成田字形的四等分，即四方联；

第二步：在左下角区域内的奇数经纱上直接绘作平纹组织第一根经纱的运动规律，而偶数经纱全部为纬组织点，如图5-40（a）所示；

第三步：按"底片翻转法"填绘右下角区域，如图5-40（b）所示；

第四步：对角区域的运动规律相同，如图5-40（c）、（d）所示。

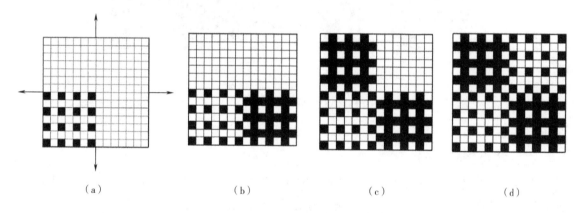

|　　（a）　　|　　（b）　　|　　（c）　　|　　（d）　　|

图5-40　透孔组织图绘作步骤示意图

三、透孔组织设计注意事项

1. 密度的选择　透孔织物的纱线密度不宜过大，因为密度过大，织物变得厚重，关键会使透孔效应不显著，失去"假纱罗"薄、轻、松、爽的特性。

2. 重平组织的选择　在设计透孔织物时，要考虑组织内浮长线的长短对透孔效应的影响。浮长越长则孔眼越大；但浮长过长会使织物变得过分松疏而不挺括，以致造成透孔效应不佳。所以在实际设计透孔组织时，需要考虑浮长线的长度、织物的密度、纱线的粗细等要素。

四、透孔组织上机设计

1. 穿综　穿综时采用照图穿法，当不加入其他组织花纹时，其综页数一般采用四页即可织造；实际生产中，还与织物的密度有关。

2. 穿筘　为了使透孔组织的纵向间隙更明显，穿筘时，常将成束的经线穿入一个筘齿；为了扩大间隙还可以在束与束之间空筘，也称隔齿穿入；或采用筘齿密度不同的花式筘。

图 5 – 41 （a)为 $\dfrac{4}{4}$ 透孔组织的上机图，图 5 – 41 （b）为 $\dfrac{7}{7}$ 透孔组织的上机图。

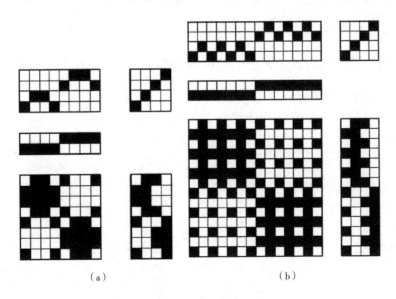

（a）　　　　　　　　　（b）

图 5 – 41　透孔组织上机图

五、花式透孔组织

平纹组织与透孔组织配合形成平纹地花式透孔组织，图 5 – 42 （a）为斜纹线效应的花式透孔组织上机图，图 5 – 42 （b）为山形斜纹花式透孔组织上机图。

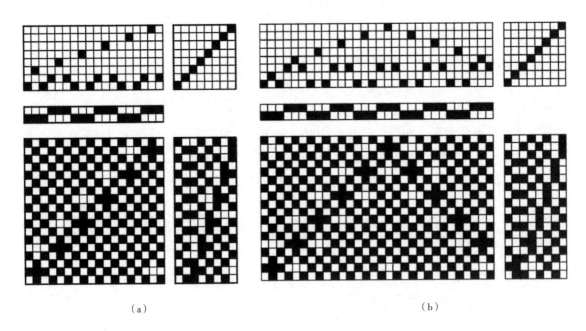

（a）　　　　　　　　　　　　　（b）

图 5 – 42　花式透孔组织上机图

六、透孔组织应用

透孔组织广泛用来织制夏季服用织物。在合成纤维长丝的织物中，配置一定量的透孔组织，不仅悬垂性好，还给织物增添了花纹，改善了化纤织物不透气的缺点，织物更新颖和高档。

如果将透孔组织和其他组织联合应用，或与不同染整缩率的原料配合使用，一方面使织物表面呈现排列均匀的小孔；另一方面由于纱线成束集聚，可使织物表面产生微小的凹凸立体感、颗粒感，形成独特的肌理。图5-43为几款不同的透孔组织织物。

图5-43　透孔组织织物

第六节　凸条组织

通过简单组织和重平组织相间配置，使织物的正面具有显而易见的纵向、横向、斜向或其他形状排列的凸条纹，而织物的反面是经纱或者纬纱的浮长线，这种联合组织称为凸条组织。凸条组织大致可分为纵凸条、横凸条和变化凸条几类。

一、凸条组织构成与凸条外观形成原理

1. 凸条组织构成　凸条组织一般由浮线较长的重平组织和另一种简单组织（常用平纹或三枚斜纹为主）联合而成。图5-44（a）为纵凸条组织及其纬向截面图；图5-44（b）为横凸条组织及其经向截面图。

（1）基础组织。基础组织一般为重平组织，重平组织的浮线长度决定凸条的宽度。

105

（2）固结组织。简单组织起交织固结正面浮长线的作用，故称为固结组织。固结组织应具有足够的交织次数，使织物正面不显露其背面的浮长线，以免破坏织物的外观。重平组织其反面的浮长线因下机后收缩而使固结组织拱起在织物的表面。

（3）凸条的方向。在重平组织中，以纬重平为基础组织，可在织物表面呈现纵凸条效应；以经重平为基础组织，在织物表面呈现横凸条效应。

（4）凸条效果。凸条隆起程度与重平组织浮长、纱线密度、纱线张力、纱线弹性和纱线的染整缩率等因素密切相关。适当增加重平组织浮长、纱线张力和纱线的弹性，可增加凸条效果。

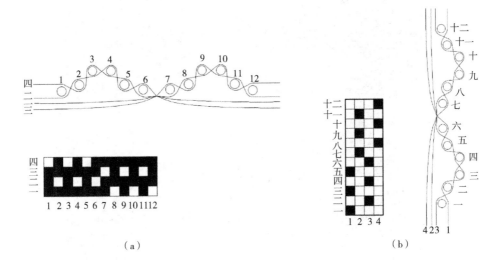

图 5-44　凸条组织图及截面图

2. 凸条外观形成原理　从图 5-44（a）的组织图和横向截面图中看到，第一、第二、第三、第四纬纱浮长线的一部分与经纱进行交织，也就是表面的纬浮长线与经纱进行交织即固结，固结部分成为较紧密的结构呈现在织物的表面；第一、第二、第三、第四纬纱浮长线的另一部分没与经纱交织，而以纬浮长的形式沉在织物反面。反面的纬长浮线呈绷紧状态，织物下机后，由于反面纬浮长线收缩，使正面被紧密固结的那一部分凸起，凸起部分沿经向排列形成条状，成为纵向凸条。

同理，从图 5-44（b）的组织图和纵向截面图中看到，正面经浮长被固结，反面经浮长下机后收缩，使正面被紧密固结的那一部分凸起，凸起部分沿横向排列形成条状，成为横向凸条。

二、凸条组织图绘作

1. 选择基础组织与固结组织

（1）基础组织一般选用$\frac{4}{4}$重平、$\frac{6}{6}$重平或$\frac{6}{6}$斜纹。

（2）基础组织的浮长长度应是固结组织纱线循环数的整数倍，浮长不小于 4 个组织点。浮长过短，条纹太细，不明显；浮长太长，织物过于松软，也不适宜。

（3）固结组织随织物外观而选择，常用平纹、$\dfrac{1}{2}$ 斜纹、$\dfrac{2}{1}$ 斜纹或 $\dfrac{2}{2}$ 斜纹等组织。

2. 选择排列比 排列比通常指纬（经）重平组织纬（经）纱的排列方式，常用的排列比为 1:1，如图 5-45（a）所示；为了增强凸条效果通常也采用 2:2 的排列比，如图 5-45（b）所示。较少应用 2:2 以上的排列比，因为排列比太大易使织物正面暴露出浮长线的痕迹。

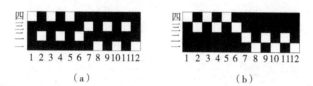

图 5-45 不同排列比的凸条组织图

3. 计算凸条组织的经纬纱循环数

（1）纵凸条组织。

$$R_{\mathrm{j}} = 基础组织经纱循环数$$

$$R_{\mathrm{w}} = 基础组织纬纱循环数 \times 固结组织纬线循环数与排列比的最小公倍数$$

（2）横凸条组织。

$$R_{\mathrm{j}} = 基础组织经纱循环数 \times 固结组织经线循环数与排列比的最小公倍数$$

$$R_{\mathrm{w}} = 基础组织纬纱循环数$$

4. 填绘组织图

第一步：在组织循环范围内，填绘基础组织；

第二步：在基础组织正面浮长线上，填绘固结组织。

例：基础组织为 $\dfrac{6}{6}$ 纬（经）重平，固结组织为 $\dfrac{1}{2}\nearrow$ 斜纹，纬（经）纱排列比为 2:2，试作纵条纹（横条纹）组织图。

①计算 R_{j} 和 R_{w}。

纵凸条：

$$R_{\mathrm{j}} = 基础组织经纱循环数 = 6 + 6 = 12$$

$$R_{\mathrm{w}} = 基础组织纬线循环数 \times 固结组织纬线循环数与排列比的最小公倍数$$
$$= 2 \times （3 与 2 的最小公倍数） = 2 \times 6 = 12$$

横凸条：

$$R_{\mathrm{j}} = 基础组织经纱循环数 \times 固结组织经纱循环数与排列比的最小公倍数$$
$$= 2 \times （3 与 2 的最小公倍数） = 2 \times 6 = 12$$

$$R_{\mathrm{w}} = 基础组织纬纱循环数 = 6 + 6 = 12$$

②填绘组织图。

纵凸条：

第一步：在纵凸条的一个组织循环中，按照纬纱 2:2 的排列比作$\frac{6}{6}$纬重平，如图 5 - 46（a）所示。

第二步：在纵凸条的一个组织循环中，分左右两边作$\frac{1}{2}\nearrow$斜纹来固结正面的纬浮长，如图 5 - 46（b）所示。

第三步：由图 5 - 46（a）和（b）得出纵凸条组织图，如图 5 - 46（c）所示。

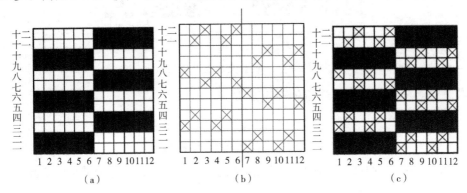

图 5 - 46　纵凸条组织图绘作步骤

横凸条：

第一步：在横凸条的一个组织循环中，按照经纱 2:2 的排列比作$\frac{6}{6}$经重平，如图 5 - 47（a）所示；

第二步：将经重平正面的经浮长用$\frac{1}{2}\nearrow$斜纹进行固结，应该去掉的经组织点用符号"▢"表示，如图 5 - 47（b）所示；

第三步：去掉正面的部分经组织点，得到横凸条组织图，如图 5 - 47（c）所示。

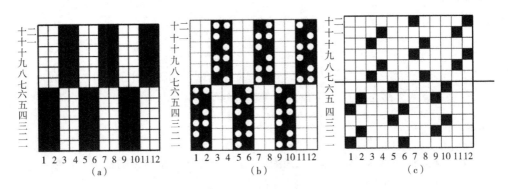

图 5 - 47　横凸条组织图绘作步骤

三、增加凸条效果的方法

为使凸条纹更加隆起与清晰，通常采用如下的方法。

1. 排列比和浮长长度选择 采用2:2的排列比，适当增加浮长线的长度。

2. 纱线选择 适当增加纱线张力和纱线的弹性，可使凸条更加凸起。

3. 凸条之间加入简单组织 可在凸条的分界处加入相对较薄的单层简单组织，这个组织一般选择与固接组织相同，以保证织物表面组织的连续。图5-48为在凸条之间加入平纹组织。

4. 加入芯线 可在凸条中心引入几根原料较差、线密度较粗的芯线。芯线被置于正面的凸条和反面浮长线之间，它不发生交织作用。图5-49所示为加芯线的纵凸条组织横向截面图，"●"是加入的芯线。芯线通常排列在凸条的中间。由于芯线在下层纬浮长之上，引入这些纬纱时，芯线提升；芯线在上层固结组织之下，引入这些纬纱时，芯线不提升。在图5-49中，引入一、二纬纱时，Ⅰ、Ⅱ芯线提升，Ⅲ、Ⅳ芯线不提升；引入三、四纬纱时，Ⅰ、Ⅱ芯线不提升，Ⅲ、Ⅳ芯线提升。因芯线仅夹持在上下纬纱之间，没有与纬纱发生交织，其张力与参加交织的经线张力差别较大，应该另设一个经轴，采用双经轴织造。

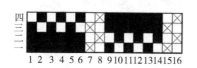

图5-48 凸条之间加平纹

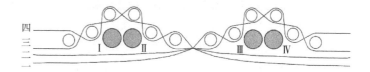

图5-49 加芯线的纵凸条组织的横向截面图

四、凸条组织上机设计

1. 穿综 纵凸条采用照图穿法。交织多的组织穿前面综框，芯线一般穿后面综框。横凸条组织采用顺穿法；经密大时，可将综片扩大一倍，仍采用顺穿法。

2. 穿筘 穿筘时，不同的凸条最好分穿不同筘齿，如果有芯线，芯线穿筘时不单独占有筘齿，而是与其相邻的纱线穿入同一筘齿，以保证织物表面密度均匀。

3. 反织 纵凸条组织正面的经组织点多，为节省上机动力，可采用反织法。

以$\frac{6}{6}$纬重平为基础组织，平纹为固结组织，为增加凸条效果加了平纹和芯线，织物上机反织，纵凸条组织反织的上机图如图5-50所示。

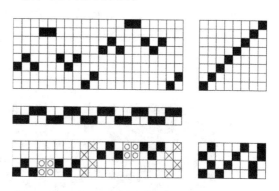

图5-50 纵凸条组织反织上机图

五、变化凸条组织

1. 子母条 宽度不一致的凸条，又称"子母条"。图 5 – 51 以 $\frac{8}{4}$ 纬重平为基础组织，平纹组织作固结组织，排列比为 2:2 的"子母条"纵凸条组织的上机图。

在穿筘时，两凸条分界处的平纹组织尽量与窄凸条的经纱穿在一起，使织物"子母条"凸条效果对比更明显。

2. 单凸条组织 图 5 – 52 为单凸条组织的组织图，单凸条组织使用两种颜色的纬纱，凸条织物的正反面呈现双面双色的效果；如果 A、B 纬纱的弹性差异大，则织物的双面凸条效果会更明显。

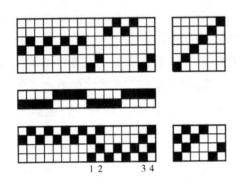

图 5 – 51　"子母条"凸条组织上机图

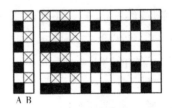

图 5 – 52　单凸条组织组织图

3. 斜向凸条 图 5 – 53 是以 $\frac{6}{5}$ 斜纹组织为基础组织的"斜向凸条"组织图。$R_j = R_w = 11$，采用平纹组织为固结组织，构成了图 5 – 53（a）纵向斜向凸条的组织图和图 5 – 53（b）横向斜向凸条的组织图。

4. 菱形凸条 以图 5 – 54 的菱形斜纹作为基础组织图，菱形斜纹的基础组织 $R_j = R_w = 16$，以此为基础，沿纬向进行延展，然后填绘组织点，构成了图 5 – 55（a）所示 $R_j = 32$、$R_w = 16$ 的菱形凸条组织；沿经向进行延展，然后填绘组织点，构成了图 5 – 55（b）所示 $R_j = 16$、$R_w = 32$ 的菱形凸条组织。

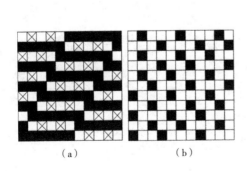

（a）　　　　　　　（b）

图 5 – 53　斜向凸条组织图

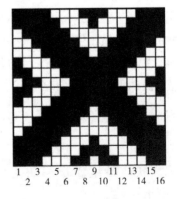

图 5 – 54　菱形斜纹基础组织图

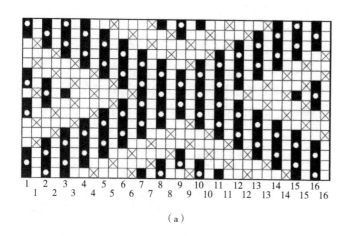

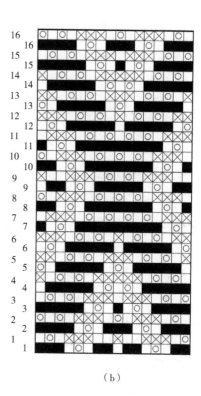

（a）　　　　　　　　　　　　　　　　　　（b）

图 5-55　菱形凸条组织图

六、凸条组织应用

凸条组织织物因空间结构大而立体感强，织物质地松厚，手感柔软，富有弹性，花型变化多，装饰效果较强，吸湿性和保温性也较好，在各类织物中均有应用，特别是在女装面料中。结合面料的配色、原料的弹性等，可以获得更多不同肌理的效应。图 5-56 为几款不同的凸条组织织物。

图 5-56　凸条组织织物

第七节　浮松组织

由交织紧密的平纹组织和具有长浮线且交织松软的组织联合配置成间隔排列的组织称为浮松组织。浮松组织包括规则浮松组织和变化浮松组织。

一、规则浮松组织

1. 规则浮松组织特征　规则浮松组织类似于方格组织，由四个方块构成。一个对角区域为平纹组织，结构紧密；另一个对角区域为浮长线组成，结构松软。通常经纱循环数是奇数的两倍（$R_j = 2 \times 5$，2×7 等），若经纱循环数与纬纱循环数相等，则是方形状态，如图 5 - 57（a）所示；若经纱循环数与纬纱循环数不等，则是矩形状态，如图 5 - 57（b）所示。

2. 规则浮松组织绘作

（1）确定组织循环纱线数。图 5 - 57（a）为 $R_j = R_w = 10$ 的浮松组织的组织图；图 5 - 57（b）为 $R_j = 10$，$R_w = 6$ 的浮松组织的组织图。

（2）画出组织图范围，并分成四等份。

（3）在一个对角区域填绘平纹；另一个对角区域填绘"#"或"卄"状的浮长线组织。

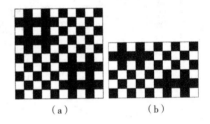

图 5 - 57　规则浮松组织

3. 浮松组织设计要点

（1）浮线长度。一般浮线越长，织物越松软，表面越粗糙。一般服用织物的浮线长度不大于 5 个组织点。

（2）经纬纱密度不宜太大。

4. 浮松组织上机设计　穿综：一般采用照图穿。穿筘：2～4 入/筘，为了防止浮长引起经纱的成束，最好将中心处形成平纹交织的经纱穿在一个筘中。

二、变化浮松组织

变化浮松组织也是由四个方块构成，组织循环纱线数为偶数，四个方块由平纹、经浮长线和纬浮长线联合构成，对角部分可以相同也可以不相同。图 5 - 58 为变化浮松组织的组织图。

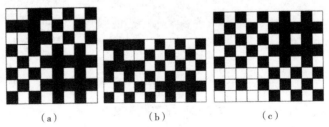

（a）　　　　　　　　（b）　　　　　　　　（c）

图 5 - 58　变化浮松组织的组织图

三、浮松组织应用

浮松组织织物表面粗犷、松软,适合作粗花呢、浴巾、揩布等,图5-59为浮松组织织物。

图5-59 浮松组织织物

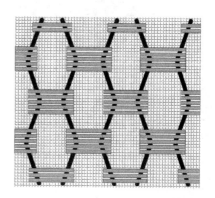

图5-60 经网目织物的结构示意图

第八节 网目组织

以平纹组织或简单斜纹组织作地组织,织物上有间隔分布的曲折经(纬)长浮线呈现于表面,形如网络状,这种组织称为网目组织。织物表面是经纱构成网络状长浮线的称为网目经,所形成的网目组织称为经网目组织;织物表面是纬纱构成网络状长浮线的称为网目纬,所形成的网目组织称为纬网目组织。图5-60为经网目织物的结构示意图。

一、网目组织构成与网目外观形成原理

1. 网目组织构成 网目组织是由交织紧密的组织和曲折的浮长线相互配合构成的。

(1)地组织。交织紧密的地方,称为地组织,网目组织的地组织通常为平纹组织,也可以选用简单原组织斜纹作地组织。

(2)网目浮长线的配置。在完全组织中,每隔一定根数的地经(纬)纱,配置有单根或双根网目经(纬)。网目经(纬)是由经(纬)长浮线与单个(或双个)纬(经)组织点所组成。两条网目经(纬)之间的地经(纬)根数视网目的大小而定。

(3)牵引线的配置。每隔一定根数的纬(经)纱配置一条纬(经)浮长线。每两条纬(经)浮长线之间相隔的纬(经)纱根数等于网目经(纬)的连续经(纬)浮点数。相邻两条牵引纬(经)浮长线必须交叉配置。

2. 网目外观形成原理 图5-61(a)为经网目组织的组织图,地组织为交织紧密的平纹组织,第3根和第9根网目经交织点少,这两根经纱的张力较小,因而浮现在结构紧密的平纹织物表面,第2根和第10根为纬浮长构成的牵引纬,因牵引纬的收缩,则将两条网目经拉

着向一起靠拢，由于牵引纬浮长线是交叉配置的，因此，网目经就被拉成形如网络的曲折波形。图 5 – 61（b）为纬网目组织的组织图，形成原理与经网目组织类似。

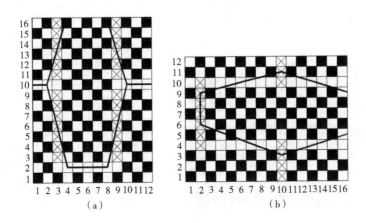

图 5 – 61　网目组织

二、网目组织绘作方法及上机设计

以平纹组织为地组织，经网目组织的绘作方法如下。

1. 确定经纬纱循环数　根据织物外观要求，确定织物循环大小。一般两根网目经与两根牵引纬之间应分别隔开 5 根以上的奇数纱线，以便有较好的网目效果。所以组织循环经纬纱数一般为≥12 的偶数。

$$R_j = 两条网目经之间的经纱数 \times 2 + 两条网目经$$

$$R_w = 两条牵引纬之间的纬纱数 \times 2 + 两条牵引纬$$

2. 配置网目经与牵引纬　确定网目经与牵引纬的位置。对于经网目组织，若选用偶数序号的经纱为网目经，那么要选择奇数序号的纬纱为牵引纬；反之，若选用奇数序号的经纱为网目经，那么要选择偶数序号的纬纱为牵引纬。对于纬网目组织，若选用偶数序号的纬纱为网目纬，也要选择偶数序号的经纱为牵引经；若选用奇数序号的纬纱为网目纬，也要选择奇数序号的经纱为牵引经。

3. 组织点绘制　在组织循环内先全部作平纹组织。在网目经上增加经组织点；除牵引纬外，其他均为经组织点，形成经浮长；同时在牵引纬上去掉部分经组织点，形成纬浮长线，并使两条纬浮长呈交叉配置状。

例：绘作 $R_j = 12$、$R_w = 16$ 的经网目组织的组织图。

由 $R_j = 12$、$R_w = 16$ 可知，网目经之间相隔 5 根经纱，牵引纬之间相隔 7 根纬纱。

第一步：在组织循环内全部作平纹组织，如图 5 – 62（a）所示；

第二步：选择奇数经纱 3、9 作为网目经；选择偶数纬纱 2、10 作为牵引纬；

第三步：在 3、9 经纱上增加经组织点（除 2、10 牵引纬外）以形成经浮长，如图 5 – 62（b）

所示；

第四步：在2、10纬纱上去掉部分经组织点形成纬浮长，并使纬浮长呈交叉配置状，如图5-62（c）所示。

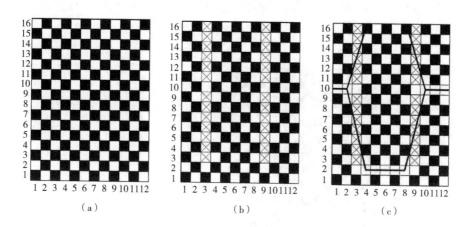

图5-62 经网目组织绘制过程

纬网目组织的绘作方法与经网目组织绘作方法类似。

例：以平纹组织为地组织，绘作$R_j = 12$、$R_w = 12$的纬网目组织的组织图。

由$R_j = 12$、$R_w = 12$可知，网目纬之间相隔5根纬纱，牵引经之间相隔5根经纱。

第一步：在组织循环内全部作平纹组织，如图5-63（a）所示；

第二步：选择偶数纬纱2、8作为网目纬；选择偶数经纱2、8作为牵引经；

第三步：在2、8纬纱上减少经组织点（除2、8牵引经外）以形成纬浮长，如图5-63（b）所示；

第四步：在2、8经纱上增加部分经组织点形成经浮长，并使经浮长呈交叉配置状，如图5-63（c）所示。

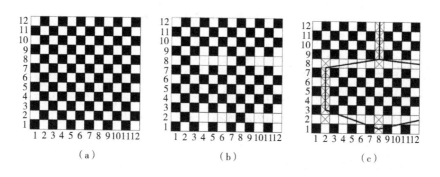

图5-63 纬网目组织绘制过程

4. 上机设计 网目组织织物上机时，经网目组织通常采用照图穿法，纬网目组织通常采用顺穿法。为了使网目经更好地浮显于织物表面，穿筘时应将网目经与其两侧地经穿入同一筘齿中。

三、增加网目效应的措施

通常增加网目组织效应的方法有：网目经纱或网目纬纱与地组织采用不同颜色；采用较粗的纱线作为网目经或网目纬，用几根经纱或者纬纱作网目纱和牵引纱，如图 5 – 64（a）所示；减少牵引点附近的经组织点，即减少牵引纬上下的经纬交织次数，但这种方式会增加综框的数量，如图 5 – 64（b）所示，符号"■"表示将经组织点变成纬组织点。

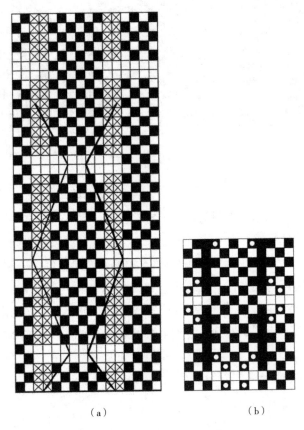

（a）　　　　　　　　　　（b）

图 5 – 64　增加网目效应的措施

四、网目组织的变化与应用

1. 网目组织的变化　根据网目组织的构成原理，将网目经（纬）或牵引纬（经）浮长线的根数、长短与位置等加以变化，可以设计出各种各样不同外观的变化网目组织。图 5 – 65（a）为曲折长度纬不一样长的纬网目组织。图 5 – 65（b）为朝一个方向曲折的经网目组织；图 5 – 65（c）为曲折长度不一样长的经网目组织。

2. 网目组织的应用　网目组织织物表面波形曲折变化，图案色彩美观，立体感强，具有较好的装饰性，在棉型细纺、府绸等织物上常部分点缀网目组织以增加织物外观效应，网目组织织物也常用作家纺织物。图 5 – 66 为网目组织织物。

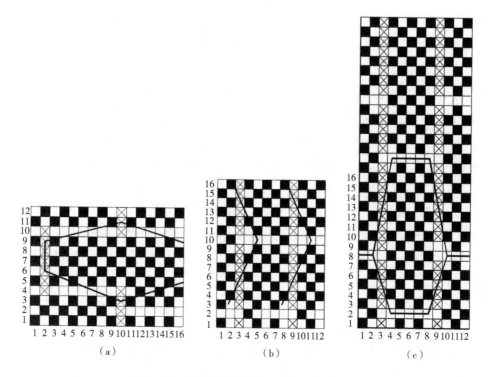

图 5-65　不同曲折形态的经网目组织示意图

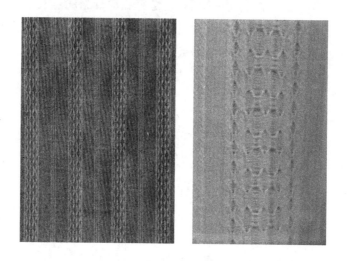

图 5-66　网目组织织物

第九节　小提花组织

小提花组织是指在多臂机织造，运用两种或两种以上织物组织的变化而形成各种小花纹的组织。采用小提花组织织制的织物统称为小提花织物。小提花组织根据地组织结构有平纹地小提花、斜纹地小提花和缎纹地小提花。其中平纹地小提花组织因其地部紧密、平整、细洁而花部纹路清晰，是三种小提花组织中运用最为广泛的。

一、小提花组织构成

1. 花地组织　以简单组织为地组织，一般以三原组织为主，其中以平纹组织应用最多。在简单地组织基础上，根据花纹图案，增加或减少组织点，可以由经浮长或纬浮长构成，也可以由经纬浮长联合构成。花组织还可以由透孔、蜂巢等组织构成，使织物表面呈现出小花纹。

2. 花型特点　在多臂机上织制出具有线型花纹、条格型花纹、散点花纹、简单方形或团形等花型。花纹图案变幻无穷并具有立体感。在实际生产中，小提花组织织物多数为色织物，即经纬纱全部或部分采用异色纱，或者使用不同原料、不同线密度、不同捻度和捻向、不同染整缩率的经纬纱，也可适当配一些花式线。

二、小提花组织设计要点

1. 浮线长度　起花部分的浮长线不要太长，经纱浮长以不超过 3 个组织点为宜，最长为 5 个组织点，纬浮长线可稍长一些。

2. 纹样设计　根据所设计品种的经纬密度，选择相应规格的意匠纸。在所选规格的意匠纸上绘制出的花纹造型准确，不会因织造而发生花纹变形。在意匠纸上初步确定组织循环的大小范围，并勾画出花纹的轮廓，然后填绘组织点。设计花纹时，不强调写实，而讲求神似。小提花组织的花纹主要起点缀作用，花纹以细巧、散点为主，不能粗糙，花纹不要太突出，要清新雅致。

3. 花地经纱交织次数　花地经纱的交织次数不能差异太大，否则，经纱张力相差太大，不利于织造。

4. 花地经纱密度　因起花部分只起点缀作用，不是织物的主体，所以花经的密度与地组织的密度基本相同。穿筘一般采用平筘穿法即可。

5. 纬纱种类　设计纬纱的配色数（纬纱的种数）、纬纱的循环数均不能超过所选机型的最大数量，否则不能进行上机织造。

6. 提综要求　每次开口时综框提升数应尽量均匀，可以采用省综法设计，用较少的综框织制出花型较大、变化较多的花纹图案。

7. 经纬循环纱线数　小提花经纬纱循环数的选择根据设计时花纹的稀密而定。若花纹间距较大，则配置地组织的面积增多，经纬循环纱线数就多；若花纹的间距较小，则配置的地组织面积减少，经纬循环纱线数也就相应减少。

三、小提花组织实例

设计小提花组织时必须做到有的放矢，要根据织物的用途、使用对象、经纬原料以及经纬密度等因素加以全面考虑。起花组织、地组织、花和地原料、花纹的大小、花纹之间的疏密、排列方法、清晰和丰满程度等都是小提花的设计元素。设计一款实用的、别致的小提花组织，不仅应掌握各种类型的组织结构设计方法，还要有一定的艺术构思能力，同时要反复练习和实践，做到熟能生巧。下面介绍几款设计精巧的小提花组织。

1. 小提花"蝶飞"　图 5 – 67 为小提花"蝶飞"的上机图，地部为平纹，花部为 $\frac{1}{5}$ 斜纹，两种组织相互配合，花部用五点反面经浮组成斜条状几何纹样。花纹以两个散点排列成"八字"直条状。小花纹干净、明朗、简洁大方。此小提花组织的经纬组织循环纱线数 $R_j = 30$，$R_w = 42$。采用 12 页综的照图穿法；如果经密较大，则平纹地的部分采用 4 页综。

2. 小提花"宝中宝"　图 5 – 68 小提花"宝中宝"的上机图，地部为平纹，花部为 $\frac{1}{3}$ 斜纹和 $\frac{3}{1}$ 斜纹，三种组织相互配合。花部与花边是由斜向相反的纬面斜纹和经面斜纹构成，中心部位的花形突出明显。花边的 $\frac{3}{1}$ 斜纹与外周地组织的平纹连接，形成中心核心花纹的"叶子"部分；从地组织开始，循序渐进地烘托出中心部位的花组织。花形渐入渐出，层次分明，具有较强的立体感。此小提花组织的经纬完全组织循环数 $R_j = 80$，$R_w = 40$。采用 14 页综的照图穿法。如果经纱为深色、纬纱为金色，中心部分的花型就更美观。

3. 不明显的小提花　图 5 – 69 为全真丝小提花织物的上机图。它是 1975 年从镇江"南宋周瑀墓"出土的丝织品中分析出来的。这种小提花组织的设计颇为巧妙，

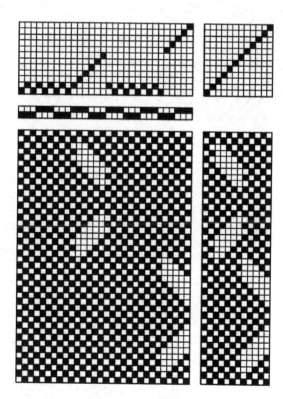

图 5 – 67　小提花"蝶飞"上机图

它的经纬组织循环纱线数为 100×100，但仅用 10 页综框，竟编织出了 8 种不同外形、不同方向、不同结构的几何纹样。图 5 – 69 所示的小提花组织只是取其中一部分进行说明，考虑到原来使用 10 页综框，前 2 页综框提升平纹地组织，因综丝密度太大，不利于织造，所以调整为用 4 页综框来提升平纹地组织。图 5 – 69 中小提花组织的经纬完全组织循环纱线数 $R_j = 40$，$R_w = 52$；采用 12 页综的照图穿法；穿筘为 4 人/筘。

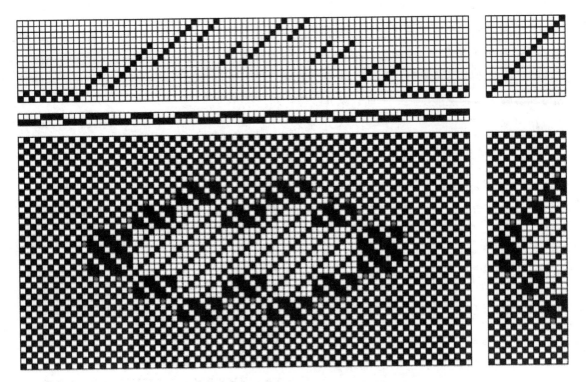

图 5-68　小提花"宝中宝"上机图

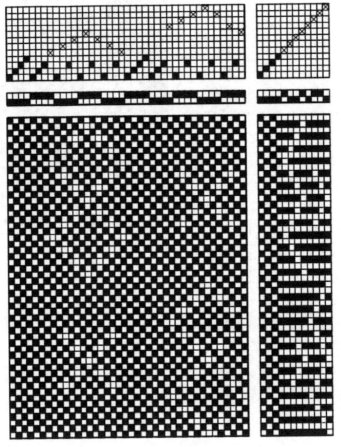

图 5-69　不明显小提花织物上机图

4. 小提花"吉祥结"　　图 5-70 为小提花"吉祥结"的上机图。在平纹组织的基础上配以菱形斜纹的花纹，使物表面呈现较明显类似"吉祥结"的纹样。此小提花组织的经纬组织循环纱线数 $R_j = 28$，$R_w = 30$；采用 14 页综的对称穿法。穿筘采用 2 入/筘，如果经密很大，也可采用 4 入/筘。该提花组织具有经纬效应，若经纬纱配以不同颜色的纱线，织物中小提花"吉祥结"将呈现不同色彩的花纹，更为美观和喜庆。

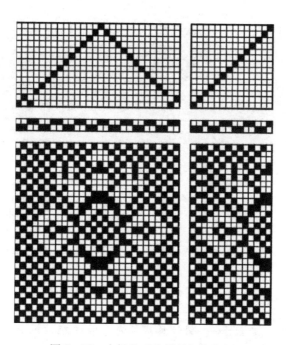

图 5-70　小提花"吉祥结"上机图

5. 小提花"千鸟纹"　　图 5-71 为小提花"千鸟纹"的上机图，该设计比较简单，是利用 $\frac{1}{2}$ 斜纹和 $\frac{2}{1}$ 斜纹配合设计而成，使物的正反面均呈现较明显类似"千鸟纹"的花纹；采用不同的经纬原料，效果更明显。此小提花组织的经纬组织循环纱线数 $R_j = 24$，$R_w = 12$；采用 12 页综的照图穿法，花纹虽小，但这种风格的织物用综页较多。穿筘为 3 入/筘。

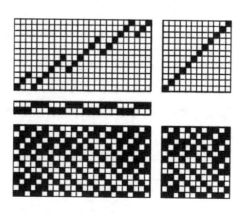

图 5-71　小提花"千鸟纹"上机图

四、小提花组织应用

小提花组织在棉织品、丝织品、合成纤维长丝织品等方面应用较广。小提花组织多用于细密、轻薄织物，花纹细致且不夸张，精巧且外观美观，透气性好。在实际应用中，除了组织与图案的变化外，也可以运用不同色经、色纬交织，还可以点缀各种花式线、金银丝，使产品外观更加丰富多彩。

在棉型织物中，小提花组织多用于色织、精纺等织物上。这类织物多用于衬衣、裙装等夏季服装中。在真丝织物中，小提花组织的面料多用于领带、衬衣、裙装。在合成纤维长丝织物中，小提花组织多用于防寒服、休闲服、中高档服装的面料或里料以及箱包等。在毛织面料中，小提花组织多用于精梳轻薄花呢、女式呢等面料中。图 5-72 为几款不同的小提花组织织物。

 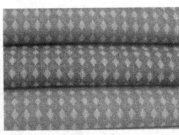 

图 5-72　小提花组织织物

👉 思考与练习题

1. 什么是联合组织？可通过哪些方法来构成联合组织？试列举联合组织可形成的特殊外观。

2. 试述纵条纹组织的设计要点和设计注意事项。

3. 某纵条纹织物由 $\frac{1}{3}$ 斜纹和 $\frac{3}{1}$ 斜纹构成，每条纹的经纱根数均为 40 根，试绘作该纵条纹组织的上机图。

4. 某纵条纹织物由 $\frac{2}{1}\nearrow$ 和 $\frac{2}{2}$ 经重平构成，条纹宽度均为 1cm，$\frac{2}{1}$ 斜纹的经纱密度为 300 根/10cm，$\frac{2}{2}$ 经重平的经纱密度为 400/10cm，试绘作该纵条纹组织的上机图。

5. 以 4 枚破斜纹为基础组织构成方格组织，格子大小：R_j 为 40 根，R_w 为 40 根，格型图案自定，试绘作该方格组织的上机图。

6. 某格子组织的纹样和条纹宽度如题图 5-1 所示，基础组织由 $\frac{1}{3}\nearrow$ 斜纹和 $\frac{3}{1}\nearrow$ 斜纹构成，经密为 320 根/10cm，纬密为 280 根/10cm，试绘作该格子组织的上机图。

7. 某纵条纹组织织物，$P_j = 250$ 根/10cm，第一条纹宽 1.5cm，采用 $\frac{2}{2}\nearrow$ 斜纹组织，第二条纹宽 1.2cm，采用 $\frac{2}{2}$ 方平

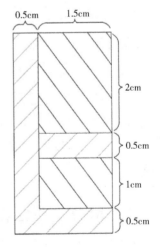

题图 5-1　格子组织纹样

组织。试绘作该织物的上机图。

8. 简述绉组织的组织特征和织物特点。

9. 试述绉组织的设计要点和设计注意事项。

10. 常用的构成绉组织的方法有哪些？

11. 以 5 枚 2 飞纬面缎纹为基础，按照 $\frac{1}{2}\nearrow$ 的规律增加组织点，构作绉组织组织图。

12. 以 $\frac{1}{3}\nearrow$ 斜纹和 $\frac{2}{1}\nwarrow$ 为基础组织，经纱的排列比为1:1，用移绘法绘作绉组织的上机图。

13. 用 $\frac{3}{2}\frac{1}{2}\frac{2}{1}\nearrow$ 为基础组织，采用调整经纱顺序的方法绘作绉组织的组织图。

14. 试述省综设计法的设计方法和设计步骤。

15. 用省综设计法设计一个采用 6 页综织制且 $R_j=30$、$R_w=20$ 的绉组织。

16. 说明蜂巢组织织物形成蜂巢外观的原因。

17. 以 $\frac{1}{8}$ 菱形斜纹为基础组织构作变化蜂巢组织，并绘作组织图。

18. 说明透孔组织织物形成透孔外观的原因。

19. 在平纹组织基础上设计一个花式透孔组织，花型纹样为 $\frac{1}{3}\nearrow$ 斜纹，4 枚斜纹的每一小格代表 6 根经纬纱，绘作花式透孔上机图。

20. 说明凸条组织织物形成凸条外观的原因。

21. 说明增加凸条效果的方法有哪些。

22. 以 $\frac{6}{6}$ 纬重平为基础组织，$\frac{2}{1}\nearrow$ 为固结组织，排列比为 2:2，凸条之间分界处增加 3 根 $\frac{2}{1}\nearrow$ 斜纹，凸条中间增加两根芯线，织物反织，绘作该纵凸条组织的上机图。

23. 以 $\frac{8}{4}$ 经重平为基础组织，平纹组织作固结组织，绘作排列比为 2:2 的"子母条"横凸条组织的上机图。

24. 绘作 $R_j=10$、$R_w=8$ 的变化浮松组织的组织图。

25. 说明网目组织织物形成网目效应的原因。

26. 说明增加网目效果的方法有哪些。

27. 绘作 $R_j=16$；$R_w=12$ 且有两根对称网目经的经网目组织上机图。

28. 绘作 $R_j=12$；$R_w=16$ 且有两根同向网目纬的纬网目组织上机图。

29. 说明小提花组织的特点。

30. 试述小提花组织的设计要点和注意事项。

31. 设计两款平纹地小提花组织的织物，其纹样如题图 5-2 和题图 5-3 所示，绘作平纹地小提花织物的上机图。

题图 5 – 2

题图 5 – 3

第六章　色纱与组织配合——配色模纹与应用

　　利用不同颜色的经纱和纬纱与织物组织相配合，能在织物表面构成各种不同颜色的花型图案，这种色纱与组织的配合所形成的花纹图案称为配色模纹或配色花纹。配色模纹是色彩与组织相结合的结果，两者相互衬托而成，花纹图案具有较强的立体感和视觉感。如图6-1所示，不同颜色的纱线和斜纹组织进行配合，在织物上形成类似"犬牙"的花纹图案。

图6-1　色纱与组织配合构成织物的花纹图案

第一节　配色模纹概述

一、配色模纹基本概念

　　1. 配色模纹的色经与色纬　构成配色模纹的带有颜色的经纱和带有颜色的纬纱称为色经和色纬。通常经向或者纬向至少一个方向为两种或两种以上的颜色。

2. 配色模纹的色经循环与色纬循环　构成配色模纹的各种颜色经纱的排列顺序简称为色经排列顺序，色经排列顺序从左至右，色经排列顺序重复一次所需的经纱根数称为色经循环。

构成配色模纹的各种颜色纬纱的排列顺序简称为色纬排列顺序，色纬排列顺序从下至上，色纬排列顺序重复一次所需的纬纱根数称为色纬循环。

如图6-2所示，构成配色模纹织物的色经和色纬排列顺序均为2A4B2A，色经循环为8根经纱，色纬循环为8根纬纱。

3. 配色模纹循环　配色模纹图案达到一个完整循环时，称为配色模纹循环。配色模纹循环的大小是由色经循环和色纬循环与组织循环的大小所确定。配色模纹循环经纱数等于色经循环与组织循环经纱数的最小公倍数；配色模纹循环纬纱数等于色纬循环与组织循环纬纱数的最小公倍数。

图6-2所示的色经循环和色纬循环均为8，如果织物组织为4枚斜纹，则其配色模纹循环经纱数和纬纱数为4和8的最小公倍数，经纱和纬纱均为8根。

二、配色模纹分区图

配色模纹图绘制时通常将组织图、色经排列、色纬排列和配色模纹图划分为4个部分，如图6-3所示。图中左上方的位置Ⅰ区为组织图；左下方的Ⅱ区为色纬排列，顺序从下往上；右上方的Ⅲ区为色经排列，顺序从左往右；右下方的Ⅳ区表示所形成的配色模纹图。

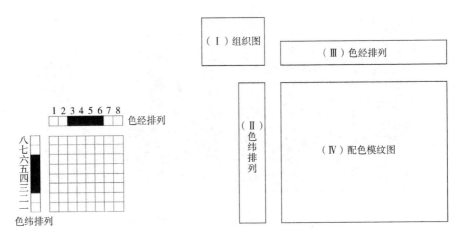

图6-2　色经和色纬排列顺序　　　　图6-3　配色模纹绘作时的分区图

第二节　配色模纹绘作与设计

一、配色模纹绘作

在确定好织物组织和色纱排列后，绘作配色模纹图。

1. 确定组织图和色纱循环 较常用的组织是平纹或斜纹组织，也可以用其他简单组织作为配色模纹的组织。选择了组织和色纱排列后，确定配色模纹循环的大小。如图6-4所示，采用 $\frac{2}{2}\nearrow$ 斜纹组织，色经和色纬的排列顺序均为2A4B2A，则色经循环及色纬循环根数均为8，组织循环纱线数为4，配色模纹循环经纱数和纬纱数均为8。

2. 填绘组织图和色纱排列 在分区图的相应位置内分别填入组织图、色经及色纬的排列顺序，并在配色模纹图中填绘组织图，如图6-4（a）所示。

3. 填绘配色模纹图 根据色经的排列顺序，在相应色经（"■"和"□"）的纵行内的经组织点处涂绘色经的颜色，如图6-4（b）所示，同样在相应色纬（"■"和"□"）横行的纬组织点处涂绘色纬的颜色，如图6-4（c）所示。色纱与组织相结合就构成如图6-4（d）所示的配色模纹。

注意：配色模纹图上的满格色点，只表示某种颜色的经浮点或纬浮点所显示的颜色效应，并不表示经纬纱的交织情况。

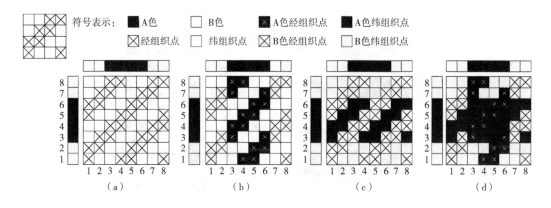

图6-4 已知组织图和色纱循环绘作配色模纹图

二、配色模纹变化

1. 色纱起点不同 织物组织相同，色纱排列顺序不同，所绘作的配色模纹的花型将不相同。织物组织为 $\frac{2}{2}\nearrow$ 斜纹，在一个配色模纹循环中，色经、色纬均有2种颜色，每种颜色均为4根，保持色经排列不变，改变色纬的排列顺序，可获得不同的配色花纹效果，如图6-5所示。

2. 色纱排列不同 织物组织相同，色纱排列不同，所绘作的配色模纹的花型将不相同。

（1）织物组织为平纹组织。织物组织为平纹组织，采用不同的色纱排列，可获得不同的配色花纹效果，如图6-6所示。

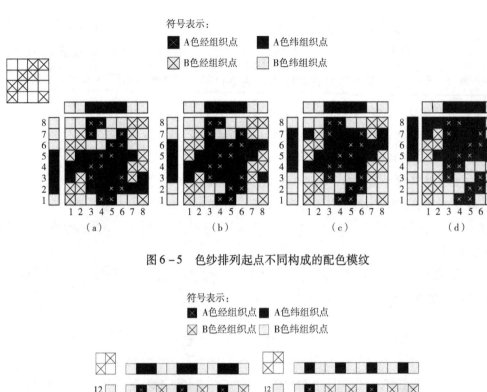

图 6-5　色纱排列起点不同构成的配色模纹

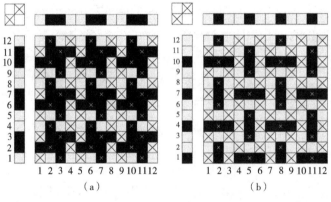

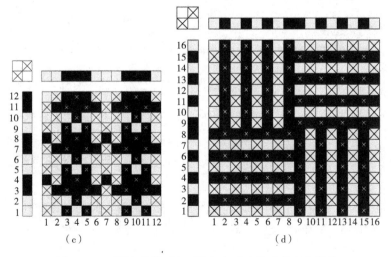

图 6-6　不同色纱排列与平纹组织配合构成的配色模纹

（2）织物组织为斜纹组织。织物组织为$\frac{2}{2}\nearrow$斜纹组织，采用不同的色纱排列，可获得不同的配色花纹效果，如图6-7所示。

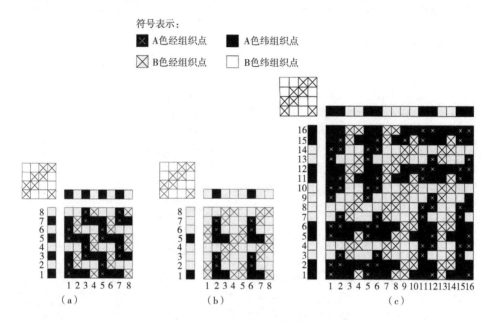

图6-7 不同色纱排列与斜纹组织配合构成的配色模纹

3. 织物组织不同、配色模纹相同 图6-8均为同一种花型的配色模纹，其经纬色纱排列相同，但织物组织不相同，图6-8（a）的织物组织为平纹组织，图6-8（b）的织物组织为$\frac{1}{3}\nearrow$斜纹组织，图6-7（c）的织物组织为$\frac{3}{1}\nwarrow$斜纹组织。

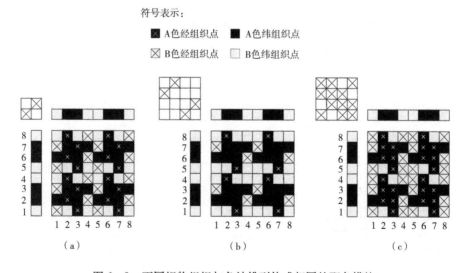

图6-8 不同织物组织与色纱排列构成相同的配色模纹

4. 配色模纹花型大小变化 图6-9为花型类型相似，但花型大小不同的配色模纹，改变色纱排列根数和组织图，得到花型类型相似但花型大小不同的配色模纹。图6-9（a）的织物组织为平纹组织，图6-9（b）的织物组织为$\frac{2}{2}$方平组织，图6-9（c）的织物组织为平纹与$\frac{3}{3}$方平的联合组织。

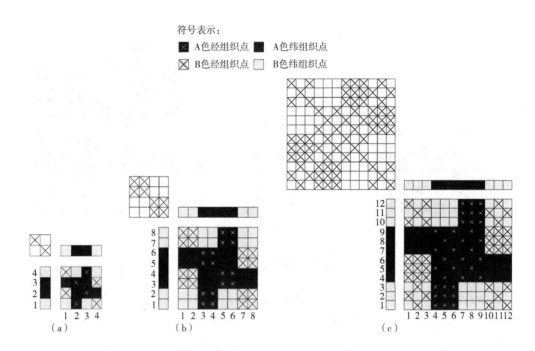

图6-9 不同组织和不同色纱排列根数构成花型相似的配色模纹

三、根据配色模纹图和色纱排列绘作组织图

以图6-10为例，在已知配色模纹图和色纱排列的条件下，分析组织点的性质，从而得出组织图。

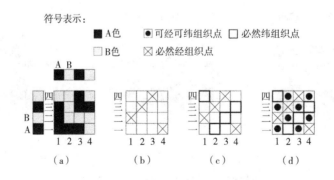

图6-10 配色模纹组织点性质分析过程

如图 6 – 10（a）所示，配色模纹花型呈现"阶梯"花型，色经和色纬的排列顺序均为 1A1B，A 色以符号"■"表示，B 色以符号"□"表示，配色模纹循环纱线数为 4。

1. 确定必然的经组织点和纬组织点 必然的经组织点和纬组织点是指构成配色模纹的组织点只能是经组织点或纬组织点。必然的经组织点和纬组织点是构成配色模纹的关键点。

根据色经和色纬排列顺序以及配色模纹，凡是与对应纬纱颜色不同的组织点必然是经组织点，且其颜色必然与对应经纱的颜色相同。观察图 6 – 10（a），第一根纬纱为 A 色"■"，但第一根纬纱与第 4 根经纱的交织点显"□"色，因此可以判断这个组织点为必然的经组织点，以此类推，得到其他纬纱上必然的经组织点。必然的经组织点以符号"⊠"表示，如图 6 – 10（b）所示。

同理，凡是与对应经纱颜色不同的组织点必然是纬组织点，且其颜色必然与对应纬纱的颜色相同。观察图 6 – 10（a），第 1 根经纱为 A 色"■"，但第 1 根经纱与第四根纬纱的交织点显"□"色，因此可以判断这个组织点为必然的纬组织点，以此类推，得到其他经纱上必然的纬组织点。必然的纬组织点以符号"□"表示，如图 6 – 10（c）所示。

2. 确定可经可纬的组织点 可经可纬的组织点是指无论这个组织点是经浮点还是纬浮点，都不影响配色模纹图的花型。

根据色经和色纬排列顺序以及配色模纹，那些与对应经纱和对应纬纱的颜色都相同的组织点为可经可纬的组织点。观察图 6 – 10（a），第一根纬纱为 A 色"■"，第一根纬纱与第 1 根经纱和第 3 经纱的这两个交织点显 A 色"■"，而第 1 根经纱和第 3 根经纱也为 A 色"■"，说明这两个组织点可以是 A 色"■"经纱的经组织点，也可以是 A 色"■"纬纱的纬组织点，因此可以判断这两个组织点为可经可纬的组织点。第二根纬纱为 B 色"□"，第二根纬纱与第 2 根经纱和第 4 经纱的这两个交织点显 B 色"□"，而第 2 根经纱和第 4 经纱也为 B 色"□"，说明这两个组织点可以是 B 色"□"经纱的经组织点，也可以 B 色"□"纬纱的纬组织点，因此可以判断这两个组织点为可经可纬的组织点。以此类推，得到其他纬纱上可经可纬的组织点，以符号"●"表示，如图 6 – 10（d）所示。

3. 确定构成配色模纹的组织图 为了保证配色模纹效果，必然的经组织点和纬组织点是不可改变的。在可经可纬组织点处按一定规律改为经组织点或纬组织点，从而获得几种不同结构的组织图。将可经可纬组织点全部作为纬组织点，如图 6 – 11（a）所示，从而获得 $\frac{1}{3}\nearrow$ 斜纹组织。将可经可纬组织点全部作为经组织点，如图 6 – 11（b）所示，从而获得 $\frac{3}{1}\nearrow$ 斜纹组织。可经可纬组织点也可按不同需要作为经或纬组织点，如图 6 – 11（c）、（d）所示。

注意：确定好了组织图后，其起始点的位置也就确定下来了，不能随意变动。

四、根据配色模纹确定色纱排列及组织图

设计好的配色模纹花型如图 6 – 12（a）所示，符号"■"表示 A 色，符号"□"表示 B 色，花型外观形状与"蝴蝶节"类似。

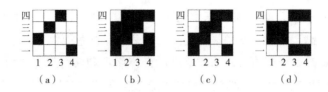

图6-11　构成配色模纹的组织类型

1. 确定配色模纹的循环数　观察图6-12（a）的模纹循环大小，分析图案中是否有大块面积的相同色块，并取其中的一个配色模纹循环，取模纹循环时如有大块面积色块的，尽可能地把相同色块放在左上方与右下方。经观察发现，本例中配色模纹循环纱线数为4根经纱和4根纬纱，截取部分如图6-12（b）所示。在截图上备注好经纬纱的序号。

2. 确定色纬排列顺序　观察配色模纹中每根纬纱的颜色。在配色模纹中，每一根纬纱上占优势的颜色确定为该根纬纱的颜色。在图6-12（b）中，因第一根纬纱B色"□"有3个组织点，A色"■"只有1个组织点，在第一根纬纱上B色"□"占优势，所以确定第一根纬纱为B色"□"纱线。同理，第二根纬纱上B色"□"占优势，所以确定第二根纬纱也为B色"□"纱线。而第三根纬纱及第四根纬纱上是A色"■"占优势，所以确定第三根纬纱及第四根纬纱为A色"■"纱线。在逐根确定纬纱的颜色时，按顺序将纬纱的颜色填绘在分区图的Ⅱ区，绘作出色纬的排列顺序，如图6-12（c）所示。

符号表示：

■ A色　　● 可经可纬组织点　　□ 必然纬组织点

□ B色　　⊠ 必然经组织点

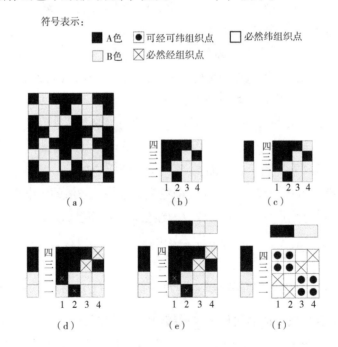

图6-12　色纱排列分析与组织点性质分析过程

3. 确定必然的经组织点　根据已确定的色纬排列顺序，观察配色模纹图中每根纬纱上的每个组织点的颜色，以确定哪个组织点是必然的经组织点。凡是与所观察的纬纱颜色不同的组织点一定是必然的经组织点。如图6-12（c）所示的色纬排列顺序中，第一根纬纱是B色

"□",但第一根纬纱与第2根经纱的交织点显A "■"色,因此可以判断这个组织点是A色 "■"经组织点。以此类推判断出配色模纹图中所有必然的经组织点,如图6-12(d)所示。

4. 确定色经的排列顺序 当必然的经组织点确定后,观察每根经纱上所有必然的经组织点的颜色是否相同,如果每根经纱上必然的经组织点都只有一种颜色,说明原来确定的色纬排列顺序是正确的,而且每根经纱的颜色就由该根经纱上必然的经组织点的颜色决定。按顺序将经纱的颜色填绘在分区图的Ⅲ区,绘作出色经的排列顺序,如图6-12(e)所示。

如在必然的经组织点图中,某根经纱上有两种或多种颜色的必然的经组织点,则说明原来确定的色纬排列顺序不正确,需重新确定色纬排列顺序。

5. 分析组织点的性质 当色经和色纬的排列顺序及必然的经组织点确定后,就可以按照"已知配色模纹图和色纱排列绘作组织图"的方法进行分析。得出必然的纬组织点"□"和可经可纬的组织点"◙",如图6-12(f)所示。

6. 确定组织图 根据组织点性质分析图6-12(f),得出构成配色模纹的可能的组织图,如图6-13所示。

以上步骤中确定色经和色纬排列的方法为最基本的方法,还可以通过更直接的方法来确定色经和色纬的排列。如果图案中有大块颜色相同的部分,则此部分的经纱和纬纱都是这种颜色,一般经纬面积纱线根数≥(2经×2纬)。在图6-12(b)的左上方小方块为A色"■",即判断构成此处面积的经纱和纬纱颜色都为A色"■";右下方小方块为B色"□",即判断构成此处面积的经纱和纬纱颜色都为B色"□"。据此判断色经和色纬的排列顺序如图6-14所示。

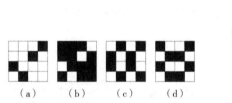

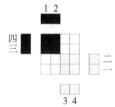

图6-13 构成配色模纹的组织类型　　图6-14 色纱排列分析

五、配色模纹设计

进行配色模纹织物设计时,一般是先设计配色模纹图,然后根据配色模纹图的花型,结合生产条件确定色经和色纬排列顺序,最后按配色模纹图与色经和色纬排列顺序确定组织图。通常所确定的组织图有好几种,最终选择哪一种组织应结合织物外观风格特征、织物手感、织物紧密度及织物成品质量等要求综合考虑。

1. 设计配色模纹图 配色模纹图案以条格形和几何形图案为多,花朵图案一般多为象形的似花非花,似物非物的花纹图案,如风车形、角形、阶梯形等或更复杂的花纹效果图案。设计配色模纹循环大小时,需要结合织机的纹板和综页数等生产设备综合考虑。

在实际生产中,对于平纹、斜纹、方平等简单组织,色经和色纬的颜色排列根数不宜过大,最好接近织物组织循环经纬纱根数，配色模纹花型图案更为明显。对于大面积、复杂的配色模纹，可设计为联合组织和增加色纱排列根数，通过两者相配合来达到最终的配色模纹效果。

2. 确定色纱颜色数 色经色纬的排列主要根据花纹图案要求进行配置。色纱的颜色数要结合生产设备考虑。通常色经排列较为方便，色经的颜色数也不受限制，而色纬的颜色数受到织机储纬器个数的限制。如织机储纬器个数最多只有 8 个，则纬纱颜色不能超过 8 个。对于有梭织机，对色纬数和排列的限制更多。

3. 确定色纱排列 按照第四点中的 2、3、4 确定色纱排列的方法进行确定。

4. 确定组织图 按照第四点中的 5、6 确定织物组织的方法进行确定。

第三节 常用配色模纹的种类

通过织物组织和不同色纱排列之间配合的变化，可得到各种不同花型的配色模纹图案。配色模纹图案主要有条格形和几何形图案，也有花朵图案，花朵图案一般多为象形的似花非花或似物非物的花纹图案。

一、条形花纹

由两种或两种以上颜色的色纱与组织相配合在织物中构成纵向或横向条纹。

图 6-15（a）为横向条纹的配色模纹图和实物图。织物组织为平纹组织，色经与色纬排列均为 1B1A 排列。如果改变色纬排列顺序为 1A1B，则形成纵向条纹，如图 6-15（b）所示。

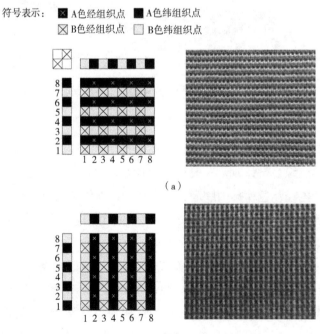

符号表示： ⊠A色经组织点 ■A色纬组织点
⊠B色经组织点 □B色纬组织点

（a）

（b）

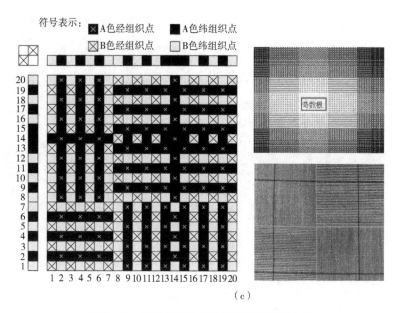

（c）

图6－15 平纹组织与色纱配合构成条形花纹

图6－15（c）为某平纹组织与色纱相配合的配色模纹图、模拟效果图和实物图。观察图中的色纱排列与配色模纹图发现：经纱和纬纱均采用两种相同的颜色，形成的配色模纹具有一定的规律。如果需要形成既有纵向条纹也有横向条纹的配色模纹，则色纱排列顺序采用1A1B（或1B1A），在纵向（横向）条纹改为横向（纵向）条纹处的色纱排列需采用同色系的偶数根色纱，如图6－15（c）中的第7、第8根经纱和第7、第8根纬纱。如果需要在某条纹的两边形成相同的模纹效果（两边都显横条，或都显竖条），则该条纹的色纱数必须为奇数，如图6－15（c）中的第13、第14、第15根经纱和第13、第14、第15根纬纱都采用奇数根色纱，该条纹两边获得相同的模纹效果。图6－15（c）模拟效果图中的白色花型是奇数根色纱，白色花型两边呈现出相同花型效果，即两边都是横条纹或者都是竖条纹。

图6－16（a）采用$\frac{3}{1}$ ↗斜纹组织，色经排列为4B4A，色纬排列为2B2A，色纱与组织配合构成变化宽条纵向条纹效果。

图6－16（b）采用方格小提花组织，色经排列为1A4B4A4B3A，色纬排列为4B4A4B4A，色纱和组织配合构成宽条纵向、横向交错的条纹效果。

二、风车花纹

风车花纹是由两种或两种以上的色纱和织物组织相配合在织物表面形成明显的风车花型效果，有顺时针风车和逆时针风车两种。图6－17（a）为采用平纹组织，色经与色纬排列均为1B2A1B，形成的顺时针风车花型。如果改变色纬排列顺序为2B2A，则形成逆时针风车花型。最小的风车，其色经和色纬排列根数至少为2根色纱。

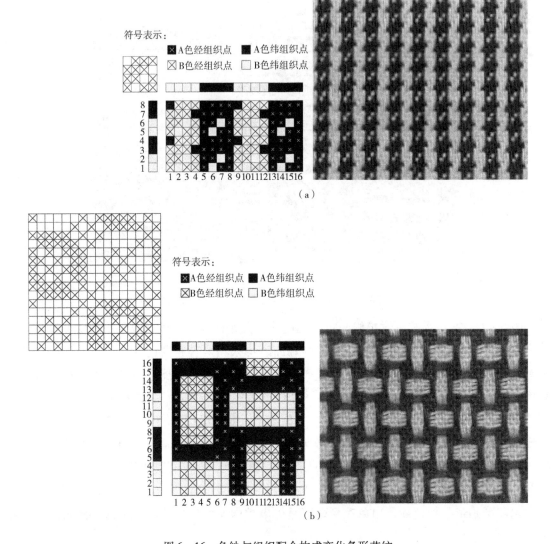

图 6 – 16　色纱与组织配合构成变化条形花纹

图 6 – 17（b）采用平纹地小提花组织，色经与色纬排列均为 2A2B2A 构成的顺时针风车花型。

图 6 – 17（c）采用平纹与变化方平联合组织，色经排列为 3B6A3B、色纬排列为 3C6A3C 构成的大逆时针风车花型。

三、犬牙花纹

一般常见的犬牙花纹主要通过同面斜纹类组织，如$\frac{2}{2}$、$\frac{3}{3}$、$\frac{4}{4}$同面斜纹，与色经、色纬相配合构成。相同的组织和色经排列，通过改变不同的色纬排列，可形成不同形状的犬牙花型。如$\frac{2}{2}$斜纹组织，可以形成 4 种不同形状的犬牙花型，如前面的图 6 – 5 所示。

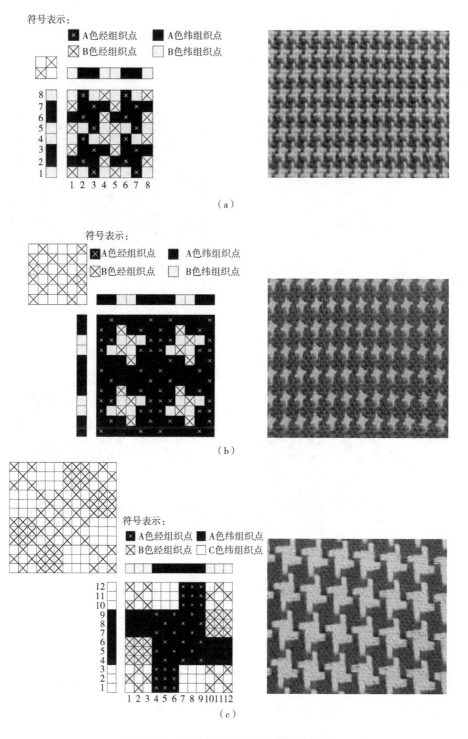

图6-17　色纱与组织配合构成风车花纹

图6-18（a）采用$\frac{2}{2}$↗斜纹组织，色经与色纬排列均为2B4A2B构成的一种犬牙花型。

图6-18（b）采用$\frac{4}{4}$↗斜纹组织，色经与色纬排列均为4B8A4B构成的较大的犬牙花型。

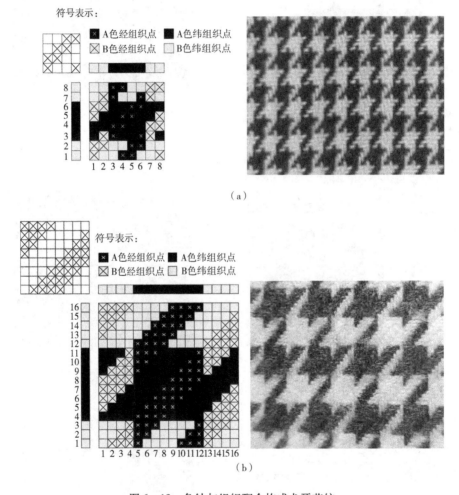

（a）

（b）

图6-18　色纱与组织配合构成犬牙花纹

四、梯形花纹

一般常见的梯形花纹主要通过斜纹类组织与色经、色纬相配合构成，梯形的形状由纵向条纹与横向条纹交错联合构成，花纹呈梯形的层次效果。图6-19（a）采用$\frac{4}{4}$↗斜纹组织，色经与色纬排列均为3B1A，配色模纹呈左阶梯形状。配色模纹梯形方向与织物组织的斜向相反。织物组织为右斜纹，配色模纹梯形方向则为左斜效果。

图6-19（b）采用复合左斜纹组织，色经与色纬排列均为1A1B，配色模纹呈右阶梯形状。

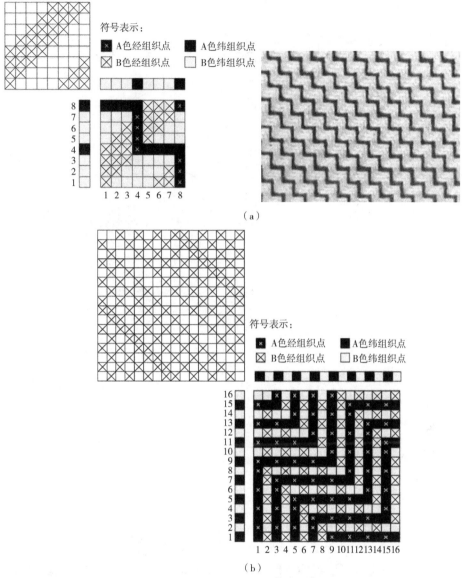

（a）

（b）

图6-19 色纱与组织配合构成梯形花纹

五、方形花纹

常见的方形花纹主要由纵向条纹与横向条纹交错联合构成，花纹呈方块的效果。图6-20（a）采用变化复合斜纹组织，色经与色纬排列均为3B1A1B1A5B1C1B1C2B，配色模纹呈两个重叠方块形状的花型。

图6-20（b）采用小提花组织，色经排列为12B，色纬排列为2B5A3B5A1B，配色模纹呈方块中有花芯的花型。

图6-20（c）采用变化斜纹组织，色经与色纬排列均为1B1A1B2C1B1A1B，配色模纹呈中国艺术剪纸窗花方块形状的花型。

139

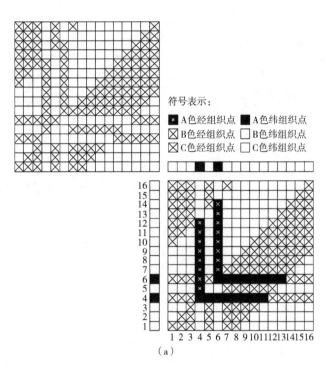

符号表示：

⊠ A色经组织点	■ A色纬组织点
⊠ B色经组织点	□ B色纬组织点
⊠ C色经组织点	□ C色纬组织点

（a）

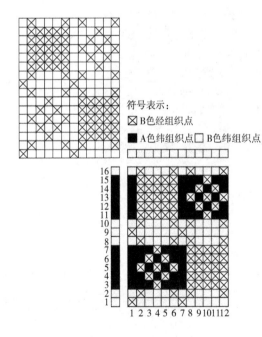

符号表示：

⊠ B色经组织点

■ A色纬组织点　□ B色纬组织点

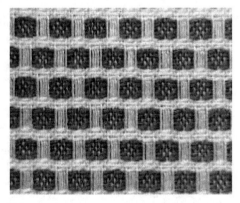

（b）

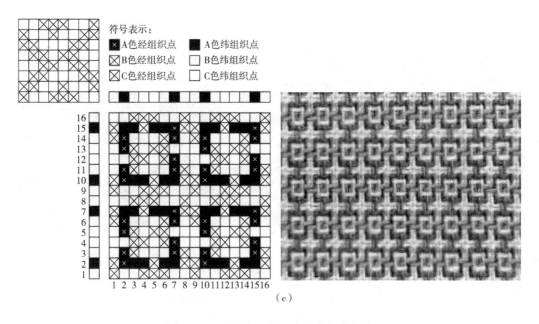

图6-20　色纱与组织配合构成方形花纹

六、角形花纹

角形花纹一般有直角形，或类似动物头角形状。图6-21（a）采用$\frac{4}{4}$↗斜纹组织，色经排列为3B4A1B，色纬排列为4B4A，配色模纹呈类似动物头角形状的花型。

图6-21（b）采用平纹与阴影斜纹的联合组织，色经排列为5B6A1B，色纬排列为5B4A1B，配色模纹呈倒直角形状的花型。

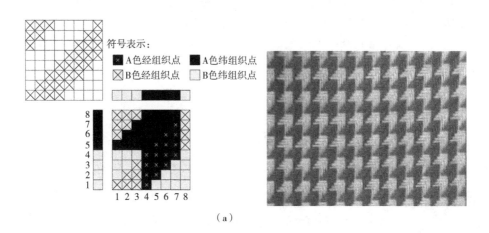

（a）

图6-21

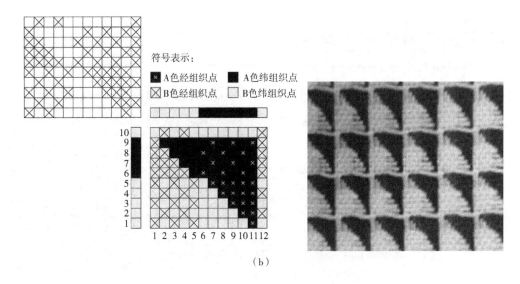

符号表示：

■ A色经组织点　■ A色纬组织点
⊠ B色经组织点　□ B色纬组织点

（b）

图 6 – 21　色纱与组织配合构成角形花纹

七、复合型花纹

复合型花纹是指织物中呈现两种及两种以上的不同种类配色模纹效果。织物组织可以是单一组织，也可以是联合组织，通过与色纱相配合而成。

图 6 – 22（a）采用 $\frac{2}{2}\nearrow$ 斜纹组织，色经与色纬排列均为（2A 2B）× N +（4A 4B）× N，在织物表面形成 4 种不同的配色模纹花型，如犬牙和其他几何图案花型。

图 6 – 22（b）采用变化斜纹组织，色经与色纬排列均为 1B1A2B1A1B2C，在织物表面形成两种不同的模纹效果，如十字花和方形几何图案的花型。

图 6 – 22（c）采用变化斜纹组织，色经排列为 2A2B，色纬排列为 2B2A，在织物表面形成方形几何图案的花型。

八、其他图案

除上述几种典型的配色模纹外，还可以设计出千变万化的花型图案。

图 6 – 23（a）采用 $\frac{5}{5}$ 变化方平组织，经向色纱排列为 2B2C4B2A2B，纬向为 3B2C3B2A，配色模纹呈 T 字母形状的花型。

图 6 – 23（b）采用平纹和变化阴影斜纹组织，色经与色纬排列均为 6B12A6B，配色模纹呈箭头形状的花型。

图 6 – 23（c）采用变化方平组织，色经与色纬排列均为 1B4A4B4A3B，配色模纹呈忽大忽小的小逗号形状的花型。

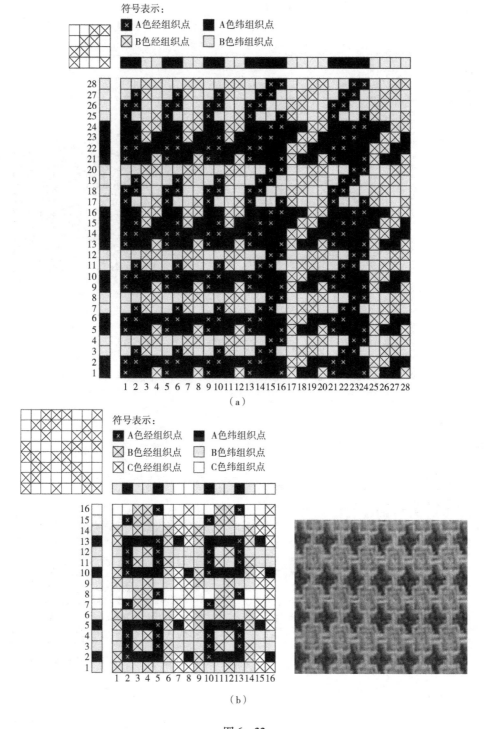

（a）

（b）

图 6-22

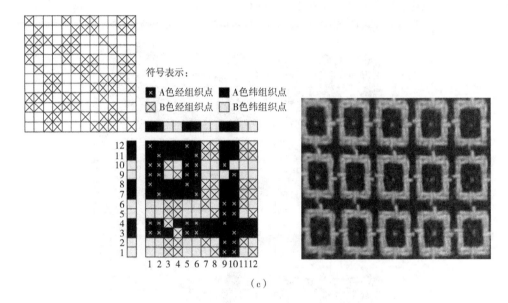

符号表示：
🔲 A色经组织点　　■ A色纬组织点
⊠ B色经组织点　　□ B色纬组织点

（c）

图6-22　色纱与组织配合构成复合型花纹

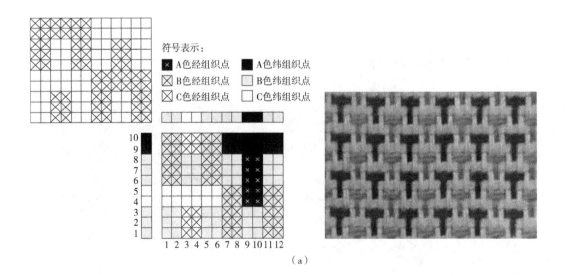

符号表示：
🔲 A色经组织点　　■ A色纬组织点
⊠ B色经组织点　　□ B色纬组织点
⊠ C色经组织点　　□ C色纬组织点

（a）

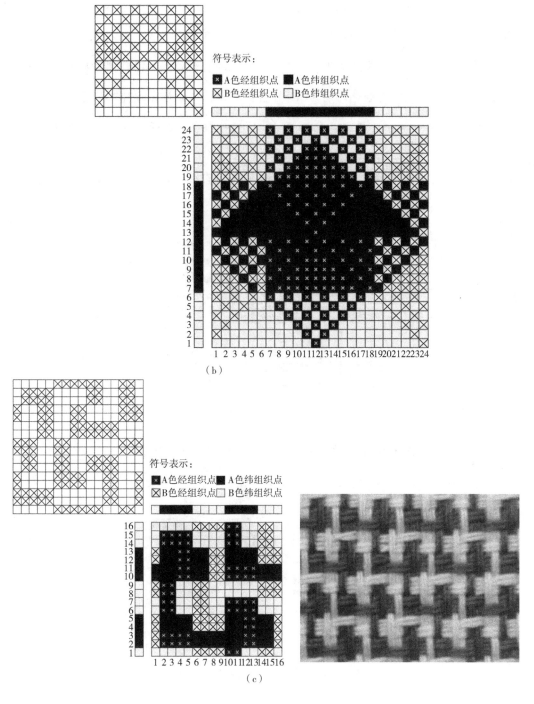

图6-23 色纱与组织配合构成其他图案花纹

☞ **思考与练习题**

1. 简述色经、色纬以及配色模纹的概念。

2. 什么是色经循环、色纬循环和配色模纹循环?

3. 配色模纹循环的大小与哪些因素有关？

4. 已知织物组织和色纱排列，试述绘作配色模纹的步骤。

5. 织物组织为 $\frac{2}{1}$ ↗ 斜纹，色经排列为 2A2B，色纬排列为 2B2A，试绘作配色模纹。

6. 织物组织为平纹，色经色纬均为 A、B 两种颜色，试设计出四种不同花型的配色模纹。

7. 织物组织为 $\frac{3}{3}$ 方平，色经色纬均为 A、B 两种颜色，试设计出四种不同花型的配色模纹。

8. 织物组织为平纹，配色模纹纹样如题图 6-1 所示，试设计色纱排列和绘作配色模纹图。

题图 6-1

9. 已知配色模纹图如题图 6-2 所示，试确定色纱排列及组织图。

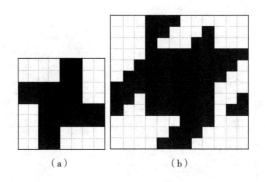

（a）　　　　　　　（b）

题图 6-2

第七章　重组织与应用

三原组织及变化组织较多地应用于各类型织物中，但其组织结构比较简单，织物纹理相对单一。通过对三原组织和变化组织进行联合的联合组织，获得了一些特别的外观效果，起到了丰富织物外观风格的作用，但还不能完全满足对织物个性化、功能化等方面的要求。本章介绍的重组织在组织结构上与三原组织、变化组织和联合组织不同，重组织的组织结构相对更复杂一些，其有一个系统是由两组或者两组以上的纱线构成，另外一个系统由一组纱线构成。重组织通过特殊的经纬纱空间结构，可以获得上下重叠的两层或多层织物，织物正反面可以呈现不同颜色、不同组织以及不同外观效应。

重组织通常分为两大类别：一类是经纱由两组或者两组以上的纱线构成，纬纱由一组纱线构成，经纱形成上下重叠结构的称为经二重组织或经多重组织；另一类是纬纱由两组或者两组以上的纱线构成，经纱由一组纱线构成，纬纱形成上下重叠结构的称为纬二重组织或纬多重组织。

第一节　重经组织

重经组织是经纱由两组或者两组以上的纱线构成。纬纱由一组纱线构成，经纱为两组纱线的称为经二重组织；纬纱由一组纱线构成，经纱为三组纱线的称为经三重组织。运用重经组织可获得正反面不同效应的织物；可使用低线密度纱线获得较厚实的织物；还可获得局部具有立体效应花纹的织物。经三重组织以及经三重以上的重经组织由于受到织造条件的限制，使用比较少，重经组织织物多为经二重组织。

一、经二重组织

经二重组织是由两组经纱与一组纬纱交织构成，通过采用合适的组织结构并配以较大的经密，使两组经纱形成上下重叠结构的组织。

1. 经二重组织的构成与特征 如图7-1所示，经向是由1、2、3、4和Ⅰ、Ⅱ、Ⅲ、Ⅳ两组经纱构成的。1~4这一组经纱与纬纱以$\frac{3}{1}$↗斜纹交织，组织图如图7-2（a）所示；Ⅰ~Ⅳ这一组经纱与纬纱以$\frac{1}{3}$↗斜纹交织，组织图如图7-2（b）所示。在一个组织循环内，1~4这一组经纱中，每根经纱都有长度为3的经浮长；Ⅰ~Ⅳ这一组经纱中，每根经纱仅有一个经组织点。从图7-1中看到，Ⅰ~Ⅳ这一组经纱上的单独经组织点的左右两边都配以1~4这一组经纱的经浮长。当经密较大时，经纱之间相互挤压和滑移，经浮长长的1~4这一组经纱会将经浮长短的Ⅰ~Ⅳ这一组经纱往下挤压，且长的经浮长将遮盖住短的经浮点，经向就形成一组经纱在上、另一组经纱在下的重叠结构。纬纱同时与上下层经纱进行交织，纬纱在空间的弯曲较大。

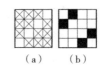

图7-1 经二重组织结构示意图　　　　图7-2 经二重的表、里组织图

在经二重组织中，显现在织物表面的经纱称为表经；重叠在表经下面的经纱称为里经，表经与纬纱交织的组织称为表组织；里经与纬纱交织的组织称为里组织，织物反面的组织称为反面组织（里组织的反面）。图7-1中的1~4这一组经纱为表经纱；Ⅰ~Ⅳ这一组经纱为里经纱。图7-2（a）为表组织；图7-2（b）为里组织。如果织物正面组织和反面组织相同，为同面经二重组织；织物正面组织和反面组织不同，为异面经二重组织。经常使用不同颜色的经纱作为表、里经，以便形成正、反面不同颜色的织物。

2. 经二重组织设计要点

（1）表、里组织的选择。表组织一般为经面组织或同面组织，里组织一般为纬面组织，表组织经浮长的长度要长于里组织经浮长的长度。

（2）表、里组织的配合。为使织物正反两面组织均匀、颜色一致，要做到正面看不到里经，反面看不到表经。设计时要使表经的经浮长遮盖住里经的经组织点，即将里经的短浮长线配置在相邻表经的长浮长线之间。尽量避免里组织的经浮点与表组织的纬浮点并列配置。表组织和里组织的循环纱线数最好相等或成整数倍，否则会增加设计难度，同时经二重组织的组织循环纱线数会增加。同一组纬纱要与表里两组经纱进行交织，尽量使纬纱的弯曲均匀且小一点，可以通过纵、横向截面图观察其配置是否合理。

（3）表经与里经的排列比。表、里经排列比的选择，取决于织物的用途、所选用的基础组织、原料特性、织造工艺条件以及设计意图等。通常采用表、里经排列比为1:1或2:2，如果为了增加织物的重量和厚度，里经可用较粗的经纱，表、里经排列比可为2:1。

（4）经纱密度。要设计较大的经纱密度，否则表、里经不容易重叠，表经经浮长也不容易完全遮盖住里经经浮长。

3. 经二重组织的绘作 经二重组织织物的经纱成上下重叠状，但绘作组织图时，通常将表经和里经画在一个平面上。以图7-1经二重组织为例绘作其组织图。

（1）确定表组织和里组织。表组织为$\dfrac{3}{1}\nearrow$，里组织为$\dfrac{1}{3}\nearrow$，表里经纱的排列比为1:1。

经二重组织的构成原则是里经的经组织点能被表经的经浮长线所遮盖。因此，首先要进行表里组织的配合。

第一步：一般先确定表组织，表组织如图7-3（a）所示；

第二步：借助辅助图确定第Ⅰ根里经上的经组织点的位置，确定依据是要将里经的经浮点配置在相邻表经的经浮长线之间，表、里经纱排列比为1:1，从辅助图7-3（b）中看到，第Ⅰ根里经上的经组织点如果在第3根或第4根纬纱上，左右两边均为表经的经浮长线，满足形成经二重组织的配置要求；

第三步：画出$\dfrac{1}{3}\nearrow$里组织的其他三根里经，如图7-3（c）所示，其他三根里经也满足配置要求，得到里组织的组织图如图7-3（d）所示。

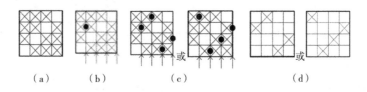

图7-3 经二重表组织和里组织配置

（2）计算组织循环纱线数。若表组织的组织循环纱线数为R_{mj}、R_{mw}；里组织的组织循环纱线数为R_{nj}、R_{nw}，表经和里经的排列比 = m:n，经二重组织的经、纬纱循环数R_j、R_w为：

$$R_j = \left(\frac{R_{mj}与m的最小公倍数}{m} 与 \frac{R_{nj}与n的最小公倍数}{n} \right) 的最小公倍数 \times (m+n) \quad (7-1)$$

$R_w = R_{mw}$与R_{nw}的最小公倍数。

本例中的R_j和R_w为：

$$R_j = \left(\frac{4与1的最小公倍数}{1} 与 \frac{4与1的最小公倍数}{1} \right) 的最小公倍数 \times (1+1) = 8$$

$$R_w = 4与4的最小公倍数 = 4$$

（3）绘作组织图。

第一步：画出组织循环的范围，通常在表经的位置标注 1、2、3……（或者用某种颜色标注），在里经的位置标注Ⅰ、Ⅱ、Ⅲ……（或者用另一种颜色标注）；

第二步：在表经和纬纱交织的地方画上表组织，"■"表示表组织的经组织点；

第三步：在里经和纬纱交织的地方画上里组织。"⊠"表示里组织的经组织点；

本例的组织图如图 7-4（a）所示，其纵向截面图如图 7-4（b）所示，其横向截面图如图 7-4（c）所示。

组织图完成后，最好绘作纵向和横向截面图，观察表、里经的遮盖状况以及纬纱弯曲是否均匀。从图 7-4（b）可知，表经对里经的遮盖很好；从图 7-4（c）可知，纬纱弯曲分布较均匀。

4. 经二重组织的上机设计

（1）穿综。穿综一般采用分区穿综法，表经提综次数多，通常穿在前区，里经穿在后区。如表、里经纱的性质相同，表组织和里组织简单，需要的综框页数不超过织机综框总页数时，也可采用顺穿法。

（2）穿筘。经二重组织经密较大，每筘穿入数可多些。为使表、里经纱在织物中相互重叠，一组表经、里经通常穿入同一筘齿中。当表经与里经排列比为 1:1 时，常采用 2 人、4 人或 6 人；排列比为 2:1 时，常采用 3 人或 6 人。

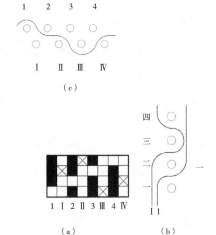

图 7-4　经二重组织图及纵横向截面图

（3）经轴。表经和里经的原料、强度、缩率相同或相近时，一般采用单经轴织造；否则，应采用双经轴织造。

例：某经二重织物的表组织为 $\frac{2}{2}$ 方平，里组织为 $\frac{1}{3}$ 纬破斜纹，表、里经排列比为 2:1，绘作此经二重组织的上机图。

第一步：确定表组织和里组织。

因为表、里经排列比为 2:1，表组织的经纱根数是里组织的 2 倍，表组织经纱为 8 根，里组织经纱为 4 根，表组织的组织图如图 7-5（a）所示。从辅助图图 7-5（b）可知，里组织的单独经组织点的左右两边均为表经的经浮长，满足构成经二重的原则，得到里组织的组织图，如图 7-5（c）所示。

第二步：计算 R_j 和 R_w。

$$R_j = \left(\frac{4 与 2 的最小公倍数}{2} 与 \frac{4 与 1 的最小公倍数}{1}\right) 的最小公倍数 \times (2+1) = 12$$

$$R_w = 4 与 4 的最小公倍数 = 4$$

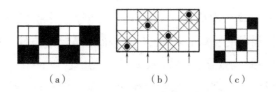

图 7－5 确定表组织和里组织

第三步：绘作上机图。

上机图如图 7－6 所示，其中图 7－6（a）的穿综为分区穿综法，使用的综框页数较少，但综框的负荷不均匀。工厂也常采用图 7－6（b）的顺穿法，这样每页综框的负荷均匀，织造效率较高。

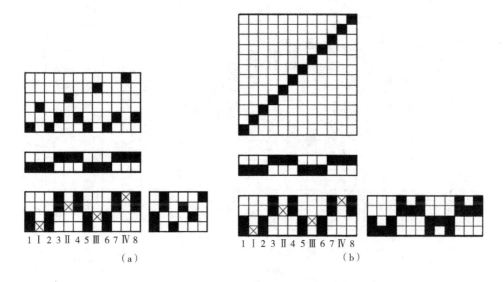

图 7－6 经二重组织上机图

二、经二重组织应用

经二重组织的应用非常广泛，棉型织物中主要采用经起花组织；毛织物中主要用于高级精纺花呢；丝织物中主要用于中厚丝织物。下面介绍几种采用经二重组织的织物。

1. 经起花织物 经起花织物是指在简单组织基础上，织物局部形成经二重组织结构的花纹，花纹部分由两个系统经纱（即花经和地经）与一个系统纬纱交织而成。花纹部分的花经因经浮长较长而成为表经，浮在织物表面，利用花经浮长的变化构成花纹图案。花纹部分的地经经浮长较短而成为里经，沉在花经的下面。在不起花部分（称为地部），花经与纬纱交织形成纬浮点，即花经沉于织物反面。为了避免花经在织物反面的浮长太长引起勾丝而影响织物牢度，常常会间隔一定距离增加一个花经的经组织点。为了突出花型，地部通常为简单组织，花纹部分形成局部经二重结构，使花纹具有较强的立体感。

（1）经起花织物实例。图7-7为经起花组织的上机图。组织图中的 A 区为不起花部位；B 区为起花部位，花区中 1、2…为花经，Ⅰ、Ⅱ…为地经，花经和地经的排列比为1:1。花经上黑色的长浮线构成织物表面的花纹，花经在不起花的部分与纬纱交织时多为纬组织点（反面经浮长），为避免花经在织物反面的经浮长太长，隔一段距离花经提升一次，这些分散的短经浮点为花经接结组织点，合理配置接结点也可以构成花型的一部分。

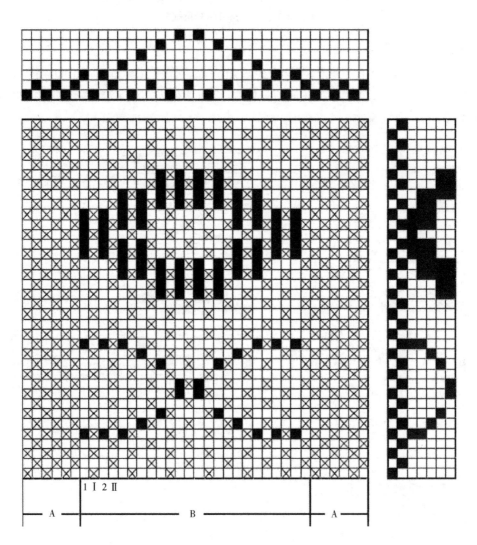

图7-7　经起花组织上机图

图7-8为经起花织物"友谊之花"的上机图，该组织的组织循环经纱数和组织循环纬纱数分别为：$R_j = 140$，$R_w = 72$。起花部分用重经单纬加色纱织出三色效果的花朵图案。这种经起花织物设计较为合理，它仅用十四页综织制出了花型自然而灵巧的小朵花，并且花与叶的造型又分别点绘在不同的经纱上，当地经与纹经配以不同色彩时，就可出现"红花绿叶"的艺术效果。"友谊之花"织物如图7-9所示，从实物图中看到，织物反面有较长的经浮线。

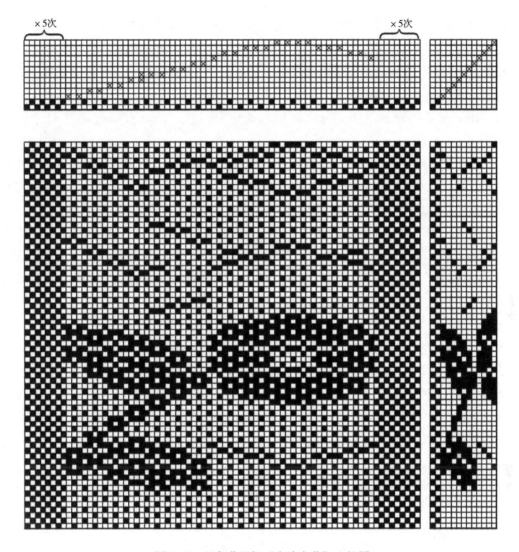

图7-8 经起花组织"友谊之花"上机图

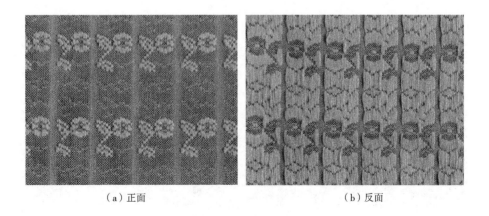

（a）正面 （b）反面

图7-9 "友谊之花"织物

（2）经起花织物设计注意事项。经起花织物的纹样设计以简单的平面装饰图案为主，图案通常为左右对称纹样，可以在不增加综片数的情况下，增大花纹循环。

根据花型要求，花经与地经排列比常用1:1或2:1。花经的排列根数多，花型就饱满突出；反之，花型稀疏，丰满度差。

为了增加起花部分的效果，可以增加起花部分经纱的筘入数以提高这部分经纱的密度。

经起花织物用单经轴织造时，以3～5个连续浮点为宜。用双经轴织造时，浮长虽不受织造条件的限制，但亦不宜过长，过长将影响织物牢度，实用性较差。表里经织缩相同或相近则采用一个经轴织造；反之，则采用两个经轴织造。

2. 牙签条织物　牙签条是一款精纺毛织物，牙签条的两组经纱（表经和里经）均采用不同捻向的经纱，与一组不同捻向的纬纱进行交织，形成经二重组织结构。牙签条织物主要特点是纱支细、经密大，因采用经二重组织（或双层组织）结构，因此牙签条较其他精纺花呢厚重。织物表面因不同捻向经纱的排列形成不同反射光的条纹效应，织物具有较强的立体感。

图7-10（a）是一款经二重牙签条组织的组织图。表组织为4枚经破斜纹，表经的捻向配置为2根Z捻、2根S捻，如图7-10（b）所示；里组织为4枚纬破斜纹，里经的捻向配置为2根S捻、2根Z捻，如图7-10（c）所示。表经和里经排列比为1:1。适当地配置纬纱的捻向（1根Z捻、1根S捻），织物表面纤维的倾斜方向将如图7-10（d）所示，在织物上形成隐条效果。图7-11为牙签条组织的织物图。

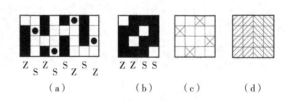

图7-10　牙签呢组织图

图7-11　牙签条织物

第二节 重纬组织

重纬组织是纬纱由两组或者两组以上的纱线构成。经纱由一组纱线构成,纬纱为两组纱线的称为纬二重组织;经纱由一组纱线构成,纬纱为多组纱线的称为纬多重组织。重纬织物与重经织物比较,纬多重组织的织制难度比经多重组织小,加之纬纱可根据载纬器的配置进行调换,纬纱的颜色和种类变化更灵活,因此重纬织物的色彩更为丰富多彩且花型富丽堂皇,尤其在大提花织物中重纬组织应用最为广泛。

一、纬二重组织

纬二重组织是由两组纬纱与一组经纱交织构成,通过采用合适的组织结构并配以较大的纬密,使得两组纬纱形成上下重叠的结构。

1. 纬二重组织的构成与特征 如图7-12所示,纬向是由1、2、3、4和Ⅰ、Ⅱ、Ⅲ、Ⅳ两组纬纱构成的。1~4这一组纬纱与经纱以$\frac{1}{3}\nearrow$斜纹交织,组织图如图7-13(a)所示;Ⅰ~Ⅳ这一组纬纱与经纱以$\frac{3}{1}\nearrow$斜纹交织,组织图如图7-13(b)所示。在一个组织循环内,1~4这一组纬纱中,每根纬纱都有长度为3的纬浮长;Ⅰ~Ⅳ这一组纬纱中,每根纬纱仅有一个纬组织点。从图7-13中看到,Ⅰ~Ⅳ这一组纬纱上的单独纬组织点的上下两边都配以1~4这一组纬纱的纬浮长。当纬密较大时,纬纱之间相互挤压和滑移,纬浮长长的1~4这一组纬纱会将纬浮长短的Ⅰ~Ⅳ这一组纬纱往下挤压,且长的纬浮长将遮盖住短的纬浮点,纬向就形成一组纬纱在上、另一组纬纱在下的重叠结构。经纱同时与上下层经纱进行交织,经纱在空间的弯曲较大。

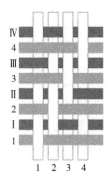

图7-12 纬二重组织结构示意图　　图7-13 纬二重的表、里组织图

在纬二重组织中,显现在织物表面的纬纱称为表纬;重叠在表纬下面的纬纱称为里纬,表纬与经纱交织的组织称为表组织;里纬与经纱交织的组织称为里组织,织物反面

的组织称为反面组织（里组织的反面）。图 7-12 中 1~4 这一组纬纱为表纬纱；Ⅰ~Ⅳ这一组纬纱为里纬纱。图 7-13（a）为表组织；图 7-13（b）为里组织。如果织物正面组织和反面组织相同，为同面纬二重组织；织物正面组织和反面组织不同，为异面纬二重组织。也经常使用不同颜色的纬纱作为表、里纬，以便形成正、反面不同颜色的织物。

2. 纬二重组织设计要点

（1）表、里组织的选择。表组织一般为纬面组织或同面组织，里组织一般为经面组织，表组织纬浮长的长度要长于里组织纬浮长的长度。

（2）表、里组织的配合。为使织物正反两面组织均匀、颜色一致，要做到正面看不到里纬，反面看不到表纬。设计时要使表纬的纬浮长遮盖住里纬的纬浮点，即将里纬的短纬浮长线配置在相邻表纬的长纬浮长线之间。尽量避免里组织的纬浮点与表组织的经浮点并列配置。表组织和里组织的循环纱线数最好相等或成整数倍，否则将增加设计难度，同时纬二重组织的组织循环纱线数会增加。同一组经纱要与表里两组纬纱进行交织，尽量使经纱的弯曲均匀且小一点，可以通过纵、横向截面图观察其配置是否合理。

（3）表纬与里纬的排列比。表、里纬排列比的选择，取决于织物的用途、所选用的基础组织、原料特性、织造工艺条件等。通常采用表、里纬排列比为 1∶1 或 2∶2，如果为了增加织物的重量和厚度，里纬可用较粗的纬纱，表、里纬排列比可为 2∶1。纬纱排列比的选择还与织机的梭箱装置有关，在有梭织机中，单侧多梭箱织机，投纬比必须是偶数；双侧多梭箱织机，则表、里纬纱的投纬比不受限制。无梭织机投纬比不受限制。

（4）纬纱密度。要设计较大的纬纱密度，否则表、里纬不容易重叠，表纬也不容易完全遮盖住里纬。

3. 纬二重组织的绘作方法 纬二重组织织物中的纬纱呈上下重叠状，但绘作组织图时，通常将表纬和里纬画在一个平面上。以图 7-13 纬二重组织为例绘作其组织图。

（1）确定表组织和里组织。表组织为 $\frac{1}{3}\nearrow$，里组织为 $\frac{3}{1}\nearrow$，表、里纬纱的排列比为 1∶1。

纬二经组织的构成原则是里纬的纬组织点能被表纬的纬浮长线所遮盖。因此，首先要进行表、里组织的配合。

第一步：一般先确定表组织，表组织如图 7-14（a）所示；

第二步：借助辅助图确定第Ⅰ根里纬上的纬组织点的位置，确定依据是要将里纬的短浮长线配置在相邻表纬的纬浮长线之间，表、里纬纱排列比为 1∶1，从辅助图 7-14（b）中看到，第Ⅰ根里纬上的纬组织点如果在第 3 根或第 4 根经纱上，则上下均为表纬的纬浮长线，满足形成纬二重组织的配置要求；

第三步：画出 $\frac{3}{1}\nearrow$ 里组织的其他三根里纬如图 7-14（c）所示，其他三根里纬也满足配置要求，得到里组织的组织图，如图 7-14（d）所示。

（2）计算组织循环纱线数。若表组织的组织循环纱线数为 R_{mj}、R_{mw}；里组织的组织循环

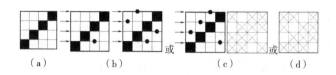

图 7 – 14　纬二重表组织和里组织配置方法示意图

纱线数为 R_{nj}、R_{nw}，表纬和里纬的排列比为 $m:n$，则纬二重组织的经、纬纱循环数 R_j、R_w 为：

$$R_j = R_{mj} 和 R_{nj} 的最小公倍数$$

$$R_w = \left(\frac{R_{mw} 与 m 的最小公倍数}{m} 与 \frac{R_{nw} 与 n 的最小公倍数}{n} \right) 的最小公倍数 \times (m + n)$$

$$(7 – 2)$$

本例中的 R_j 和 R_w 为：

$$R_j = 4 与 4 的最小公倍数 = 4$$

$$R_w = \left(\frac{4 与 1 的最小公倍数}{1} 与 \frac{4 与 1 的最小公倍数}{1} \right) 的最小公倍数 \times (1 + 1) = 8$$

（3）绘作组织图。

第一步：画出组织循环的范围，通常在表纬的位置标注 1、2、3…（或者用某种颜色标注），在里纬的位置标注Ⅰ、Ⅱ、Ⅲ…（或者用另一种颜色标注）；

第二步：在表纬和经纱交织的地方画上表组织，"■"表示表组织的经组织点；

第三步：在里纬和经纱交织的地方画上里组织，"⊠"表示里组织的经组织点。

本例的组织图如图 7 – 15（a）所示，其纵向截面图如图 7 – 15（b）所示，其横向截面图如图 7 – 15（c）所示。

组织图完成后，绘作纵向和横向截面图，观察表、里纬的遮盖状况以及经纱弯曲是否均匀。从图 7 – 15（b）可知，经纱弯曲分布较均匀；从图 7 – 15（c）可知，表纬对里纬的遮盖很好。

4. 纬二重组织的上机要点

（1）穿综。穿综通常采用顺穿法。

（2）穿筘。由于纬二重的纬密较大，经密不能太大，每筘齿的穿入数一般为 2 ~ 4 根。

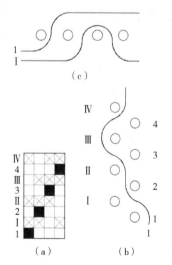

图 7 – 15　纬二重组织图

（3）梭箱。在有梭织机上织制时，需采用多梭箱装置，纬纱排列比受到梭箱装置的限制；用箭杆织机或者无梭织机织制时，则纬纱排列比不受限制。

例：某纬二重织物的表组织为 5 枚纬面缎纹，里组织为 5 枚经面缎纹，表、里纬排列比为1:1，绘作此纬二重组织的上机图。

第一步：确定表组织和里组织。

表组织的组织图如图7-16（a）所示。从辅助图图7-16（b）可知，里组织的单独纬组织点的上下均为表纬的纬浮长，满足构成纬二重的要求，得到里组织的组织图，如图7-16（c）所示。

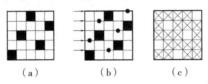

（a）　　　　（b）　　　　（c）

图7-16　确定表组织和里组织

第二步：计算R_j和R_w。

$$R_j = 5 与 5 的最小公倍数 = 5$$

$$R_w = \left(\frac{5 与 1 的最小公倍数}{1} 与 \frac{5 与 1 的最小公倍数}{1} \right) 的最小公倍数 \times (1+1) = 10$$

第三步：绘作上机图。

上机图如图7-17所示，穿综为顺穿法，穿筘为3入/筘。

二、纬二重组织应用

纬二重组织的应用非常广泛，较多地应用于织制毛毯、厚呢绒等毛类产品；棉毯、单向导湿织物等棉类产品；软缎、锦缎等丝类产品；对油水分离的技术纺织品等。下面介绍几种采用纬二重组织的织物。

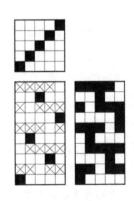

图7-17　纬二重组织上机图

1. 纬起花织物　与经起花织物类似，纬起花织物是由简单组织与纬二重组织共同构成的。织物的起花部分是由两个系统的纬纱即地纬与花纬与一个系统的经纱相交织，花纬按照花形图案的要求浮于织物表面；不起花部分，花纬沉在织物反面。为了避免花纬在织物反面的浮长太长引起勾丝而影响织物牢度，常常间隔4根或5根地经纱就安排1根经纱用于接结花纬，即增加一个花纬的纬组织点，这些经纱称为接结经。地部通常为简单组织。花纬与地纬的排列比，根据花型要求和织物品种可采用1:1、2:2、2:4、2:6等多种。穿综采用分区穿法，通常地综在前区；接结经穿中区；起花综穿入后区。

2. 表里交换纬二重组织　表里交换纬二重组织是指两组纬纱围绕织物的图案轮廓进行表里交换。如图7-18（a）所示，符号"■"表示表层经组织点；符号"⊠"表示里层的经组织点。在A区，奇数纬纱在织物表层，将偶数里纬的纬组织点遮盖，表组织为$\frac{1}{3}$破斜纹，里组织为$\frac{3}{1}$破斜纹；在B区，偶数纬纱在织物表层，将奇数里纬的纬组织点遮盖，表组织为$\frac{1}{3}$破斜纹，里组织为$\frac{3}{1}$破斜纹。奇数纬纱和偶数纬纱在第 8 根经纱和第 9 根经纱之间进行表、里交换，如图 7 – 18（b）所示的横向截面图。利用表里交换纬二重组织可织制出色彩丰富、花型美观的织物。图 7 – 19 为多色纬的表里交换纬二重织物。织物外观呈现出色彩丰富的花型。

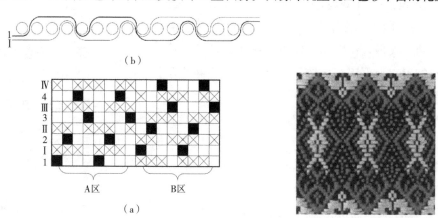

图 7 – 18　表里交换纬二重组织图与横向截面　　　图 7 – 19　表里交换纬二重织物

3. 异面纬二重织物　异面纬二重织物是指织物的正面组织和反面组织不相同。图 7 – 20 为异面纬二重组织。表组织为绉组织，如图 7 – 20（a）所示；里组织为八枚经面变则缎纹，如图 7 – 20（b）所示；表、里纬排列比为 1:1；图 7 – 20（c）为其上机图。织物表面呈现凹凸不平的绉组织外观效果，反面则呈现出纬面缎纹效果。如果表纬和里纬分别采用亲水型纱线和拒水型纱线，则织物表、里层之间形成吸湿梯度，达到单向导湿的效果。

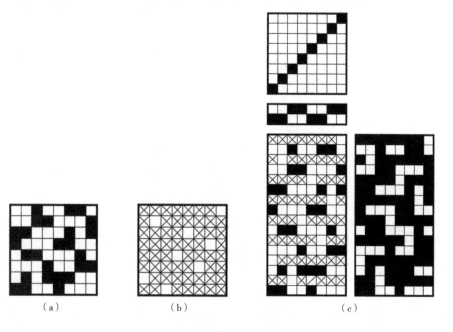

图 7 – 20　异面纬二重组织

三、纬三重组织

由三组纬纱与一组经纱交织，形成表纬遮盖中纬且中纬遮盖里纬的三重重叠结构，称为纬三重组织。

纬三重组织的设计和构成原理与纬二重组织相同，图 7-21 为纬三重组织的经纬纱交织示意图，从图中可知，表纬的纬浮长最长；中纬的纬浮长比表纬的短，且中纬的纬浮长配置在上下表纬的纬浮长之间；里纬的纬浮长更短，里纬的纬浮点配置在上下中纬的纬浮长之间。

图 7-22 (a) 为表组织；图 7-22 (b) 为中间组织；图 7-22 (c) 为里组织；图 7-22 (d) 为纬三重组织的组织图和横向截面图。从图中看到表纬的纬浮长较中纬的纬浮长要长；中纬的纬浮长较里纬的纬浮长要长。在纬密较大时，纬纱之间相互挤压和滑移，形成表纬遮盖中纬；中纬遮盖里纬的三重结构。

图 7-21　纬三重组织
交织示意图

纬三重组织的三重纬纱形成重叠结构，表纬花纹部分由于有另两纬纬纱的背衬，增加了花纹牢度和立体感。如果三组纬纱采用三种不同颜色，并通过纬纱浮长线的变化和表纬、中纬、里纬相互交换，可使织物表面显示出多种层次和色彩的花纹。另外，纬三重组织可使织物具有一定的厚度，如果单纯为了增加织物的厚度，也可以将里纬使用较差原料的纱线，里纬仅起增加织物厚度的作用。

图 7-23 为丝绸织物中的织锦缎、古香缎，这些织物都是有着悠久历史的纬三重组织提花织物。

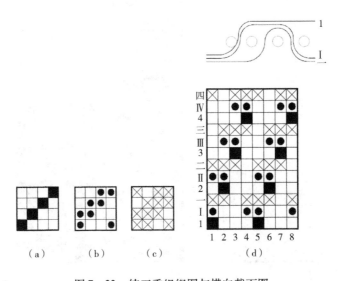

(a)　　(b)　　(c)　　　　(d)

图 7-22　纬三重组织图与横向截面图

（a）织锦缎

（b）古香缎

图 7 – 23　纬三重组织的织锦缎和古香缎织物

第三节　重组织高花织物

高花织物是指织物的花纹部分呈隆起状耸立于织物表面，形成立体效果显著且具有独特外观风格的织物。高花织物风格多变，花型新颖别致，手感丰厚，织物重量较重且保暖性较好，常用于服用面料及家用纺织面料。高花织物通常采用重经组织、重纬组织和多层组织，按组织结构可分为经高花织物、纬高花织物和双层高花织物。

织物形成高花外观的方法主要有：①回缩法，即采用不同材质或不同捻度的纱线，利用不同材质纱线或不同捻度纱线之间收缩性能的显著差异，形成织物高花外观，常用的高收缩材质有氨纶丝、锦纶丝和高弹涤纶丝；②填芯法，即通过在表里层纱线之间填充一组相对较粗的纱线，形成织物高花外观；③织造法，即采用两个经轴织造，利用两个经轴上机张力的显著差异，形成织物高花外观；④后整理法，即通过机械热轧法或者化学膨化法，形成织物高花外观。

由两个系统的经纱和一个系统的纬纱构成的高花织物称为重经高花织物；由两个系统的纬纱和一个系统的经纱构成的高花织物称为重纬高花织物。

一、回缩法重组织高花织物

1. 回缩法重组织高花织物构成与特征　回缩法重组织高花织物是利用纱线回缩性的差异产生高花外观。纱线产生回缩性差异的方法通常有两种，一种是将表里层的纱线各自加捻，里层纱线捻度大于表层纱线捻度，因表里纱线的收缩差异使织物表层凸起；另一种是采用不同收缩率的纱线，表层选用能较好体现织物外观效果但没有收缩性能的纱线（如黏胶、桑蚕丝、花式纱线等），而里层使用具有热收缩性能的高收缩合成纤维纱线（如锦纶丝、涤纶丝、氨纶丝等），里层高收缩率的纱线可借助热处理而缩短，使表层凸起。

2. 回缩法高花织物设计要点

（1）组织设计。花纹部分的里组织多采用结构紧密的平纹，表组织根据设计需要选定，纬高花以纬面缎纹为主；经高花以各种经面斜纹、经面缎纹为主，合理的组织配置可以得到丰富多彩、各具风格的高花外观。地组织可以设计为单层组织，也可以设计为表里两层组织，地部要求紧密平整以衬托花部的凸起。

（2）纱线材质与排列比设计。回缩法高花织物主要通过纱线收缩率的不同而产生高花外观。表层选用能较好体现织物外观效果但没有收缩性能的纱线（如黏胶、桑蚕丝、花式纱线等），里层使用具有热收缩性能的高收缩合成纤维纱线（如锦纶丝、涤纶丝、氨纶丝等）。表、里经或表、里纬的排列比常采用1:1、2:1、2:2、3:1等。如果在凸起的花部选用比较有立体感的纱线就会有更好的高花外观。

（3）经纬纱线密度设计。为了达到高花织物表面的效果，选用的纱线一般表经（纬）较粗、里经（纬）较细。因为较粗的表经（纬）在里经（纬）收缩时比较容易凸在织物表面，形成明显的高花外观。

（4）经纬密度设计。为了达到高花外观，其密度配置对织物的最终外观起着重要的作用。应以表层组织所需配置的密度为主要依据，而里层或背衬经纬的密度应该在保证织物丰满的前提下尽可能减少，这样既满足要求，又节省原料。

（5）纹样设计。在设计纹样时，多采用线条流畅、小块面的纹样。因为如果花部块面太大，当里层收缩时，花部虽然也会凸起，但因重力关系，花部的中间部分会塌陷，花纹不够丰满。同时，高花织物的纹样切忌设计过横和过直的线条。

（6）织造工艺设计。经高花织物通常采用双经轴织制，花经、地经分别卷绕在两个经轴上，花经送经量大，地经送经量小，织造工艺较繁琐；纬高花织物通常采用多梭箱（或多个载纬器）织机织制，织造工艺相对简单一些。

3. 回缩法产生高花外观的原理　图7-24的重经高花织物由不同收缩率的两组经纱和一组纬纱构成，表经与里经排列比为2:1，表经为有光黏胶丝；里经为涤纶高收缩低弹丝，纬纱为涤纶丝。花部组织构成：表经与纬纱交织构成八枚经面缎纹，如图7-24（a）所示；里经与纬纱交织构成平纹，如图7-24（b）所示；组织图如图7-24（c）所示。织物在染整时，黏胶长丝的表经具有较小的收缩率，而涤纶弹性丝的里经在沸水中有较高的收缩率，因里经的强烈收缩导致表经的经浮长凸起在织物的表面，形成明显的高花外观，如图7-24（d）纵向截面图所示。若织物地部紧密平整，则高花外观更为凸出。

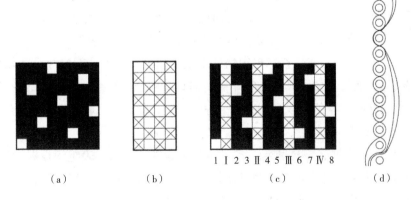

（a）　　　（b）　　　1Ⅰ2 3Ⅱ4 5Ⅲ6 7Ⅳ8　　　（d）
（c）

图7-24　重经高花织物组织图及纵向截面图

4. 回缩法重经高花织物实例

（1）金雕缎高花织物。金雕缎是经二重色织高花提花织物。采用两组经纱和一组纬纱交织而成。两组经纱分别为黏胶长丝和锦纶长丝，纬纱为黏胶长丝。织物花部为经二重结构，花部表层由黏胶经纱和黏胶纬纱以八枚经面缎纹交织，花部里层由锦纶经纱和黏胶纬纱以平纹交织；地部锦纶经纱和黏胶纬纱以平纹交织构成表层，里层组织为黏胶经纱与黏胶纬纱以十二枚纬面缎纹交织。上机织造时，采用两个经轴织造，锦纶经纱的送经量小，黏胶经纱的送经量大，两组经纱的排列比为2∶1。下机后因花部里层锦纶经纱的缩率较大，表层的黏胶经缎花纹明显凸起，与平整的平纹地部对比，黏胶长丝经缎花在织物表面显得更为明显，形成极强的浮雕效果。经高花金雕缎织物风格别致，织物手感饱满而富有弹性，常作为女士秋冬季服装面料和沙发覆盖面料。图7-25为金雕缎高花织物。

图7-25　金雕缎高花织物

（2）蓓花绸高花织物。蓓花绸是纬二重色织高花纹织物。采用一组经纱和两组纬纱交织而成，两组纬纱分别为锦纶长丝和黏胶长丝，纬纱排列比为2∶2；经纱为黏胶长丝。花部表层由黏胶纬纱形成纬浮长，经纱顺势接结部分长纬浮长，里层由锦纶纬纱与黏胶经纱以平纹交织；地部为黏胶经纱与黏胶纬纱和锦纶纬纱组成共口经重平，组织图如图7-26所示，图7-26（a）为地组织的组织图，织物地部为单层结构；图7-26（b）为花组织的组织图，花部为纬二重结构，表层为纬浮长，经纱顺势对纬浮长进行接结，里层为平纹组织；图7-26（c）为花部的横向截面图，从横向截面图中可知，由于花部里层锦纶长丝纬纱的收缩率较大，而表层黏胶长丝纬纱较粗且收缩率较小，利用花部表里两组纬纱原料收缩差异使黏胶长丝纬浮长在织物表面凸起，形成纬高花织物。蓓花绸纬高花织物花纹饱满、风格独特，宜作春、秋、冬季中高档女装面料和家纺装饰面料，其织物如图7-27所示。

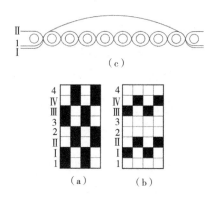

图7-26　蓓花绸高花织物组织图

图7-27　蓓花绸高花织物

二、填芯法重组织高花织物

1. 填芯法重组织高花织物构成与特征　填芯法重组织高花织物是通过在织物表层和里层之间填入一组较粗的纱线（填芯纱）而形成高花外观。常用的填芯方法有两种：一种是填入经纱，另一种是填入纬纱。由于填芯纱一般为较粗的纱线，为了保持经纱张力的均匀，经纱的粗细程度不宜相差太大，因此在设计填芯高花织物时，通常采用重经组织填芯纬的组织结构，而重纬组织填芯经的组织结构较少用。用填芯法设计加工的高花织物具有永久性高花花纹，该类织物花型丰满，立体感强，轻薄型可作服用面料，厚重型可作家具覆饰布等家用纺织品面料。

2. 填芯法高花织物设计要点

（1）组织设计。一般为经起花或者纬起花结构。花纹部位的表层通常采用缎纹和斜纹等具有较长浮长线的组织，里组织采用反面长浮线组织，填芯纱在上下两层织物之间。地组织通常由表、里经（纬）与纬纱（经纱）构成单层组织。如果花纹块面较小，填芯纱可以不用固结，花纹块面较大时，可用组织点将填芯纱与里层织物固结。

（2）纱线材质与排列比设计。填芯织物的花部由介于表里层之间的填芯纱撑起，填芯纱的细度与花部的凸起高度有直接关系，同时填芯纱不会暴露在织物表面，所以在选择填芯纱时可以选择价格便宜、纱支较粗、手感柔软、抗压性好的棉纱、黏胶短纤纱或其他成本较低的纱线，最好采用多股合并的股线。填芯织物表经和表纬的品质对织物的外观起决定性作用，应采用细度均匀、特征明显、质量好的纱线。里经、里纬采用较细且强力好的纱线。为了使花部明显凸起，里层纱线可采用回弹性较好的锦纶、涤纶等。

通常填芯组织的表经（纬）与里经（纬）的排列比为1:1、2:1、3:1，纬（经）纱和填芯纬（经）的排列比为1:1、2:1。

（3）织造工艺设计。为了使填芯织物的花部很好地凸起，重经组织填芯纬织物最好采用双经轴织造，在织物表面凸起的表经采用积极送经的方式，而里经采用被动送经，使里经纱保持较大的张力，使织物在下机后里经能较好地收缩，从而配合花部在织物表面凸起。重纬组织填芯经织物则最好采用表里纬收缩率差异大的两种材质来增加高花外观。

3. 填芯法产生高花外观的原理　图7-28为重经填芯纬组织的组织图和截面图。重经填芯纬组织由表、里两组经纱和一组纬纱及一组填芯纬纱构成，表经与里经排列比为1:1，纬纱与填芯纬的排列比为2:1。表经与纬纱交织构成八枚经面缎纹，如图7-28（a）所示；里经与纬纱交织构成 $\frac{1}{3}\nearrow$ 斜纹，如图7-28（b）所示；填芯纬衬垫在经二重的表层和里层之间，"◉"表示引入填芯纬时，表经纱均要提升，重经填芯纬组织图如图7-28（c）所示。因填芯纬较粗，填充在经二重的表里层之间，将织物拱起形成明显的高花外观，纵向截面图和横向截面图如图7-28（d）和（e）所示。若织物地部紧密平整，则高花外观更为凸出。

图7-29为重纬填芯经组织的组织图和截面图。重纬填芯经组织由表、里两组纬纱和一组经纱及一组填芯经纱构成，表纬与里纬排列比为1:1，经纱与填芯经的排列比为2:1。表纬

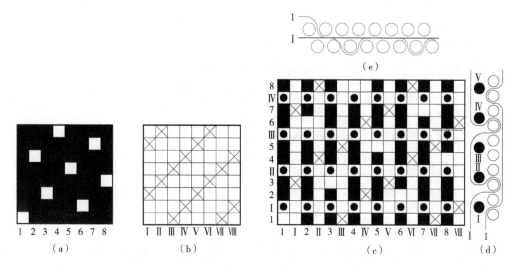

图7-28　重经填芯纬组织图及纵横向截面图

与经纱交织构成$\frac{1}{5}$↗斜纹，如图7-29（a）所示；里纬与经纱交织构成$\frac{5}{1}$↗斜纹，如图7-29（b）所示；填芯经衬垫在纬二重的表层和里层之间，"◉"表示引入里纬时，填芯经纱均要提升，重纬填芯经组织图如图7-29（c）所示。因填芯经较粗，填充在纬二重的表里层之间，将织物拱起形成明显的高花外观，纵向截面图和横向截面图如图7-29（d）和（e）所示。若织物地部紧密平整，则高花外观更为凸出。

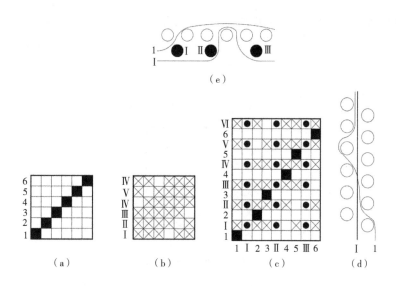

图7-29　重纬填芯经组织图及纵横向截面图

👉 思考与练习题

1. 什么是重组织？举例说明有哪些类型的重组织？

2. 经二重组织的设计要点和设计注意事项。

3. 纬二重组织的设计要点和设计注意事项。

4. 经二重组织和纬二重组织的里组织起始点位置设计时要考虑哪些因素？

5. 经二重组织和纬二重组织通常有哪些表里纱线排列比？确定依据是什么？

6. 什么是高花织物？有哪些获得高花织物的方法？

7. 简述回缩法重组织高花织物的外观形成原理。

8. 简述填芯法重组织高花织物的外观形成原理。

9. 某经二重织物，表组织为 8 枚经面缎纹，里组织为 $\frac{1}{3}$ 斜纹，表里经排列比为 1:1，求作该织物的上机图与纵横向截面图。

10. 某经二重织物，表组织为 $\frac{4}{1}\nearrow$ 斜纹，里组织为 5 枚纬面缎纹，表里经排列比为 2:1，求作该织物的上机图。

11. 某纬二重织物，表组织为 5 枚纬面缎纹，里组织为 5 枚经面缎纹，表里纬排列比为 1:1，求作该织物的上机图与纵横向截面图。

12. 某纬二重织物，表组织为 $\frac{2}{2}$ 方平，里组织为 4 枚经破斜纹，表里纬排列比为 2:1，求作该织物的上机图。

13. 某纬三重织物，表组织为 8 枚纬面缎纹，中间组织为 $\frac{4}{4}\nearrow$ 斜纹，里组织为 8 枚经面缎纹，三组纬纱的排列比为 1:1:1，求作该织物的上机图。

14. 某经二重表里换层织物，甲经为 A 色，乙经为 B 色，表层组织为 4 枚经破斜纹，里层组织为 4 枚纬破斜纹，表、里经排列比为 1:1，织物纹样如题图 7−1 所示，纱线根数自定，求作该织物的上机图和纵向截面图。

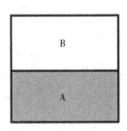

题图 7−1

15. 某纬二重表里换层织物，甲纬为 A 色，乙纬为 B 色，表层组织为 $\frac{1}{3}\nearrow$ 斜纹，里层组织为 $\frac{3}{1}\nearrow$ 斜纹，表、里纬排列比为 1:1，织物纹样如题图 7−2 所示，纱线根数自定，求作该织物的上机图和横向截面图。

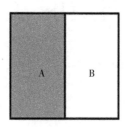

题图 7 – 2

16. 某重经填芯纬高花织物，花区的表组织为 $\dfrac{5}{1}\nearrow$ 斜纹，里组织为 $\dfrac{1}{5}\nearrow$ 斜纹，表里经排列比为 1:1，纬纱和填芯纬的排列比为 1:1，求作花区部分的上机图和纵向截面图。

第八章　双层组织与应用

双层组织是指由两个系统的经纱与两个系统的纬纱按一定规律进行交织，形成上下各自独立、相互重叠的两层织物的组织。上层经纱和纬纱称为表经和表纬，下层经纱和纬纱称为里经和里纬。双层组织织物的上下层之间可以通过多种方式连接起来，采用的连接方式不同，双层组织织物的外观和性能也各有不同。常用的连接方法有：通过经、纬纱空间交织，将上下层织物的两侧进行连接；表、里层纱线上下交换进行连接；表、里层纱线上下自身接结进行连接；一组专门的接结纱线将上下层之间进行连接。根据双层组织上下两层接结方法的不同，可分为管状组织、表里换层组织、表里接结组织等。

双层组织不仅能增加织物的厚度，提高织物的耐磨性，改善织物的透气性，而且能使织物表面致密，质地柔软，结构稳定，同时还能得到一些简单组织织物无法具有的质感和性能。双层组织织物既可用于服装和家用装饰还常用于产业上，例如，用于服装的厚重双面双色呢、拷花大衣呢等；用于家用装饰的色彩丰富的沙发布、窗帘布、床罩等；用于产业的水龙带、过滤锦纶毯、土工膜袋布等。

第一节　双层组织概述

双层组织与重组织的结构完全不同，重组织经向（纬向）是由两个或者两个以上系统的纱线构成，纬向（经向）是一个系统纱线，由于重组织中有一个方向的纱线是一个系统的纱线，因此，重组织上下两（多）层不是各自独立而是相互连接的；但双层组织经向和纬向均由两个系统的纱线构成，这两个系统的纱线分别构成各自独立的上下两层织物。

一、双层组织织造原理

1. 双层组织的基本结构与特征　双层组织的表、里两层织物相互重叠，上层经纱和上层纬纱交织，下层经纱和下层纬纱交织，如图 8 - 1 所示，上、下两层可以分开也可以连接在一起。为了便于在平面图上研究其组织规律，将上、下两层组织错开一定距离，使表、里纱线在同一平面上呈间隔排列的状态，以此表达两层结构。如图 8 - 2（a）所示的双层组织平面示意图，其表组织和里组织均为平纹组织，表、里纱线排列比为 1:1；如图 8 - 2（b）所示的双层组织平面示意图，其表组织为 $\frac{1}{2}\nearrow$ 斜纹、里组织为 $\frac{2}{1}\nwarrow$，表、里纱线排列比为 1:1。

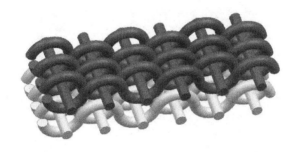

图 8 - 1　双层组织示意图

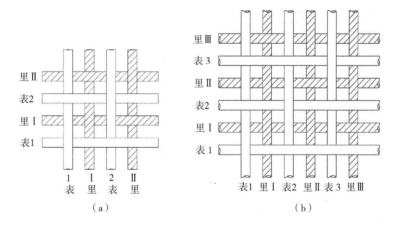

（a）　　　　　　　　　　　（b）

图 8 - 2　双层组织平面图

2. 双层组织织造原理　图 8 - 2（a）为双层组织的表、里经排列比为 1:1；表、里纬排列比也为 1:1，表层经纱和表层纬纱交织为平纹组织；里层经纱和里层纬纱也交织为平纹组织。以图 8 - 2（a）为例来说明其形成双层组织的织造原理。图 8 - 3（a）为表组织的组织图；图 8 - 3（b）为里组织的组织图。

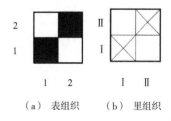

（a）表组织　　（b）里组织

图 8 - 3　平纹表组织和平纹里组织

织第一纬时，即投入表纬1，织上层，表经纱按表组织进行提升，控制第1根表经的综框提升，控制第2根表经的综框不提升；控制Ⅰ、Ⅱ里经纱的综框全部不提升，如图8-4（a）所示。

织第二纬时，即投入里纬Ⅰ，织下层，里经纱按里组织进行提升，控制第Ⅰ根里经的综框提升，控制第Ⅱ根里经的综框不提升；控制1、2表经纱的综框全部提升，如图8-4（b）所示。

织第三纬时，即投入表纬2，织上层，表经纱按表组织进行提升，控制第1根表经的综框不提升，控制第2根表经的综框提升；控制Ⅰ、Ⅱ里经纱的综框全部不提升，如图8-4（c）所示。

织第四纬时，即投入里纬Ⅱ，织下层，里经纱按里组织进行提升，控制第Ⅱ根里经的综框提升，控制第Ⅰ根里经的综框不提升；控制1、2表经纱的综框全部提升，如图8-4（d）所示。

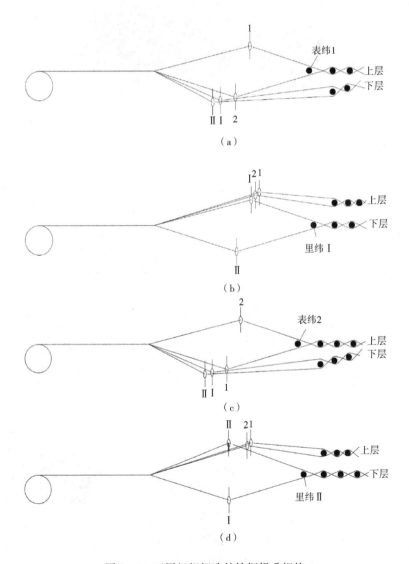

图8-4　双层组织织造的综框提升规律

由此看出，织制双层组织时，按表、里纬的投纬比分别织制织物的上下层，表经只与表纬交织，里经只与里纬交织。投表纬织上层时，里经必须全部沉在梭口下部，不与表纬交织；投里纬织下层时，表经必须全部提升，不与里纬交织。

二、双层组织设计要点

1. 表里组织选择　双层织物的上、下两层是各自独立的，两层组织的关系不如二重组织那样严格，表、里两层组织可相同也可不同，不同时，交织次数应接近，否则将增加织造难度，影响布面平整效果。常用的表、里组织有平纹、斜纹、重平、方平、四枚破斜纹等。

2. 确定表经与里经的排列比　表经与里经的排列比与经纱的线密度及织物的要求有关。如果表、里经线密度相同，紧度也相同，则表经与里经的排列比取 1:1 或 2:2；如果表经细、里经粗（表、里层织物紧度相同），或表层紧密、里层稀疏（表、里经纱线密度相同），则表经与里经的排列比可采用 2:1。

3. 确定表纬与里纬的投纬比　表纬与里纬的投纬比与纬纱的线密度及织物紧度有关，还与织机的多梭箱装置有关。在有梭织机中，单侧多梭箱织机，投纬比必须是偶数；双侧多梭箱织机，则表、里纬纱的投纬比不受限制。无梭织机投纬比不受限制。

4. 双层组织上机设计　穿综时可采用分区穿法，一般表经穿在前区，里经穿在后区；当表、里组织比较简单时，也可以采用顺穿。穿筘时，同一组表、里经穿入同一筘齿中，方便表、里经上下重叠。

三、双层组织的组织图和上机图绘作

双层组织的经纬纱呈上下重叠状，但绘作组织图时，通常将表经和里经以及表纬和里纬画在一个平面上。以图 8-2（a）和（b）双层组织为例绘作组织图。

1. 确定表组织和里组织

（1）图 8-2（a）的表组织和里组织如图 8-3 所示，表、里组织均为平纹组织。

（2）图 8-2（b）的表组织和里组织如图 8-5 所示，表、里组织均为斜纹组织。

2. 计算组织循环纱线数　若表组织的组织循环纱线数为 R_{mj}、R_{sw}；里组织的组织循环纱线数为 R_{nj}、R_{tw}，表经和里经的排列比为 $m:n$，表纬和里纬

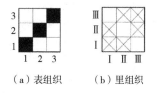

（a）表组织　　（b）里组织

图 8-5　斜纹表组织和斜纹里组织

的排列比为 $s:t$，双层组织的经纱循环数 R_j 按照式（8-1）进行计算，纬纱循环数 R_w 按照式（8-2）进行计算：

$$R_{\mathrm{j}} = \left(\frac{R_{\mathrm{mj}} \text{与} m \text{ 的最小公倍数}}{m} \text{与} \frac{R_{\mathrm{nj}} \text{与} n \text{ 的最小公倍数}}{n} \right) \text{的最小公倍数} \times (m+n)$$

$$(8-1)$$

$$R_{\mathrm{w}} = \left(\frac{R_{\mathrm{sw}} \text{与} s \text{ 的最小公倍数}}{s} \text{与} \frac{R_{\mathrm{tw}} \text{与} t \text{ 的最小公倍数}}{t} \right) \text{的最小公倍数} \times (s+t)$$

$$(8-2)$$

平纹双层组织的 R_{j} 和 R_{w} 为：

$$R_{\mathrm{j}} = \left(\frac{2 \text{与} 1 \text{ 的最小公倍数}}{1} \text{与} \frac{2 \text{与} 1 \text{ 的最小公倍数}}{1} \right) \text{的最小公倍数} \times (1+1) = 4$$

$$R_{\mathrm{w}} = \left(\frac{2 \text{与} 1 \text{ 的最小公倍数}}{1} \text{与} \frac{2 \text{与} 1 \text{ 的最小公倍数}}{1} \right) \text{的最小公倍数} \times (1+1) = 4$$

三枚斜纹双层组织的 R_{j} 和 R_{w} 为：

$$R_{\mathrm{j}} = \left(\frac{3 \text{与} 1 \text{ 的最小公倍数}}{1} \text{与} \frac{3 \text{与} 1 \text{ 的最小公倍数}}{1} \right) \text{的最小公倍数} \times (1+1) = 6$$

$$R_{\mathrm{w}} = \left(\frac{3 \text{与} 1 \text{ 的最小公倍数}}{1} \text{与} \frac{3 \text{与} 1 \text{ 的最小公倍数}}{1} \right) \text{的最小公倍数} \times (1+1) = 6$$

3. 绘作组织图

第一步：画出组织循环的范围，通常在表经和表纬的位置标注 1、2、3…（或者用某种颜色标注），在里经和里纬的位置标注Ⅰ、Ⅱ、Ⅲ…（或者用另一种颜色标注）；

第二步：在表经和表纬交织的地方画上表组织，"■"表示表层组织的经组织点；

第三步：在里经和里纬交织的地方画上里组织；"⊠"表示里层组织的经组织点；

第四步：按照双层织造原理，织里纬时表经必须全部提升，因此绘作组织图时表经与里纬相交的方格中必须全部加上特有的提升点。"⊡"代表投入里纬时，表层经纱全部提升。

图 8-2（a）的组织图如图 8-6（a）中的组织图所示；图 8-2（b）的组织图如图 8-7（a）中的组织图所示。

4. 绘作上机图　绘作穿综图、穿筘图和纹板图。

图 8-2（a）平纹双层组织的上机图如图 8-6（a）所示，纵向截面图如图 8-6（b）所示，横向截面图如图 8-6（c）所示。

图 8-2（b）三枚斜纹双层组织的上机图如图 8-7（a）所示，纵向截面图如图 8-7（b）所示，横向截面图如图 8-7（c）所示。

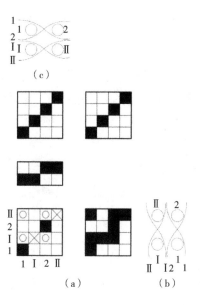

图8-6　平纹双层组织上机图及纵横向截面图

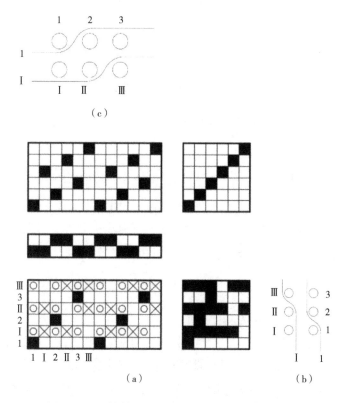

图8-7　三枚斜纹双层组织上机图及纵横向截面图

第二节　管状组织

管状组织织物属于双层组织织物的一种特殊形式，即将双层组织织物的两侧连接起来，织制成管子形状的织物。采用管状组织能够在普通织机（非圆形）上织制水龙带、无缝包装袋、圆筒形的过滤布、各种工业用短型传送带的带芯和人造血管等产品。

一、管状组织构成原理

管状组织由表经与里经两组经纱和一组纬纱交织而成，这组纬纱既作表纬又兼作里纬，往返于表、里两层之间，与表经交织形成织物的表层，与里经交织形成织物的里层，表层与里层仅在织物两侧边缘处连接，中间部分的上、下两层分开，表、里两层经纱呈平行排列，而表、里两层纬纱则为同一根纬纱呈螺旋状排列，从图8-8管状组织横向截面图可清晰看到其表层和里层经纬纱的结构状况。管状组织织物一般都要用有梭织机进行织造，以保证同一根纬纱从双侧进行引纬。

图8-8　管状组织横向截面图

二、管状组织设计要点

1. 选择基础组织　管状组织应选用同一组织作为表组织和反面组织，则里组织为反面组织的反组织。在满足性能要求的前提下，为简化上机工作，基础组织应尽可能选用简单组织。如果要求管状织物两侧折幅处组织连续，则应采用纬向飞数 S_w 为常数的组织作为基础组织，如平纹、斜纹、正则缎纹等。如果对管状织物折幅处组织连续的要求不严格时，则可采用$\frac{2}{2}$方平、四枚破斜纹、变则缎纹等作为基础组织。

2. 排列比选择　管状组织表、里层经纱的排列比通常为1:1；表、里层纬纱投纬比为1:1。

3. 管状织物的总经根数的确定　对于两侧连接处要求连续的管状组织，其总经纱数的确定至关重要，它直接影响到管状织物能否形成圆筒形外观；能否使管状织物的两侧边缘组织连续。在设计时，一般根据管状织物的用途和要求，先设计管状织物（管子）的直径，再根据直径计算管幅，然后根据管幅和织物成品的单层经密计算总经根数，并予以修正。

（1）初算总经根数。

$$W = \frac{2\pi r}{2} = \pi r \qquad (8-3)$$

$$M_j = 2WP_j \qquad (8-4)$$

式中：W——管幅；

　　　r——管子半径；

　　M_j——总经根数（上、下两层总经根数）；

　　P_j——经密（管状织物单层经密）。

（2）总经根数的修正。为保持管状织物两侧部分组织的连续性，需对初算总经根数进行修正，修正方式按照式（8-5）进行。

$$M_j = R_j Z \pm S_w \qquad (8-5)$$

式中：R_j——基础组织的组织循环经纱数；

　　　Z——表、里层基础组织的个数；

　　S_w——基础组织的纬向飞数。

当第1纬为表纬，其投纬方向为自左向右投纬时，修正方式采用：$M_j = R_j Z - S_w$；

当第1纬为表纬，其投纬方向为自右向左投纬时，修正方式采用：$M_j = R_j Z + S_w$。

4. 管状组织表组织与里组织的配合　为了保证管状织物两侧处连续，表、里组织的起始点位置要相互配合。当表组织已经确定，且经纱的总根数也计算好，则里组织需按照管状组织的横向截面图加以确定。

因为管状组织为双层结构，所以需要把总经根数分成表、里两层，表、里经纱排列比为1:1。当管状织物的总经根数很多时，通常画组织图时至少要取 $3R_j \pm S_w$ 根经纱，并分成表、里两层。

例1：以平纹为基础组织的管状组织，从左向右投入第一根表纬，假设 $Z = 7$，则总经根数 $M_j = 2 \times 7 - 1 = 13$。

第一步：将13根经纱分成表、里两层；

第二步：先确定表组织，表组织如图8-9（b）所示；

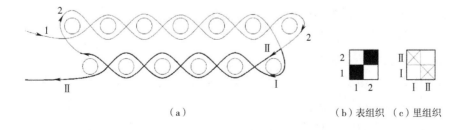

（a）　　　　　　　　　　　　　　　　（b）表组织　（c）里组织

图8-9　左投纬管状组织横向截面图和表、里组织图

第三步：按基础组织和投纬方向画出横向截面图，如图8-9（a）所示；

第四步：由横向截面图确定里组织，如图8-9（c）所示。

从右向左投入第一根表纬，则总经根数 $M_j = 2 \times 7 + 1 = 15$。

第一步：将15根经纱分成表、里两层；

第二步：先确定表组织，表组织如图8-10（b）所示；

第三步：按基础组织和投纬方向画出横向截面图，如图8-10（a）所示；

第四步：由横向截面图确定里组织，如图8-10（c）所示。

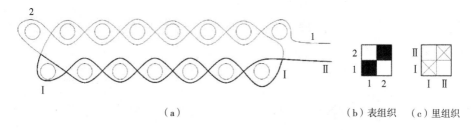

（a）　　　　　　　　　　　　（b）表组织　（c）里组织

图8-10　右投纬管状组织横向截面图和表、里组织图

三、管状组织上机设计

1. 穿综　穿综可采用分区穿法或者顺穿法。

2. 穿筘

将同一组表、里经纱穿入同一筘齿中。

3. 保持边缘经密一致　为防止两边缘处由于纬纱收缩引起边部经密偏大，通常采用花筘穿法或者加特线或者加内撑幅器的方法来达到保持经纱密度一致的目的。

（1）对于轻薄型管状组织织物，通过采用逐步减少边部筘齿穿入数的方式来保持整幅经密一致。例如，中间经纱的筘入数为4入/筘，管状组织织物两侧则采用每筘逐渐减少筘入数的方式，逐渐由4入/筘减少到2入/筘。

（2）对于中厚型管状组织织物，通过采用在边缘的内侧各增加一根张力较大的特线。特线由单独一页综控制，不与表、里纬进行交织。当投入表纬时，特线不提升，沉在表纬之下；当投入里纬时，特线

图8-11　加特线管状组织横向截面图

提升，浮在里纬之上，如图8-11所示。因特线没有和纬纱进行交织，仅仅夹在表、里层之间，织物下机后，可以将特线抽出。

（3）对于织物经纬密很大，且纱线的线密度较高，使用特线还不能达到要求时，可以采用内撑幅器来代替特线。内撑幅器为一舌状的铁片，其截面与管状组织织物的内幅相符合，活装在筘上能做上下滑动。上机时，内撑幅器在表经和里经之间，而在打纬时则插入管状组

织织物内，以使边缘平整。

例2：以 $\dfrac{5}{2}$ 纬面缎纹作为基础组织，从左向右投入第一根表纬，假设 $Z=3$，作管状组织上机图。

第一步：计算经纱根数，经纱根数 $M_j=5\times3-2=13$ 根；

第二步：画出表组织，如图 8 – 12（a）所示；

第三步：画出横向截面图，如图 8 – 12（b）所示；

第四步：由横向截面图得出里组织图，如图 8 – 12（c）所示；

第五步：计算组织循环纱线数，$R_j=10$，$R_w=10$；

第六步：按照双层组织绘作组织图的步骤绘作组织图，根据上机设计要求绘作上机图，如图 8 – 12（d）所示。

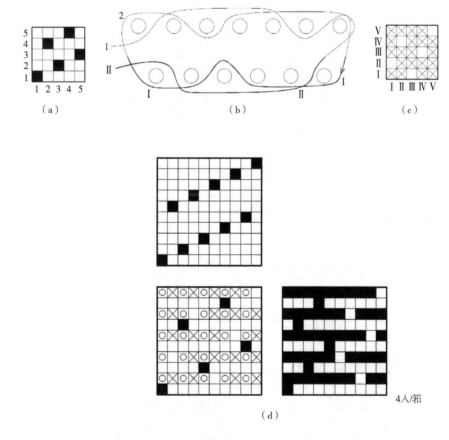

图 8 – 12　五枚缎纹管状组织上机图与横向截面图

例3：以 $\dfrac{2}{2}$ 四枚斜纹作为基础组织，从左向右投入第一根表纬，假设 $Z=4$，管状组织两侧各加一根特线，作管状组织上机图。

总经根数 $M_j=4\times4-1=15$ 根；$R_j=8$；$R_w=8$。

表组织如图 8 – 13（a）所示；横向截面图如图 8 – 13（b）所示；里组织图如图 8 – 13（c）所示；上机图如图 8 – 13（d）所示。

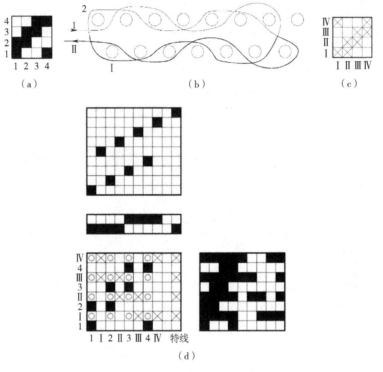

(a)　　　　　　　　　　　　(b)　　　　　　　　　　　　(c)

（d）

图 8 – 13　四枚斜纹管状组织上机图与横向截面图

四、管状组织应用

管状组织织物由于其独特的结构在应用上日益广泛。因管状组织织物可以直接形成筒形而无须缝纫加工，用于服用的管状组织新产品相继开发，如各种管状色织物、提花管状织物、弹性管状布、管状和服腰带等；此外，还开发了局部含有管状结构如经向、纬向管状织物等新工艺的产品。管状织物因其特殊的立体结构在产业用纺织品领域也占据重要地位。图 8 – 14 为管状组织织物。

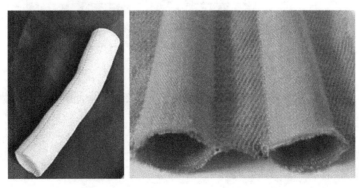

图 8 – 14　管状组织织物

第三节　表里换层双层组织

表里换层双层组织是将双层织物的表、里两层沿花纹轮廓进行表里交换，色彩或结构发生变化的同时将织物表里两层连接在一起的组织。应用表里换层组织设计织物时，其经纬纱的原料、线密度、颜色均可不同，如配合得当，可织出绚丽多彩的各种织物。

一、表里换层双层组织构成原理

表里换层双层组织由两组经纱和两组纬纱交织而成，由于表、里两组经（或纬）纱有时在织物的表层，有时在织物的里层，所以应确切地表述为甲经、乙经（或甲纬、乙纬），而不以表、里经（或表、里纬）区分。图 8-15 所示为双层织物在纬向进行表里换层的示意图。在 A 区时，甲经、甲纬在织物表层按照平纹交织，乙经、乙纬在织物里层按照平纹交织；在 B 区时，乙经、乙纬在织物表层按照平纹交织，甲经、甲纬在织物里层按照平纹交织。甲经甲纬和乙经乙纬沿纹样轮廓进行了表里交换，甲经甲纬由 A 区的表层交换到 B 区的里层；乙经乙纬由 A 区的里层交换到 B 区的表层，通过表里换层将上下两层织物连接起来。应用表里换层组织设计织物时，通常采用双色或多色经纬纱，以得到不同色彩的花纹图案，充分体现表里换层双层组织的特点。

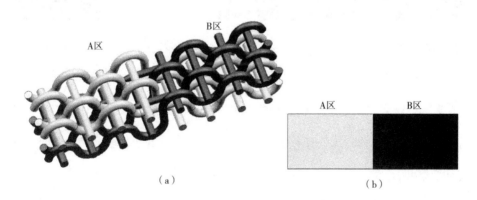

（a）　　　　　　　　　　　　　（b）

图 8-15　织物表里交换示意图

双层表里换层组织主要包括：表里经纱换层、表里纬纱换层和表里经纬纱换层三种方式。交织关系包括甲经和甲纬、乙经和乙纬、甲经和乙纬以及乙经和甲纬四种方式，表层结构为甲经甲纬交织、里层结构为乙经乙纬交织；表层结构为乙经乙纬交织、里层结构为甲经甲纬交织；表层结构为甲经乙纬交织、里层结构为乙经甲纬交织；表层结构为乙经甲纬交织、里层结构为甲经乙纬交织。

二、表里换层双层组织设计要点

表里换层组织设计主要通过纹样设计、表里经纬色纱的组合、组织结构的变化这三个方面进行。

1. 设计纹样图 表里换层织物的纹样多设计为条格形，表里换层组织的基本图案是方形，近年来随着表里换层组织在高档服装和家纺面料上得到越来越广泛的应用，其基本图案也出现了三角形、圆形、十字形、小花纹等。表里换层织物的纹样有条格型、连缀型、散点型、小花纹型等，如图8－16所示。

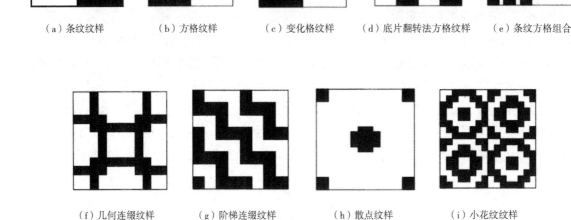

（a）条纹纹样　　　（b）方格纹样　　　（c）变化格纹样　　（d）底片翻转法方格纹样　（e）条纹方格组合

（f）几何连缀纹样　　（g）阶梯连缀纹样　　　（h）散点纹样　　　　（i）小花纹纹样

图8－16　表里换层组织常用纹样

2. 选择基础组织 表里换层组织的基础组织一般采用结构简单、浮长线不长的原组织或变化组织，常用平纹、三枚斜纹、四枚斜纹以及 $\frac{2}{2}$ 方平等。由于表里两层是各自独立的，所以表里组织可以相同，也可以不同，并且对表里层组织的起始点位置没有要求。

3. 经纬纱原料的选择 表里换层组织的经纱和纬纱的线密度、色彩、种类可以相同，也可以不同，经纬纱颜色越多，则织物花纹图案越丰富。甲经和乙经的缩率尽量一致，采用单经轴织造，否则将增加织造难度。

4. 确定排列比 设计表里层纱线排列比时要考虑织物所要达到的外观效果、选择的基础组织、纱线的线密度、密度等因素。在表、里经纬纱线密度相同和织物表、里组织相同的情况下，通常采用1:1或2:2的排列比。如果表、里经纬纱的线密度和密度相差比较大，也可采用1:2或2:1等排列比。

5. 确定花纹循环纱线数 在设计花纹循环纱线数时，可根据纹样的大小、颜色搭配、表里纱线的线密度、表里纱线密度、基础组织循环和排列比等因素来确定。

6. 上机设计 穿综：穿综采用分区穿，例如，将甲经穿在前区，乙经穿在后区。基础组织简单的表里换层组织也可以采用顺穿法。

穿筘：通常一组表里经穿入一个筘齿。例如，表、里经排列比为1:1，常采用2入/筘或4入/筘；表、里经排列比为2:1，常采用3入/筘或6入/筘。

纹板数：所用纹板数等于一个花纹中的纬纱循环数。

三、表里换层双层组织的组织图和上机图绘作

表里换层由两个系统的经纱和两个系统的纬纱交织构成，交织关系包括甲经和甲纬交织、乙经和乙纬交织、甲经和乙纬交织以及乙经和甲纬交织等四种交织关系。

1. 四种交织关系组织图绘作 设表组织和里组织均为平纹组织；甲、乙经排列比为1:1；甲、乙纬排列比为1:1，绘作四种交织关系的组织图。"■"表示表层组织的经组织点；"⊠"表示里层组织的经组织点；"⊡"代表投入里纬时，表层经纱全部提升。

由式（8-1）和式（8-2）计算得出$R_j = 4$，$R_w = 4$。

第一种结构：甲经甲纬交织在表层，乙经乙纬交织在里层，表面显甲色，其组织图如图8-17（a）所示。

第二种结构：乙经乙纬交织在表层，甲经甲纬交织在里层，表面显乙色，其组织图如图8-17（b）所示。

第三种结构：甲经乙纬交织在表层，乙经甲纬交织在里层，表面显甲乙色，其组织图如图8-17（c）所示。

第四种结构：乙经甲纬交织在表层，甲经乙纬交织在里层，表面显乙甲色，其组织图如图8-17（d）所示。

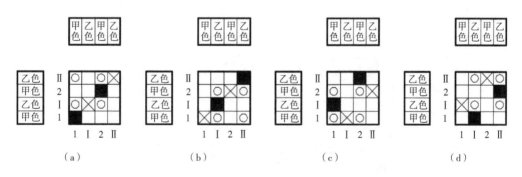

图8-17 表里换层组织四种交织关系的组织图

2. 表里换层组织图绘作 例1：某表里换层组织，纹样如图8-18所示。其中A方格显甲色，由甲经甲纬交织在表层，乙经乙纬交织在里层；B方格显乙色，由乙经乙纬交织在表层，甲经甲纬交织在里层；每个小方格为4根甲经和4根乙经，4根甲纬和4根乙纬。表、里组织均为平纹组织。经、纬纱排列比均为1:1。

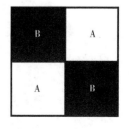

图8-18 表里换层组织纹样图

第一步：画出组织循环的范围，通常在甲经和甲纬的位置标注 1、2、3…（或者用某种颜色标注），在乙经和乙纬的位置标注Ⅰ、Ⅱ、Ⅲ…（或者用另一种颜色标注）。

第二步：在 A 区，甲经和甲纬交织在表层，"■"表示表层组织的经组织点；乙经和乙纬交织在里层，"⊠"表示里层组织的经组织点。按照双层织造原理，织里纬时表经必须全部提升，因此投入乙纬时，甲经必须全部提升。"⊡"代表投入乙纬时，甲经全部提升。

第三步：在 B 区，乙经和乙纬交织在表层，"■"表示表层组织的经组织点；甲经和甲纬交织在里层；"⊠"表示里层组织的经组织点；按照双层织造原理，织里纬时表经必须全部提升，因此投入甲纬时，乙经必须全部提升。"⊡"代表投入甲纬时，乙经全部提升。

其组织图如图 8 – 19（a）所示；纵向截面图如图 8 – 19（b）所示；横向截面图如图 8 – 19（c）所示。

例 2：某表里换层组织，纹样如图 8 – 20 所示。其中 A 方格显甲色（甲经甲纬在表层）；B 方格显甲乙色（甲经乙纬在表层）；每个小方格为 4 根甲经和 4 根乙经，4 根甲纬和 4 根乙纬；表、里组织均采用平纹组织，经、纬纱排列比均为 1:1。"■"表示表层组织的经组织点；"⊠"表示里层组织的经组织点；"⊡"代表投入里纬时，表层经纱全部提升。其上机图如图 8 – 21（a）所示；横向截面图如图 8 – 21（b）所示。本组织只是纬纱进行了表里交换；经纱没有进行表里交换。

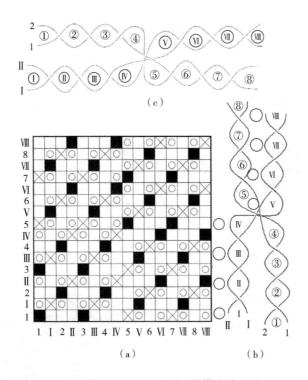

（c）

（a）　　　　　（b）

图 8 – 19　表里换层组织的组织图及纵横向截面图　　图 8 – 20　表里换层组织纵条纹纹样

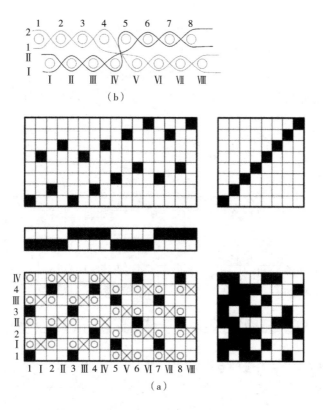

图 8-21 表里换层组织的上机图及横向截面图

四、表里换层双层组织应用

表里换层双层组织织物手感厚实、外观新颖、花型立体感强。在棉、毛、丝、麻各种类型织物中均有广泛应用。近几年还开发了表里换层羽绒面料。表里换层双层组织织物日益受到消费者欢迎。

1. 在服用及家用纺织品中的应用 通过对表里经纬纱的色泽、细度、捻度等的合理设计,与花纹图案有机结合,充分利用色纱与组织的配合,可获得厚重类型的织物,也可获得色彩鲜艳,花形突出饱满的织物。图 8-22为几款表里换层双层组织织物。

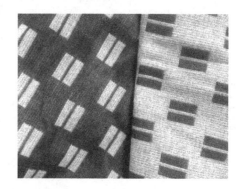

图 8-22 表里换层双层组织织物

2. 表里换层横向管道羽绒面料 采用表里换层双层组织的结构，可形成交织线以及交织区。交织线以及交织区均为织造中由于表里换层而形成的分隔界线，其作用为分隔不同空间中的羽绒，图 8-23 所示为表里换层结构的横向管道羽绒面料的上机图，边组织在后加工中被裁剪掉，织物的表里换层双层结构提供用来填充羽绒的横向管道。其实物图如图 8-24 所示。

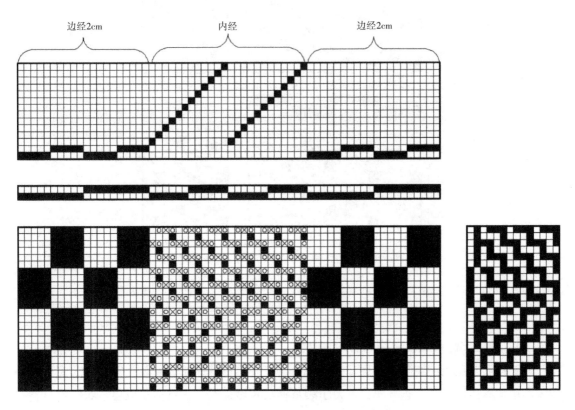

图 8-23 表里换层结构管状羽绒面料上机图

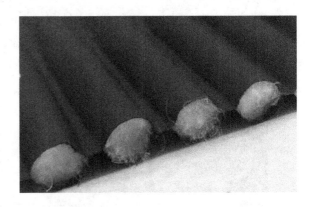

图 8-24 横向管道羽绒面料实物图

3. 表里换层结构无缝格状羽绒面料　采用表里换层结构将面料分为若干区，实现表里层无车缝线连接。通过合理的产品尺寸设计、组织结构设计、织造工艺和后整理工艺，实现具有格状填充腔体的无缝防羽绒面料的织物，为家用羽绒制品的开发提供新思路。图 8 – 25 所示为表里换层结构的无车缝格状羽绒面料的上机图，实物图如图 8 – 26 所示。

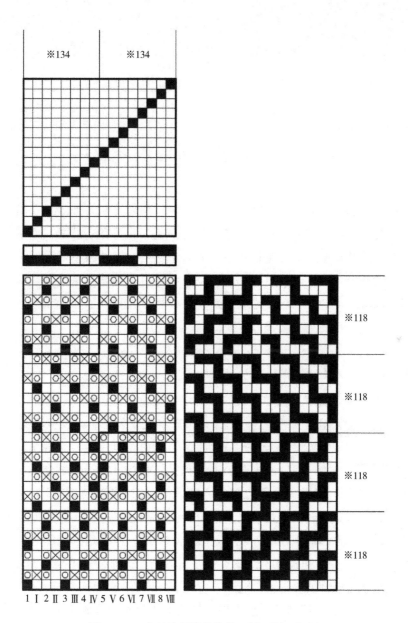

1 Ⅰ 2 Ⅱ 3 Ⅲ 4 Ⅳ 5 Ⅴ 6 Ⅵ 7 Ⅶ 8 Ⅷ

图 8 – 25　表里换层结构格状羽绒面料上机图

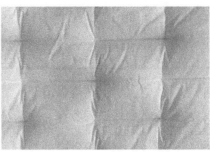

图 8 - 26   无缝格状羽绒面料实物图

第四节   接结双层组织与应用

接结双层组织是通过将双层织物的表层经纱与里层纬纱交织，或者里层经纱与表层纬纱交织，或者用另外一组经（纬）纱同时与表里层纬（经）纱交织等方式，将织物表里两层连接在一起的组织。接结双层组织具有相对独立的表里两层，因此表里层纱线可分别采用不同的材质和颜色，可织造形成不同的质地和花型；通常通过表里两层来增加织物的厚度，获得手感丰厚挺括、外观细洁的织物。接结双层组织在高档服用面料、家纺面料、毛毯、厚重的过滤锦纶毯、水利建设用的土工膜袋等方面得到广泛应用。

一、接结双层组织构成原理与分类

1. 接结双层组织构成原理与特征   接结双层组织是由两组经纱和两组纬纱交织形成表里两层独立的织物，与管状组织两侧边连接起来的方式和表里换层组织表里层交换的方式不同，为了使各自独立的两层织物连接起来，接结双层组织采用表里层经纱与表里层纬纱上下交叉交织的方式；或者采用增加一组纱线同时与表层和里层织物进行交织的方式，如图 8 - 27 所示。图 8 - 27（a）表明，里经提升到表层与表纬进行交织；图 8 - 27（b）表明，表经下沉与里纬进行交织，通过这样表里层之间交叉交织将各自独立的两层织物连接起来。

为了不让接结组织点影响织物的外观，表层的经（纬）浮长最好能遮盖里经（纬）的经组织点。图 8 - 27（a）中，里经的经组织点被左右表经的经浮长所遮盖；图 8 - 27（b）中，里纬的纬组织点被上下表纬的纬浮长所遮盖。

2. 接结双层组织分类   接结双层组织根据接结方式的不同分成两大类，一类为自身接结法，另一类为附加线接结法。

（1）自身接结法。

①里经接结法。通过里经提升与表纬交织形成接结，也称为"下接上"接结法，如图 8 - 28（a）所示。如果表层组织为经面组织，为了有利于遮盖里经的接结点，优先采用里

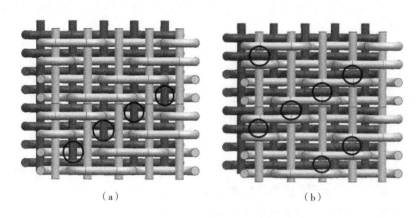

图 8-27　接结双层组织交织示意图

经接结法。如果表层组织为同面组织，通常选用里经接结法为好，因为在一般情况下，经纱比纬纱细且牢度好，里经接结点易被表层经纱遮盖，接结也比较牢固。

②表经接结法。通过表经下沉与里纬交织形成接结，也称为"上接下"接结法，如图 8-28（b）所示。如果表层组织为纬面组织，为了有利于遮盖里纬的接结点，优先采用表经接结法。

③联合接结法。通过里经提升与表纬交织，同时表经下沉与里纬交织，交叉交织共同形成织物的接结，如图 8-28（c）所示。采用联合接结法的目的在于增加两层织物之间的接结牢度。

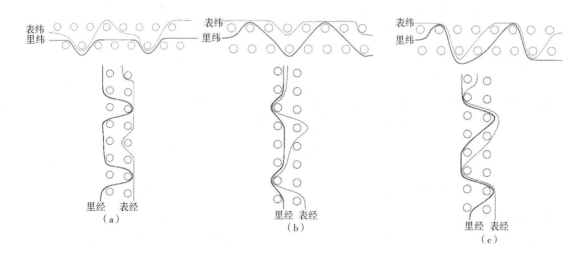

图 8-28　自身接结法纵横向截面图

自身接结法因接结纱线的屈曲较大，张力较大，导致纱线之间的缩率有差异，可能会对织物外观有影响。

（2）附加线接结法。

①接结经接结法。采用另外一组经纱（附加接结经）与表纬及里纬纱交织形成接结，如图8-29（a）所示。

②接结纬接结法。采用另外一组纬纱（附加接结纬）与表经及里经纱交织形成接结，如图8-29（b）所示。

当表里层纱线颜色不同且色差很大或织物里层纱线线密度大时，若采用自身接结方法，会造成接结点难以遮盖，易露织物底布等问题，这时可以采用附加线接结法。对于厚重且蓬松的毛织物，如呢大衣织物，也需要用较细的纱线（可以用棉纱线）作为接结经来连接上下层组织。附加线接结法所采用的附加线应细而坚牢，其色泽与表层的经、纬纱颜色相近，附加线接结法比自身接结法牢固，且织物外观比较丰满。因附加纱接结方法要增加一组经纱或纬纱，会增加纱线的用纱量，接结纱线的屈曲也较大，生产工艺相对复杂，所以除特殊需要外，一般较少采用。

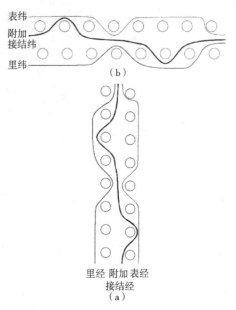

图8-29 附加线接结法纵横向截面图

二、接结双层组织设计要点

1. 表、里基础组织的选择 一般采用较简单的组织作为表层与里层的基础组织，可以使织物的质地紧密。表组织、里组织可以采用相同的组织，也可以采用不同的组织。当表经与里经的排列比相同以及表纬与里纬的排列比相同时，表层与里层的基础组织可以选择相同或交织次数相近的组织，使表层与里层织物的松紧程度大致相同，以利于织造和织物平整。

2. 排列比确定 确定排列比时，应考虑织物用途、经纬纱原料、纱线线密度、表里层织物组织及织物密度等。如果是有梭织机，纬纱的排列比还需考虑梭箱结构。

当表、里经纬纱的线密度相同时，一般采用1:1或2:2的排列比。当表、里经纬纱的线密度不相同时，一般表层纱线细、里层纱线粗，为了能很好地遮盖住接结点，可采用2:1或3:1的排列比。

当表、里经纬纱线密度相同且表、里组织交织次数相近时，可采用1:1或2:2的排列比。当纱线线密度相同，但表层织物紧密，里层织物稀疏，则表、里经纬纱的排列比可采用2:1或3:1。

3. 接结组织确定 确定接结组织时，除考虑表、里两层结合牢固外，还需满足以下要求。

（1）接结组织经纬纱循环数。接结组织的经纬纱循环数应与表、里组织经纬纱循环相等，或是其约数或倍数，以使所设计的接结双层组织的组织循环纱线数不至于太大。

（2）接结点分布均匀。在一个组织循环内，接结点的分布要均匀，织物外观才会平整。如果采用分布不均匀的接结点，有时会得到特殊的织物外观效果。接结纱线的弯曲尽量均匀并且屈曲小一些，例如，"下接上"接结时，里经尽量不要出现在第 N 根里纬之下而在第 n 根表纬之上这样屈曲较大的状况；接结表纬纱也不要出现类似这样的较大屈曲。

（3）接结点的分布方向。接结点的分布方向应与表层经浮长或纬浮长的分布方向一致。接结点应尽量配置在表层经浮长或表层纬浮长的中间，并使接结点能被表面经（纬）浮长所遮盖。

4. 上机设计　穿综：通常采用分区穿综法，将提升次数多的表经穿在前区，提升次数少的里经穿在后区。基础组织简单的接结双层组织也可以采用顺穿法。如果是附加接结经接结法，将穿综区域分成三个区，表经穿在前区；里经穿在中区；接结经穿在后区。

穿筘：通常一组表里经穿入一个筘齿。例如，表、里经排列比为 1:1，常采用 2 入/筘或 4 入/筘；表、里经排列比为 2:1，常采用 3 入/筘或 6 入/筘。

经轴：如果表、里经的缩率相近，采用单经轴织造。如果表、里经的缩率相差很大，需采用双经轴织造，否则将增加织造难度，织物可能不平整。如果是附加接结经接结法，由于这组接结经的屈曲程度比较大，接结经需要另用一个经轴。

梭箱：对于有梭织机来说，需根据排列比来选择使用单侧多梭箱或双侧多梭箱。

三、接结双层组织的组织图和上机图绘作

接结双层组织的组织图绘作时，如果表组织的起始点位置不同，考虑到对接结点的遮盖要求，接结点的分布状况也会发生变化。因此，在绘作接结双层组织时，要先确定表组织，通过遮盖原理来确定接结组织起始点以及接结点的配置方式，再根据尽量让接结纱的弯曲均匀且扭曲小一点的原则来确定里组织。

1. 里经接结法（下接上）组织图和上机图绘作　考虑到接结点的遮盖要求，里经接结法的表组织应该有一定长度的经浮长线；若织物反面对接结点遮盖也有要求，则反面组织（里组织的反面）最好有一定长度的纬浮长线。

例 1：某织物表组织为 $\dfrac{3}{1}\nearrow$，里组织为 $\dfrac{1}{3}\nearrow$，接结组织为 $\dfrac{1}{3}\nearrow$，表、里经纱和纬纱的排列比均为 1:1，绘作"下接上"接结双层组织的上机图。

（1）绘作表组织、里组织和接结组织。画出表组织，如图 8-30（a）所示。需将下接上的接结点配置在表组织的经浮长线中间，借助辅助图 8-30（b）来确定接结组织的经组织点位置，得到接结组织的组织图如图 8-30（c）所示。考虑到里经纱要与表、里两组纬纱进行交织，尽量使里经纱的弯曲均匀且小一点，接结点最好是里经的经组织点，因此选择里组织的组织图如图 8-30（d）所示。

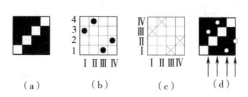

（a）　　　（b）　　　（c）　　　（d）

图 8-30　里经接结法接结双层组织表里组织和接结组织的配置

（2）计算 R_j 和 R_w。根据双层组织经纬纱循环数的计算式（8-1）和计算式（8-2），计算得出：$R_j = 8$，$R_w = 8$。

（3）绘作组织图。

第一步：画出组织循环的范围，通常在表经表纬的位置标注 1、2、3…（或者用某种颜色标注），在里经里纬的位置标注Ⅰ、Ⅱ、Ⅲ…（或者用另一种颜色标注）；

第二步：在表经和表纬交织的地方画上表组织，"■"表示表组织的经组织点；

第三步：在里经和里纬交织的地方画上里组织，"⊠"表示里组织的经组织点；

第四步：在里经和表纬接结的地方画上接结组织，用符号"●"表示接结组织的经组织点；

第五步：按照双层织造原理，织里纬时表经必须全部提升，"⊡"代表投入里纬时，表层经纱全部提升；

第六步：绘作穿筘图、穿综图和纹板图。

上机图如图 8-31（a）所示，其纵向截面图如图 8-31（b）所示，其横向截面图如图 8-31（c）所示。从纵、横向截面图上看出，接结点选择合适时，接结纱的弯曲均匀。

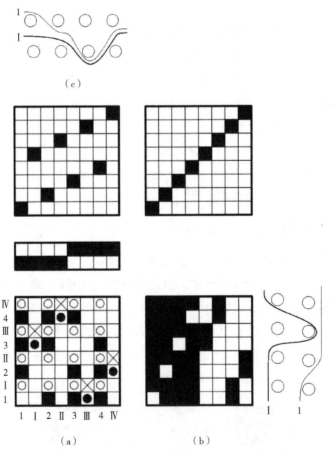

图 8-31 里经接结法接结双层组织组织图及纵横向截面图

2. 表经接结法（上接下）组织图和上机图绘作 考虑到接结点的遮盖要求，表经接结法的表组织应该有一定长度的纬浮长线；若织物反面对接结点遮盖也有要求，则反面组织（里组织的反面）最好有一定长度的经浮长线。

例2：某织物表组织为$\frac{1}{3}\nearrow$，里组织为$\frac{2}{2}\nearrow$，接结组织为$\frac{3}{1}\nearrow$，表、里经纱和纬纱的排列比均为1:1，绘作"上接下"接结双层组织的上机图。

（1）绘作表组织、里组织和接结组织。画出表组织，如图8-32（a）所示。需将上接下的接结点配置在表组织的纬浮长线中间，借助辅助图图8-32（b）来确定接结组织的纬组织点位置，得到接结组织的组织图如图8-32（c）所示，"△"表示表经沉在里纬之下（纬组织点）。考虑到里纬要与表、里两组经纱进行交织，尽量使里纬的弯曲均匀且小一点，接结点最好是里纬的纬组织点，因此选择里组织的组织图如图8-32（d）所示。

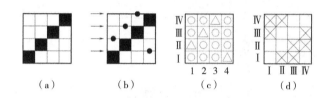

图8-32　表经接结法接结双层组织表里组织和接结组织的配置

（2）计算R_j和R_w。根据双层组织经纬纱循环数的计算式（8-1）和计算式（8-2），计算得出：$R_j=8$，$R_w=8$。

（3）绘作组织图。

第一步：画出组织循环的范围，通常在表经表纬的位置标注1、2、3…（或者用某种颜色标注），在里经里纬的位置标注Ⅰ、Ⅱ、Ⅲ…（或者用另一种颜色标注）；

第二步：在表经和表纬交织的地方画上表组织，"■"表示表组织的经组织点；

第三步：在里经和里纬交织的地方画上里组织，"⊠"表示里组织的经组织点；

第四步：在里经和表纬接结的地方画上接结组织，用符号"△"表示接结组织的纬组织点；

第五步：按照双层织造原理，织里纬时表经必须全部提升，"⊡"代表投入里纬时，表层经纱全部提升；

第六步：绘作穿筘图、穿综图和纹板图。

上机图如图8-33（a）所示，其纵向截面图如图8-33（b）所示，其横向截面图如图8-33（c)所示。从纵、横向截面图上看出，接结点选择合适时，接结纱的弯曲均匀。

3. 联合接结法组织图和上机图绘作　联合接结法既有里经提升到表层与表纬进行接结，也有表经沉到里层与里纬进行接结。表组织既要有一定的经浮长来遮盖里经提升上来的接结点，又要有一定的纬浮长来遮盖浮上来的里纬的接结点。若对织物反面的接结点遮盖也有要求，则反面组织也要有一定的经浮长来遮盖沉下的表经的经接结点，又要有纬浮长来遮盖沉下的表纬的纬组织点。

例3：某织物表组织为$\frac{3}{3}\nearrow$，里组织为$\frac{2}{4}\nearrow$，接结组织为$\frac{1}{5}\nearrow$和$\frac{5}{1}\nearrow$，表、里经纱

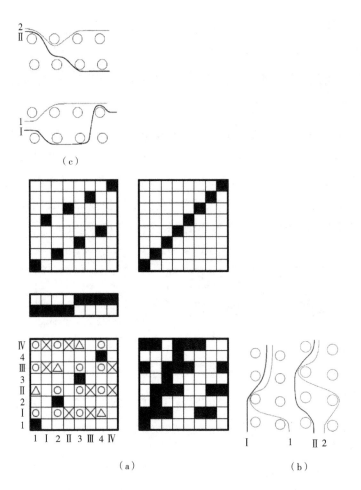

图8-33　表经接结法接结组织上机图及纵横向截面图

和纬纱的排列比均为1:1，绘作联合接结双层组织的上机图。

（1）绘作表组织、里组织和接结组织。画出表组织，如图8-34（a）所示；画出里组织，如图8-34（b）所示。需将下接上的里经接结点配置在表组织的经浮长线中间，将上接下的里纬接结点配置在表组织的纬浮长线中间，同时尽量使接结纱的弯曲均匀且小一点，得到下接上接结组织图，如图8-34（c）所示；得到上接下接结组织图，如图8-34（d）所示。

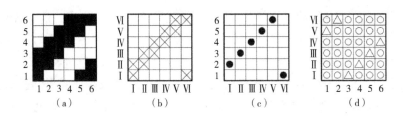

图8-34　联合接结法双层组织表里组织和接结组织的配置

（2）计算 R_j 和 R_w。根据双层组织经纬纱循环数的计算式（8-1）和计算式（8-2），计算得出：$R_j = 12$，$R_w = 12$。

（3）绘作组织图。

第一步：画出组织循环的范围，通常在表经表纬的位置标注1，2，3，…（或者用某种颜色标注），在里经里纬的位置标注Ⅰ，Ⅱ，Ⅲ，…（或者用另一种颜色标注）；

第二步：在表经和表纬交织的地方画上表组织，"■"表示表组织的经组织点；

第三步：在里经和里纬交织的地方画上里组织，"⊠"表示里组织的经组织点；

第四步：在里经和表纬接结的地方画上下接上接结组织，用符号"●"表示接结组织的纬组织点；

第五步：在表经和里纬接结的地方画上上接下接结组织，用符号"△"表示接结组织的纬组织点；

第六步：按照双层织造原理，织里纬时，表经必须全部提升，"⊡"代表投入里纬时，表层经纱全部提升；

第七步：绘作穿筘图、穿综图和纹板图。

本例的上机图如图8-35（a）所示，其纵向截面图如图8-35（b）所示，其横向截面图如图8-35（c）所示。从纵横向截面图上看出，接结点选择合适时，接结纱的弯曲均匀。

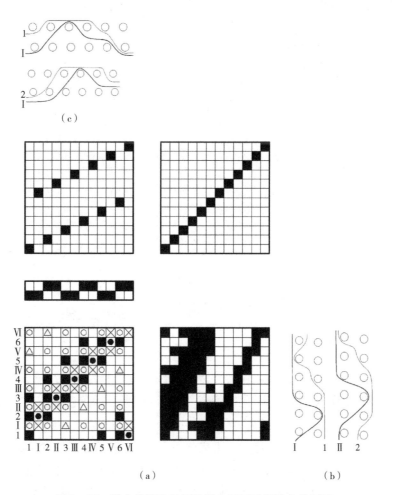

图8-35　联合接结法双层组织上机图及纵横向截面图

4. 接结经接结法组织图和上机图绘作　接结经接结法是采用附加的接结经与表、里纬两组纬纱交织，把两层织物连接起来。因此采用接结经接结法时，为三组经纱（表经、里经、接结经）和两组纬纱（表纬、里纬）进行交织。接结经和表经、里经的排列比，根据组织的性质与织物的密度而定，通常接结经的密度小于表经、里经的密度。表组织要有一定的经浮长来遮盖接结经的经接结点，因此表组织常采用经面组织或同面组织；反面组织也要有一定的经浮长线来遮盖接结经反面的经组织点，因此里组织常采用纬面组织或同面组织。

例：表组织为 $\frac{4}{2}\nearrow$，里组织为 $\frac{2}{4}\nearrow$，表经、里经、接结经的排列比为2:2:1；表纬、里纬的排列比均为1:1，绘作接结经接结双层组织的上机图。

（1）绘作表组织、里组织和接结组织。画出表组织，如图8－36（a）所示；画出里组织，如图8－36（b）所示。需将接结经与表纬的接结点配置在表组织的经浮长线中间，将接结经与里纬的接结点配置在反面组织的经浮长线中间，同时尽量使接结经的弯曲均匀且小一点，得到接结经与表纬交织的组织图，如图8－36（c）所示；得到接结经与里纬交织的组织图，如图8－36（d）所示。

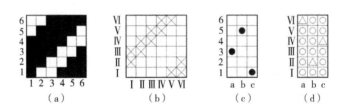

图8－36　接结经接结法双层组织表里组织和接结组织的配置

（2）计算 R_j 和 R_w。根据双层组织经纬纱循环数的计算式（8－1）和计算式（8－2），计算得出：

$$R_j = \left(\frac{6与2的最小公倍数}{2}与\frac{6与2的最小公倍数}{2}与\frac{3与1的最小公倍数}{1}\right)最小公倍数 \times$$
$$(2+2+1) = 15$$

$$R_w = \left(\frac{6与1的最小公倍数}{1}与\frac{6与1的最小公倍数}{1}\right)最小公倍数 \times (1+1) = 12$$

（3）绘作组织图。

第一步：画出组织循环的范围，通常在表经表纬的位置标注1、2、3…（或者用某种颜色标注），在里经里纬的位置标注Ⅰ、Ⅱ、Ⅲ…（或者用另一种颜色标注），在接结经的位置标注a、b、c；

第二步：在表经和表纬交织的地方画上表组织，"■"表示表组织的经组织点；

第三步：在里经和里纬交织的地方画上里组织，"☒"表示里组织的经组织点；

第四步：在接结经和表纬接结的地方画上表层接结组织，用符号"◉"表示接结组织的经组织点；

　　第五步：在接结经和里纬接结的地方画上里层接结组织，用符号"△"表示接结组织的纬组织点；

　　第六步：按照双层织造原理，织里纬时，表经和接结经必须全部提升，"回"代表投入里纬时，表层经纱和接结经提升；

　　第七步：绘作穿筘图、穿综图和纹板图。

　　本例的上机图如图8-37（a）所示，其纵向截面图如图8-37（b）所示。从纵向截面图上看出，接结经的接结点选择合适时，接结经的弯曲均匀。

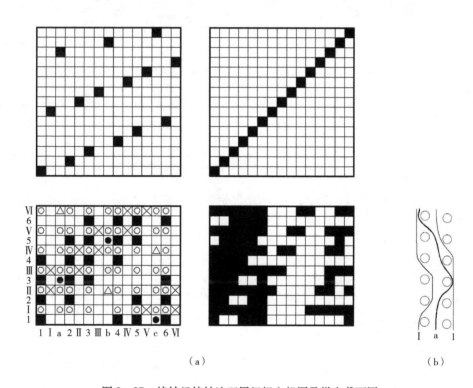

图8-37　接结经接结法双层组织上机图及纵向截面图

　　5. 接结纬接结法组织图和上机图绘作　接结纬接结法是采用附加的接结纬与表、里经两组经纱交织，把两层织物连接起来。因此采用接结纬接结法时，为两组经纱（表经、里经）和三组纬纱（表纬、里纬、接结纬）进行交织。接结纬和表纬、里纬的排列比，根据组织的性质与织物的密度而定，通常接结纬的密度小于表纬、里纬的密度。表组织要有一定的纬浮长来遮盖接结纬的纬接结点，因此表组织常采用纬面组织或同面组织；反面组织也要有一定的纬浮长线来遮盖接结纬反面的纬组织点，因此里组织常采用经面组织或同面组织。

　　例：表组织为$\frac{2}{4}\nearrow$，里组织为$\frac{4}{2}\nearrow$，表经、里经的排列比为1:1；表纬、里纬、接结纬的排列比均为2:2:1，绘作接结纬接结双层组织的上机图。

（1）绘作表组织、里组织和接结组织。画出表组织，如图8-38（a）所示；画出里组织如图8-38（b）所示。需将接结纬与表经的接结点配置在表组织的纬浮长线中间，将接结纬与里经的接结点配置在反面组织的纬浮长线中间，同时尽量使接结纬的弯曲均匀且小一点，得到接结纬与表经的交织的组织图，如图8-38（c）所示；得到接结纬与里经交织的组织图，如图8-38（d）所示。

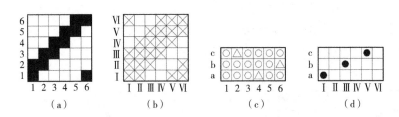

图8-38　接结纬接结法双层组织表里组织和接结组织的配置

（2）计算R_j和R_w。根据双层组织经纬纱循环数的计算式（8-1）和计算式（8-2），计算得出：

$$R_j = \left(\frac{6\text{与}1\text{的最小公倍数}}{1}\text{与}\frac{6\text{与}1\text{的最小公倍数}}{1}\right)\text{最小公倍数}\times(1+1)=12$$

$$R_w = \left(\frac{6\text{与}2\text{的最小公倍数}}{2}\text{与}\frac{6\text{与}2\text{的最小公倍数}}{2}\text{与}\frac{3\text{与}1\text{的最小公倍数}}{1}\right)\text{最小公倍数}\times$$
$$(2+2+1)=15$$

（3）绘作组织图。

第一步：画出组织循环的范围，通常在表经表纬的位置标注1、2、3…（或者用某种颜色标注），在里经里纬的位置标注Ⅰ、Ⅱ、Ⅲ…（或者用另一种颜色标注），在接结纬的位置标注a、b、c；

第二步：在表经和表纬交织的地方画上表组织，"■"表示表组织的经组织点；

第三步：在里经和里纬交织的地方画上里组织，"⊠"表示里组织的经组织点；

第四步：在接结纬和表经接结的地方画上表层接结组织，"△"表示接结纬与表经接结的纬组织点；

第五步：在接结纬和里经接结的地方画上里层接结组织，"●"表示接结纬与里经接结的经组织点；

第六步：按照双层织造原理，织里纬和接结纬时，表经必须全部提升，"回"代表投入里纬和接结纬时，表层经纱提升；

第七步：绘作穿筘图、穿综图和纹板图。

本例的上机图如图8-39（a）所示，其横向截面图如图8-39（b）所示。从横向截面图上看出，接结纬的接结点选择合适时，接结纬的弯曲均匀。

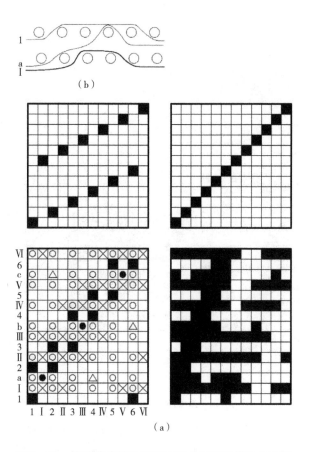

图 8 – 39 接结纬接结法双层组织上机图及横向截面图

四、接结双层组织应用

接结双层组织广泛应用于各类型织物中。接结双层组织具有相对独立的表里两层，通过不同材料和不同组织结构搭配可以使织物两面呈现出不同质地和不同花纹图案，因此接结双层组织织物的设计非常灵活多变。接结双层组织常用来增加毛织物和丝织物的厚度和挺括感；提高窗帘面料的厚度和遮光性；使织物获得正反两面不同的质感和花型；丰富织物的外观风格和使用性能等。下面介绍两款企业新开发的双层接结组织面料。

1. "下接上" 双层组织织物 该织物采用"下接上"接结法，织物正反面呈现同面效应，正反均为平纹组织，接结组织为$\frac{1}{5}$↗斜纹。表、里经纱和纬纱均采用300旦涤纶低弹网络丝，通过热转移印花加工制作窗帘面料。采用双层组织的目的是为了增加面料的厚度和遮光性。由于采用的纱线原料和颜色都相同，因此没有考虑接结点的遮盖。上机图如图 8 – 40 （a） 所示，其中符号"■"表示表组织的经组织点；符号"⊠"表示里组织的经组织点；"●"表示里经与表纬交织的经组织点；"回"表示投入里纬和接结纬时，表层经纱提升。纵向截面图如图 8 – 40 （b） 所示。织物坯布实样如图 8 – 41 （a） 所示；织物成品实样如图 8 – 41 （b） 所示。

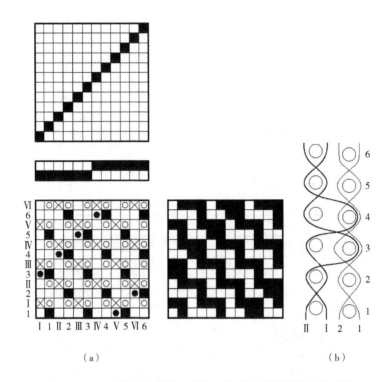

(a)　　　　　　　　　　　　(b)

图8-40　"下接上"接结双层组织织物上机图及纵向截面图

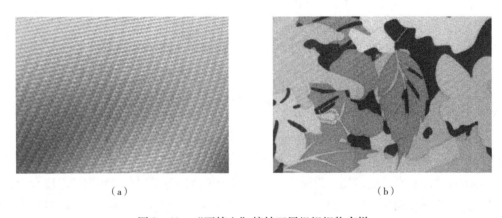

(a)　　　　　　　　　　　　(b)

图8-41　"下接上"接结双层组织织物实样

2. 接结纬双层组织织物 　该织物采用附加接结纬接结法双层组织，织物正反面呈现同面效应，正反均为平纹组织，接结纬 a、b 与表、里经的交织如图8-42（b）所示。表、里经纱和纬纱采用的较粗的70旦锦纶，接结纬采用较细的40旦锦纶，采用双层组织的目的是为了增加面料的厚度和遮光性。由于采用的纱线原料和颜色都相同，加之接结纬较细，因此没有考虑接结点的遮盖。上机图如图8-42（a）所示，其中"■"表示表组织的经组织点；"⊠"表示里组织的经组织点；"△"表示接结纬与表经交织的纬组织点；"●"表示接结纬与里经交织的经组织点；　"◎"代表投入里纬和接结纬时，表层经纱提升。横向截面图如图8-42（b）所示；织物实样如图8-42（c）所示。

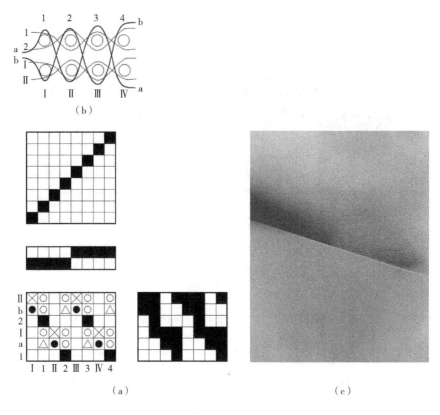

图 8-42 接结纬双层组织织物上机图及织物实样

👉 思考与练习题

1. 什么是双层组织？举例说明有哪些类型的双层组织。

2. 以表层组织和里层组织均为平纹为例，说明双层组织的形成原理。

3. 说明如果要求管状织物整幅组织连续，设计时需要注意的问题。

4. 以 $\frac{2}{1}$↗斜纹作为基础组织，组织个数为4，第一纬从左到右投纬，求作管状组织纬向截面图及上机图。

5. 以 $\frac{2}{2}$↗斜纹作为基础组织，织物经纱密度为 400 根/10cm，要求管子半径为 10cm，求作管状组织上机图。

6. 织造管状组织织物时，可以采用哪些方法来达到保持边缘经密一致的目的。

7. 简述表里换层的四种交织关系，分别绘作这四种交织关系的组织图。

8. 某表里换层织物的表组织和反面组织均为平纹，甲经:乙经为 1:1，甲纬:乙纬为 1:1，纹样如题图 8-1 所示，求作表里换层织物组织图。

9. 某表里换层织物的表组织和反面组织均为 $\frac{1}{2}$↗斜纹，色经色纬纱均为红黑色排列，经纬色纱排列比均为 1:1，纹样如题图 8-2 所示，其中 A 区域呈现红色，经、纬纱总根数分别为 24 根，B 区域呈现红黑色，经、纬纱总根数分别为 24 根，求作表里换层织物上机图。

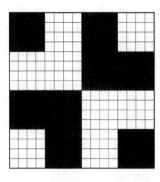

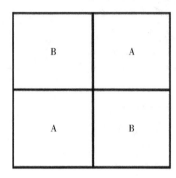

题图 8 - 1   题图 8 - 2

10. 简述接结双层组织的分类和每一类的主要接结方法。

11. 设计接结组织时，除考虑接结牢固以外还要考虑哪些因素。

12. 某织物表组织为 5 枚经面缎纹，里组织为 5 枚纬面缎纹，接结组织自定，表、里经纱和纬纱的排列比均为 1:1，绘作"下接上"接结双层组织的上机图和纵横向截面图。

13. 某织物表组织为 $\frac{2}{3}\nearrow$ 斜纹，里组织为 $\frac{4}{1}\nearrow$ 斜纹，接结组织自定，表、里经纱和纬纱的排列比均为 1:1，绘作"上接下"接结双层组织的上机图和纵横向截面图。

14. 某织物表组织为 $\frac{2}{2}$ 方平，里组织为 $\frac{1}{3}\nearrow$ 斜纹，接结组织自定，表、里经纱和纬纱的排列比均为 1:1，绘作联合接结法接结双层组织的上机图和纵横向截面图。

15. 某织物表组织为 4 枚经破斜纹，里组织为 4 枚纬破斜纹，接结组织自定，表、里经纱和纬纱的排列比均为 1:1，绘作接结经接结双层组织的上机图和纵向截面图。

16. 某织物表组织为 8 枚纬面缎纹，里组织为 8 枚经面缎纹，接结组织自定，表、里经纱和纬纱的排列比均为 1:1，绘作接结纬接结双层组织的上机图和横向截面图。

17. 双层组织织物的组织图如题图 8 - 3 所示，试分析该双层组织的组织点构成（表组织的经组织点、里组织的经组织点、打里纬时表经的提升点、接结组织点）。

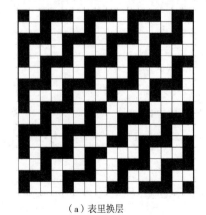

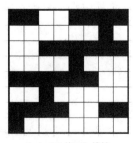

（a）表里换层   （b）"下接上"接结   （c）"上接下"接结

题图 8 - 3

第九章　起绒起毛组织与应用

本章目标

1. 熟悉起绒起毛组织的概念和类型。
2. 掌握起绒起毛组织的构成方法以及形成毛绒和毛圈外观的原因。
3. 掌握起绒起毛组织的设计要点和设计注意事项。
4. 掌握起绒起毛组织的上机设计。
5. 熟悉起绒起毛组织的应用。

起绒起毛织物是利用织物组织和特殊的整理加工使经纱或纬纱在织物表面形成毛绒或毛圈。在织物表面形成毛绒的称为起绒织物；在织物表面形成毛圈的称为毛巾织物。织物起绒和起毛圈的目的是为了改善织物的风格及外观，使织物表面增加毛型感和保暖性，提高织物吸水性，让织物变得蓬松厚实，使织物手感柔软，获得独特的织物外观，增加织物的附加价值。

起绒织物作为纺织品中的特色产品之一，深受消费者的喜爱。据考证，中国的丝绒最早出现在西汉时代，那时已有利用假织纬起绒的织造技术，然后传入世界各地，受到世界各国人民的喜爱。随着纺织生产技术的日益开拓，起绒织物的品种越来越丰富，不同工艺生产的起绒织物风格各有千秋，起绒织物在服装和家用纺织品上的应用颇为广泛。

第一条毛巾产品距今也有160多年的历史，由最初简单的单色平毛毛巾发展到现在的提花毛巾、无捻毛巾、割绒毛巾、高低毛毛巾等，毛巾织物是发展时间最短而发展速度最快的纺织产品。

第一节　纬起绒组织

利用特殊的织物组织和整理加工，使部分纬纱被切断而在织物表面形成毛绒的织物称为纬起绒织物，其相应的组织称纬起绒组织。纬起绒组织一般由一个系统的经纱和两个系统的纬纱构成，其中一个系统的纬纱称为地纬，地纬与经纱交织形成固结毛绒和决定织物坚牢度的地组织；另一个系统的纬纱称为绒纬（或称毛纬），也与经纱交织，但以纬浮长线被覆于织物的表面，在割绒（或称为开毛）工序中，绒纬（或毛纬）的浮长线被割开，然后经过刷绒等整理加工后形成毛绒。纬起绒的方法有开毛法和拉绒法。纬起绒织物包含灯芯绒织物、花式灯芯绒织物、纬平绒织物、提花呢织物等。

一、纬起毛方法

1. 开毛法 利用割绒机将绒坯上绒纬的浮长线割断，然后使绒纬的捻度退尽，使纤维在织物表面形成耸立的毛绒。灯芯绒、纬平绒织物的起绒方法是利用开毛法形成绒毛的。

2. 拉绒法 将绒坯覆于回转的拉毛滚筒上，使绒坯与拉毛滚筒做相对运动，而将绒纬纱中的纤维逐渐拉出，直至绒纬被拉断为止。提花呢织物的起绒方法是利用拉绒法起绒毛的。

二、灯芯绒组织

灯芯绒织物（又称条子绒）具有绒条圆润、纹路清晰、绒毛丰满、手感柔软、厚实、弹性好、光泽柔和等风格特点。由于织物具有地组织和绒组织两部分，在服用时与外界接触摩擦的大多是绒毛部分，地组织很少触及，所以灯芯绒织物的坚牢度比一般棉织物有显著提高。

普通灯芯绒织物一般采用棉、棉氨包芯纱、涤氨包芯纱、棉/涤混纺纱、棉/黏胶混纺纱、棉/天丝混纺纱、棉/莫代尔混纺纱等为原料。为增加织物的功能性，绒纬可采用10%～30%的再生纤维，地纬采用吸湿排汗纤维、保暖纤维等。

灯芯绒一般以条数表示其规格，条数是指纬向1英寸（2.54cm）内条绒的凸起数量。按绒条宽窄不同，可分为细、中、粗及粗细混合、间隔条等，分类见表9-1。由于灯芯绒织物固有的特点和色泽及花型的配合，织物美观大方，可用作服装、窗帘、沙发、靠垫、玩具、鞋面材料等，用途广泛。

表9-1 灯芯绒绒条的宽度

名称	特细条	细条	中条	粗条	阔条
纬向1英寸内条数	>20	12～20	9～11	6～8	<6
宽度/mm	<1.25	1.25～2	2～3	3～4	>4

1. 灯芯绒组织的构成原理 图9-1为灯芯绒组织的结构图，地纬1和地纬2与经纱交织成平纹地组织，每隔1根地纬织入2根绒纬，它们和经纱交织成具有5个组织点的纬浮长线，并和第5根或第6根经纱固结形成绒根，因此将第5根或第6根经纱称为压绒经。织后运用割绒机割刀将纬浮长线割断，经刷绒、烘焙等后整理使绒毛竖立。

图9-2为灯芯绒割绒原理的示意图，图中的圆刀按箭头方向旋转。未割坯布按箭头方向运行，导针插入坯布长纬浮长线之下，并间歇向前运动。导针的作用主要是把布长纬浮长线绷紧以形成割绒刀槽和使刀处于刀槽中间。

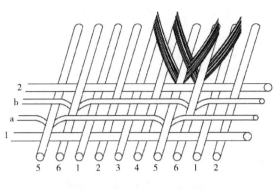

图9-1 灯芯绒组织结构图　　　　图9-2 灯芯绒割绒原理示意图

2. 灯芯绒组织的设计

（1）地组织的选择。地组织的主要作用是固结绒毛，并具有一定的坚牢度。常用的地组织有平纹、$\frac{2}{1}$斜纹、$\frac{2}{2}$斜纹、$\frac{2}{2}$纬重平、$\frac{2}{2}$经重平及变化经平纹、变化纬重平组织。不同的地组织影响织物的质地、手感、绒毛固结牢度及割绒难易。当地组织为平纹时，则织物平整坚牢，利于割绒；但成品的手感较硬，纬密增加受到限制，织物背面受到摩擦时容易脱毛。如以$\frac{2}{1}$斜纹为地组织，纬纱易于打紧，成品手感较软；但由于组织的交织少，所以纬密须相应增加，才能减少织物的脱毛。以斜纹为地组织的灯芯绒比较厚实、柔软、绒毛紧密，同时，由于纬密的增加，用纱量随之增加，而且脱毛情况比平纹组织要严重。所以，目前中条、阔条灯芯绒的地组织大都采用平纹组织。

（2）绒纬组织的选择。

①绒根的固结形式。绒根的固结是指绒纬和地经的交织规律，其固结形式有 V 形、W 形和 V + W 联合固结三种。地组织和固结形式的选择见表9-2。

表9-2 地组织和固结形式的选择

品种	特细条	细条	中条			粗条			阔条	
地组织	平纹	平纹	平纹	纬重平		斜纹	平纹	纬重平		变化 平纹	变化 纬重平
				双经	单经			双经	单经		
固结形式	W	W	V 或 W	双经 V	单经 W	V	W 或 W + V	双经 W 或 W + V	单经 W 或 W + V	W 或 W + V	W 或 W + V

V 形固结法也称为松毛固结法，是指绒纬仅与 1 根压绒经交织成 V 形，如图9-3（a）所示，由于它与压绒经交织点少，使纬纱容易被打紧，能提高纬密并增加绒毛的密集性。但绒毛固结不牢，受外力摩擦容易脱毛，适用于纬密较大的中条、细条灯芯绒。W 形固结法也称紧毛固结法，是指绒纬与 3 根压绒经交织成 W 形，如图9-3（c）所示，由于它与压绒经交织点多，纬纱不易打紧，绒毛稀疏，但绒毛固结牢，适用于绒纬固结牢但对绒毛密度要求不高的细条灯芯绒。而阔条灯芯绒则采用 W 型和 V 型固结相结合。有些提花呢织物既要求绒纬固结牢，又要

求易于打紧纬密，则采用复式 V 型和复式 W 型固结，如图 9 – 3（b）和（d）所示。

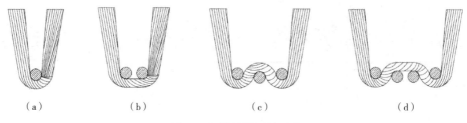

图 9 – 3　绒纬的固结形式

　　②绒根的分布情况。绒纬与压绒经的交织点即为绒根，绒根分布影响绒条外观。在设计阔条灯芯绒时，利用同一地组织条件下增加绒纬浮长线达不到阔条绒毛的目的，因为浮长线过长使绒毛不能竖立而形成露底现象，只有增加绒根分布宽度，合理安排绒根分布位置才能达到。图 9 – 4（a）采用绒根散开布置，对阔条灯芯绒较适宜，每束绒毛长短差异小，绒根分布比较均匀，整个绒条平坦。图 9 – 4（b）绒根分布中间多、两边少，各束绒毛长短不一，形成绒条的绒毛中间高、两侧矮。

　　③绒纬的浮长。在一定经密下，绒纬浮长的长短决定了绒毛的长短和绒条的宽窄。地组织相同时，绒纬浮长越长，绒毛高度越高，绒条也比较阔，绒毛丰满。粗阔条灯芯绒，要求绒纬浮长较长，但绒纬浮长过长，割绒后，容易露底，因此，粗阔条灯芯绒不能简单地增加绒纬浮长长度，还须合理安排绒根分布。

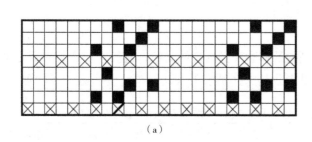 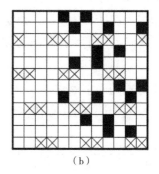

图 9 – 4　绒根的分布

　　（3）地纬与绒纬排列比的选择。绒纬与地纬的排列比有多种，一般有 1:1、2:1、3:1、4:1、5:1 等。在原料、密度、组织相同的条件下，排列比直接影响绒毛的稠密度、外观、底布松紧和绒毛固结牢度。当绒纬排列根数增加时，织物的绒毛密度相应增加，织物的柔软性和保温性得到改善，但织物的坚牢度会降低。这是由于绒毛固结不牢，绒毛易被拉出所致。因此，排列比的确定应取决于织物的要求。常用的排列比为 1:2 或 1:3，形成的织物绒毛比较丰满，外观好。目前也有在反面增加一层纬纱的冬季加厚型，绒纬:地纬:增加层纬的排列比为 2:1:1 或 1:1:1。

三、花式灯芯绒组织

　　花式灯芯绒是在一般灯芯绒的基础上进行变化而得的，织物外观的绒毛凹凸不平、立体感强。花式灯芯绒多数在多臂机上进行织制，大提花灯芯绒在提花机上进行织造，提花部分同样割绒。提花灯芯绒上机图如图9-5所示，织物实物图如图9-6所示。

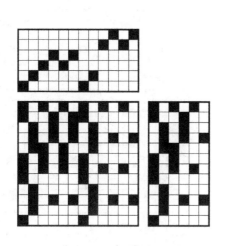

图9-5　提花灯芯绒上机图举例

图9-6　提花灯芯绒实物图举例

三层大提花灯芯绒上机图如图9-7所示，织物实物图如图9-8所示。

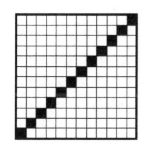

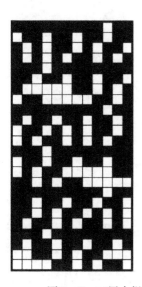
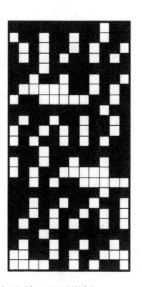

图9-7　三层大提花灯芯绒上机图举例

图9-8　三层大提花灯芯绒实物图举例

通常有以下几种形成花式灯芯绒的方法。

1. 改变绒根分布 图9-9所示的绒根分布不成直线,使绒纬的纬浮长线长短参差不一,经割绒、刷绒后绒毛呈高低不平的各种花型,其中长绒毛覆盖短绒毛,使花型发生多种变化。

2. 织入法 利用底布和绒毛的不同配合,使织物表面局部起绒、局部不起绒而形成凹凸感的各种花型。如图9-10所示,起绒处绒纬为纬浮长线;不起绒时绒纬的纬浮长处织入经重平组织,这部分由于绒纬和地经交织点增加,组织紧密,因此在割绒时,导针越过这部分,使这部分不起毛。在设计时需注意不起绒部分的纵向长度不得超过7mm,否则引起割绒时的跳刀、戳洞现象。不起绒部位与起绒部位的比例,掌握在1:2,以起绒为主,否则不能体现灯芯绒组织的特点。

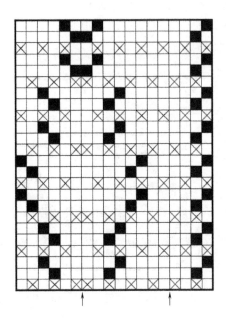

图9-9　改变绒根分布法

3. 飞毛法 如图9-11所示,可在灯芯绒组织图中去除部分绒纬的固结点,使这部分绒纬的纬浮长线横跨两个组织循环,因此在割绒时,将如此长的纬浮长线左右两端用割绒刀割断,中间的浮长线掉下,由吸绒装置吸去而露出底布,此方法称为飞毛法。采用这种方法形成的花纹凹凸分明,立体感强。上机时通常采用顺穿法或照图穿法穿综。考虑到灯芯绒织物的纬密较大,为了使纬纱易于打紧,经密则小一些为宜,穿筘一般为2入/每筘。

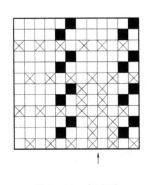

图9-10　织入法

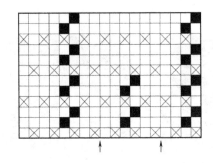

图9-11　飞毛法

4. 改变割绒方式

(1) 改变割绒位置。配合不同的割绒位置,以获得不同的外观效应。根据割绒位置的不同,可分为满开和偏刀。满开指的是刀片切割位置正处纬纱浮长线正中,条绒粗细每一条都一样,即所说的直条灯芯绒,生产上常称为55开。偏刀是相对满开而言的,即刀片切割位置不同,将纬纱浮长线宽度按一定的比例切割,常见的有37开、28开、46开,成品称为粗细条灯芯绒，也叫子母条或大小条灯芯绒。图9-12为37开粗细条灯芯绒示意图。

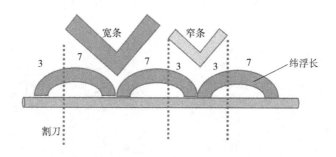

图9-12 37开粗细灯芯绒示意图

图9-13为37开割绒前后对比图，可以清晰地反映出灯芯绒割绒的位置与粗细条的成因。图9-14为37开割绒后形成的4.5条粗细条灯芯绒织物，图中可看出粗条和细条间隔排列。

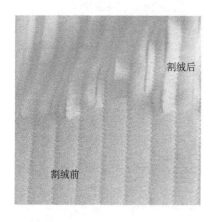 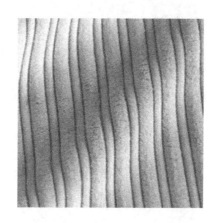

图9-13 37开割绒前后图　　　　图9-14 4.5条粗细条灯芯绒实物图

（2）间隔条灯芯绒。间隔条灯芯绒是指部分纬浮长不割而形成的有间隔的绒条，如开一根留一根、开一根留两根、开两根留一根等。一个纬浮长割断，隔一个纬浮长再割断，即为开一根留一根，一个纬浮长割断，隔两个纬浮长再割断，即为开一根留两根。由于形成的绒条由半个纬浮长构成，所以间隔条灯芯绒展现出独特的风格。图9-15为开一根留一根间隔条灯芯绒示意图。

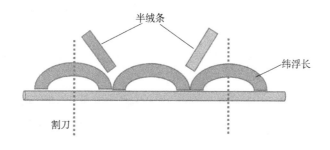

图9-15 开一根留一根间隔条灯芯绒示意图

图 9 – 16 为 26 条不开毛弹性双层实物图，图 9 – 17 为 7 条提花开一留一实物图，图 9 –18为14 条弹性双层开一留二实物图，图 9 – 19 为 8 条全棉偏刀实物图。

图 9 – 16　26 条不开毛弹性双层实物图　　　图 9 – 17　7 条提花开一留一实物图

图 9 – 18　14 条弹性双层开一留二实物图　　　图 9 – 19　8 条全棉偏刀实物图

5. 采用新型技术和原料获得不同的效果　采用色经、色纬进行搭配获得色织灯芯绒织物，如图 9 – 20 所示。利用弹性纱获得凹凸相应的灯芯绒，如图 9 – 21 所示。利用印花技术在灯芯绒织物表面获得不同的图案效应，如图 9 – 22 所示。

图9-20 15条色织灯芯
绒实物图

图9-21 6条弹性莫代尔泡
泡灯芯绒实物图

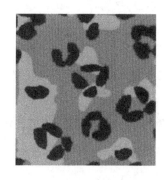

图9-22 11条豹纹印花灯芯
绒实物图

四、平绒组织

平绒组织织物与灯芯绒组织织物的区别在于灯芯绒织物表面具有不同宽度的绒条,而平绒织物表面则全部覆盖着均匀的绒毛,形成平整的绒面。平绒组织织物由于其表面是利用纤维断面与外界摩擦,因此比一般织物的耐磨性能要提高4~5倍;织物绒毛丰满,光泽柔和,手感柔软,弹性好,不起皱,保暖性优良。

平绒组织根据绒毛形成的方法可分为割纬平绒和割经平绒。割纬平绒是将绒纬割断并经刷绒而形成。割经平绒是将织成的双层织物,从中把绒经割断而分成单层织物,再经刷绒而成。

1. 割纬平绒形成原理与特征 割纬平绒与割纬灯芯绒的形成原理相同。它与灯芯绒织物的区别是绒根组织点以一定的规律均匀排列,所以它的纬密较灯芯绒更高,织物更紧密,毛绒均匀而丰润。图9-23（a）为割纬平绒的结构图,图9-23（b）为上机图。地组织采用平纹,绒组织为隔经的 $\frac{1}{2}$ 斜纹,绒纬为V型固结,地纬和绒纬排列比为1:3。一个完全组织的经纱根数为6根,纬纱根数为8根。由于其中有三根经纱仅与一根纬纱交织,所以可用四页综框。

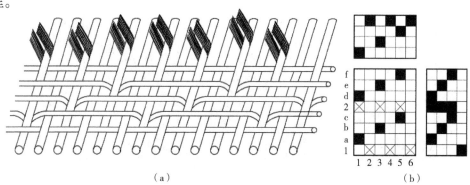

（a）

（b）

图9-23 纬平绒结构图和上机图

2. 组织选择 地组织起固结毛绒之用，是织物的基础，与织物的坚牢度关系很大。一般采用平纹组织、$\frac{2}{1}$斜纹或$\frac{2}{2}$斜纹组织。平纹地组织的质地比斜纹地组织紧密、坚牢，但织物的手感不如斜纹地组织柔软，纬密也低于斜纹地组织。绒组织可选用$\frac{5}{2}$纬面缎纹、$\frac{5}{3}$纬面缎纹或隔经的$\frac{1}{2}$斜纹、$\frac{1}{3}$斜纹。地纬和绒纬的排列比可采用1:2、1:3、1:4，通常采用1:3。绒毛的固结以"松毛固结法"（V形固结法）较好，这样绒面比较紧密。

五、提花呢（绒）组织

1. 提花呢（绒）组织特征 提花呢（绒）组织是将位于织物表面上的纬浮长线，通过缩呢、拉绒，松解成纤维束，再经剪毛与刷绒，使纤维毛绒凸起。其特点是手感柔软，耐磨性好。

2. 纹样设计 设计织物中毛绒分布的花纹轮廓，即织物的起绒花型图案。

3. 正确选择绒纬浮长 绒纬浮长的长短应以纤维在拉绒及松解之后，其两端能被组织点牢固地夹持为原则，否则拉绒时，毛绒不牢，织物外观发秃，质量损失率增大。绒纬浮长一般为浮于3～12根经纱之上，最好至少浮于5根经纱之上。绒纬的浮长取决于经密、底布经纬纱的线密度、绒纬的线密度、毛绒的高度等因素。

4. 绒纬组织的确定 轻型提花呢组织的绒纬分布多采用按缎纹的方式，织物的毛绒均匀分布在织物表面，底布完全被毛绒所覆盖。如图9-24（a）所示，绒纬组织是由八枚加强纬面缎纹构成，每根绒纬浮于6根经纱之上，并被两根经纱按V形固结。图9-24（b）为按W形固结的绒纬组织。

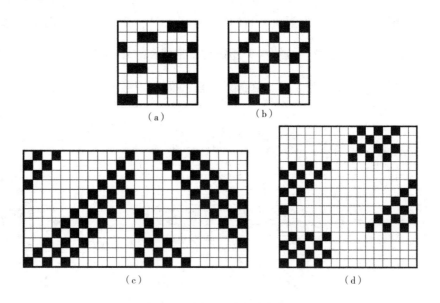

图9-24 提花呢绒纬分布举例

210

具有斜线凸纹绒纬分布的提花呢织物，如图9-24（c）所示，形成人字斜线。采用斜纹分布的绒纬组织时，需使纬浮点多于或等于经浮点，否则不是毛绒覆盖不足，便是毛绒与经纱固结点太长，遮盖不住底布。

此外，提花呢的绒纬也可以按照预先设计好的纹样进行分布。描绘绒纬组织时，先在意匠纸上绘出所设计的纹样图，然后在图上用符号"■"标出绒纬组织，如图9-24（d）所示。

5. 地纬与绒纬的排列比 一般地纬与绒纬排列比有下列几种：

单层织物——地纬:绒纬分别为1:1、1:2、2:1、2:2；

重组织织物——地纬:绒纬分别为1:2、1:1、2:2；

双层织物——表纬:里纬:绒纬分别为1:1:1、1:1:2。

地纬与绒纬排列比的选择主要取决于纱线线密度及毛绒密度。为了使毛绒丰满优美，当地纬与绒纬排列比为1:1或2:2时，应选择纱线线密度较大的绒纬；为了毛绒稠密，当选用地纬与绒纬排列比为1:2时，则绒纬线密度宜小些；为了提高织物的耐磨性，或当绒纬线密度大于地纬时，应采用2:1的地纬、绒纬排列比。

6. 提花呢底布组织的选择 最常用的底布组织有平纹、$\frac{2}{1}$斜纹、4枚破斜纹等。用于重组织底布的基础组织有$\frac{2}{1}$斜纹、$\frac{3}{1}$斜纹及4枚破斜纹等。用于双层组织底布的基础组织通常表层组织为$\frac{2}{1}$斜纹、$\frac{3}{1}$斜纹、平纹和4枚破斜纹等；里层组织为平纹、$\frac{2}{1}$斜纹、$\frac{3}{1}$斜纹和$\frac{2}{2}$破斜纹等。

重组织或双层组织底布，绒纬仅与表经相交织，故绒纬也分布在表经之上。

底布组织的选择与纬纱排列比密切相关。当地纬与绒纬的排列比为1:2；底布为单层时，为了防止织物过分松散，底布应采用平纹组织为宜。但当地纬与绒纬的排列比为1:1或2:2时，底布仍为单层，则底布采用斜纹组织为好。因为斜纹组织获得的密度比平纹组织大，可保证所需的纬密。

图9-25为单层组织底布的提花呢组织，地纬和绒纬的排列比有1:1、1:2、2:1几种；底布采用单层平纹组织；地纬和绒纬排列比为2:1。图9-25（a）为绒纬组织；图9-25（b）为底布平纹组织；图9-25（c）为地纬和绒纬的排列图，排列比为2:1；图9-25（d）为组

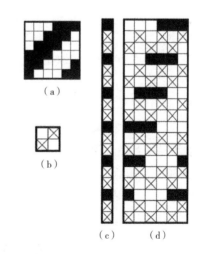

图9-25 单层组织底布的提花呢组织图

织图。

　　图9-26 为经二重组织底布的提花呢组织。地纬和绒纬的排列比有 1:2、2:1、2:2 几种。图9-26（a）为不规则加强缎纹作为绒纬组织，采用 W 型固结方法；图9-26（b）为底布采用经二重组织；图9-26（c）为地纬和绒纬的排列图，排列比为 2:1；图9-26（d）为组织图，绒纬只与表经相交织。这类提花呢织物一般用于制作中厚型男士大衣。

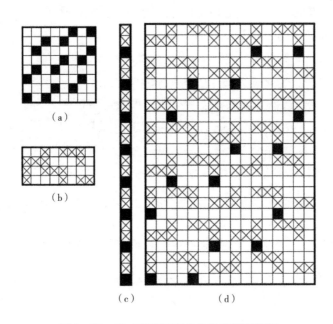

图9-26　经二重组织底布的提花呢组织图

　　图9-27 所示为接结双层组织底布的提花呢组织。表纬、里纬、绒纬的排列比一般有两种情况：1 表:1 里:1 绒，1 表:1 里:2 绒。图9-27（a）为 $\frac{4}{4}$ 带反面组织的绒纬组织；图9-27（b）为底布的表组织采用 $\frac{3}{1}$ 斜纹为基础组织的经山形斜纹；图9-27（c）为底布的里组织采用 $\frac{2}{2}$ 斜纹为基础组织的经山形斜纹；图9-27（d）为底布"下接上"接结组织；图9-27（e）为排列比是 1 表经:1 里经和 1 表纬:1 里纬:2 绒纬的提花呢组织图。图中符号"■"表示经纱与绒纬交织的经组织点；符号"⊠"表示表层织物经组织点；符号"▨"表示里层织物的经组织点；"⊡"表示投入里纬时，表经的提升点；符号"◺"表示里经与表纬交织的经组织点（接结组织的经组织点）。

第二节　经起绒组织

　　织物表面由经纱形成毛绒的织物称为经起毛织物，其相应的组织称经起毛组织。经起绒

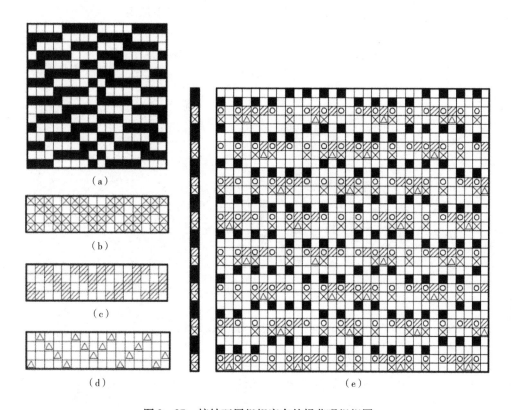

图9-27　接结双层组织底布的提花呢组织图

组织一般由两个系统的经纱（即地经与毛经）与一个系统的纬纱交织而成。地经与绒经分别卷绕在两只织轴上。

根据织物表面毛绒长度和密度的不同，经起绒织物可分为平绒与长毛绒两大类。平绒织物适宜制作妇女、儿童秋冬季服装以及鞋、帽料等，此外还可用作幕布、火车坐垫、精美贵重仪表和装饰品的盒里装饰织物及工业用织物。长毛绒织物适于制作男女服装，多数为女装和童装的表里用料、帽料、大衣领等，还用于制作沙发绒、地毯绒、皮辊绒及汽车和航空工业用绒等。

一、经起绒形成毛绒的方法

经起绒的方法有杆织法、双层分割法、经浮长通割法。经起毛织物包括经平绒织物、长毛绒织物等。

1. 杆织法　杆织法经起绒组织由两组经纱与一组纬纱以及一组起绒杆（作为纬纱）交织而成。两组经纱中一组为地经，与纬纱交织成地组织；另一组为绒经，与纬纱交织成绒毛的固结组织，同时还可根据绒毛花纹的需要，浮在起绒杆上而形成毛圈，经切割后形成毛绒，或不切割从中抽出起绒杆构成圈绒。杆织法经起毛组织上机图如图9-28所示，"■"为地经与纬纱交织的经组织点；"⊠"为绒经与起绒杆交织时的经组织点；"◙"为绒经与地纬交织的经组织点。起绒杆是由钢、木等制成的圆形（或椭圆形）开槽的细杆，其直径决定着绒毛的高度，起绒杆有各种号数，织制时可根据所需绒毛的高度来选用。

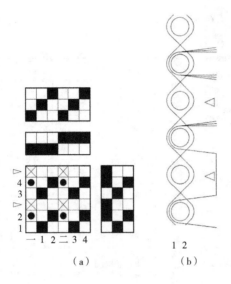

图9-28　杆织法经起毛组织上机图

2. 双层分割法　双层分割法经起毛组织起毛原理如图9-29所示。地经分成上、下两部分，上层地经与纬纱交织成上层地布，下层地经与纬纱交织成下层地布。两层地布间隔一定距离，毛经则位于两层地布之间，交替地与上、下层纬纱交织。两层地布之间的距离等于两层绒毛高度之和。织成的织物经割绒工序，将连接于两层间的毛经割断，形成上、下两层独立的经起毛织物。图9-30为双层经起毛织物织造示意图。

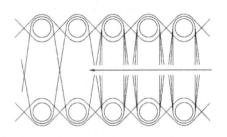

图9-29　双层经毛经向剖面图

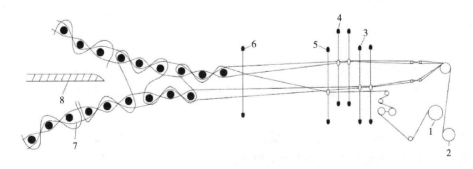

图9-30　双层经起毛织物织造示意图

1—绒经轴　2—地经轴　3、4—地综　5—绒综　6—筘　7—织物　8—割绒刀

由于开口和投纬的方式不同，双层起绒组织的织造分为单梭口织造法和双梭口织造

法两种，如图9–31所示。单梭口织造法为织机曲轴每一回转形成一个梭口，投入一根纬纱；而双梭口织造法为织机曲轴每一回转能同时形成两个梭口，并同时投入两根纬纱。显然，双梭口织造法的生产效率比单梭口织造法高。

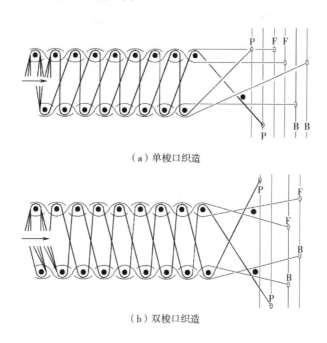

（a）单梭口织造

（b）双梭口织造

图9–31　经起毛单、双梭口织造示意图

P—毛经综框　　F—上层地经综框　　B—下层地经综框

3. 经浮长通割法　　如图9–32所示，织物组织的构成和设计要点与纬浮长割绒组织基本类似，其割绒是沿幅宽方向进行的。

二、经平绒组织

经平绒组织织物是由地经和绒经与纬纱交织成的双层组织织物，经割绒后成为两幅有平整绒毛的单层经平绒，经平绒地组织一般采用平纹，绒经固结以 V 型固结法为主，地经与绒经的排列比有 2:1 和 1:1 两种。经平绒按绒毛长短不同，分为火车平绒和丝光平绒。火车平绒绒毛较长，常用作火车座垫；丝光平绒绒毛较短，经丝光处理，布面光亮，常用作服装、军领章和装饰。

图9–33 所示为采用单梭口织造的经平绒织物的上机图。该经平绒织物上下两层地布均为平纹组织。地经与绒经排列比为 2:1，表纬与里纬排列比为 2:2。a、b 为绒经；1，2，…为上层经、纬纱；Ⅰ，Ⅱ，…为下层经、纬纱，符号"■"表示上层织物经组织点；符号"⊠"表示下层织物经组织点；符号"⊡"表示投入里纬时，上层经纱提起；

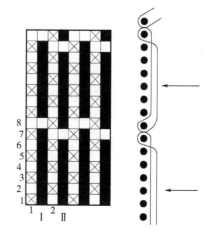

图9–32　经浮长通割起绒组织图

符号"▲"表示绒经与表、里纬纱交织的经组织点。

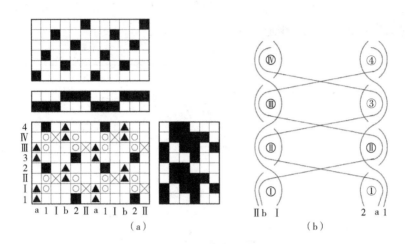

图9-33　单梭口织造的经平绒组织上机图

穿综一般采用分区穿综法。绒经张力小，穿在前区；表经地经穿在中区；里经地经穿在后区。

穿筘时，必须注意绒经与地经在筘齿中的排列位置。因为绒经张力小，地经张力大，如果绒经在筘齿中被夹在地经中间，那么绒经很容易被地经夹住而影响正常的开口运动，造成绒面不良，因此，绒经在筘齿中的位置以靠筘齿边为宜。

因地经张力比绒经张力大很多，所以采用双经轴织造。一般用两把梭子织造，分别织上、下层，否则割绒后会造成毛边。

三、长毛绒组织

长毛绒组织织物在毛织产品中属精纺产品，因为其工艺流程中的毛条制造与纺纱均与精纺相同。

普通长毛绒织物一般地布均用棉经、棉纬，而毛绒采用羊毛。由于化纤原料发展很快，所以现在毛绒使用的纤维不仅是羊毛、马海毛，还使用化纤原料，如腈纶、黏胶纤维、氯纶等，尤其是氯纶因有热缩性能，成为制造人造毛皮的常用原料。

（1）长毛绒织物的组织结构。

①地布组织。长毛绒织物是双层织制法，其上、下两层地布一般可采用平纹、$\frac{2}{2}$纬重平及$\frac{2}{1}$变化纬重平等。

②毛经固结组织。根据产品的使用性能和设计要求来确定。如要求质地厚实、绒面丰满、立毛挺、弹性好的织物，多数采用四梭固结组织；如要求质地松软轻薄，则可采用组织点较多的固结组织；若要求绒毛较短且密、弹性好、耐压耐磨时，多采用二梭、三梭固结组织。毛绒高度随产品的要求而定，一般立毛织物毛绒高度为7.5~10mm。

③地经与毛经的排列比。多采用2:1、3:1 及 4:1 等。

（2）长毛绒织物组织图的绘作。

①单梭口织造法。图 9－34 为三梭固结单梭口长毛绒织物上机图。图 9－34（a）为上机图（采用混合梭口），图 9－34（b）为纵向截面图，图 9－34（c）为表里层地组织图。这种长毛绒织物，毛经采用三梭固结法，地组织为$\frac{2}{2}$纬重平，地经与毛经的排列比为 4:1，上、下层纬纱的排列比为 3:3。符号"■"表示上层经纱或毛经纱与上层纬纱交织的经组织点；符号"⊠"表示下层经纱与下层纬纱交织的经组织点；符号"▣"表示投下层纬纱时，上层经纱提起；符号"△"表示绒经与下层纬纱交织的经组织点。

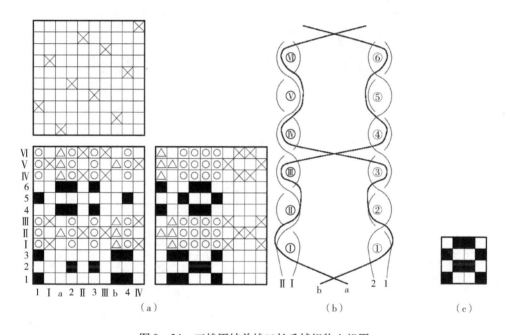

图 9－34　三梭固结单梭口长毛绒织物上机图

图 9－35 为四梭固结单梭口长毛绒织物组织图。图 9－35（a）为四梭固结的长毛绒组织图；图 9－35（b）为纵向截面图；图 9－35（c）为表里层地组织图。

②双梭口织造法。为了便于与单梭口织造法的上机图对比，仍用前例进行说明。由于采用双梭口投梭法，上机图如图 9－36、图 9－37 所示。

图 9－36 为三梭固结双梭口长毛绒织物上机图。组织图中，符号"■"表示上层经纱或毛经纱在上层纬纱之上；符号"⊠"表示下层经纱在下层纬纱之上；符号"▣"表示上层经纱在下层纬纱之上；符号"△"表示毛经纱在下层纬纱之上；"□"表示地经和绒经在纬纱之下。

双层双梭口织物采用双梭口织造法时，开口机构绝大部分采用凸轮开口机构，尤其是采用 W 形固结的双层双梭口织造的长毛绒织物，是无法用一般的多臂织机织制的，为此双层双梭口织物的纹板图即是提综图。因为双梭口的上下层经纱同时运动，所以提综图是依组织图上下层各一纬为提综图的一横行（相当于一纬）。

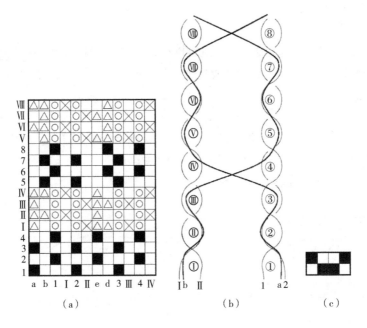

图9-35 四梭固结单梭口长毛绒织物组织图

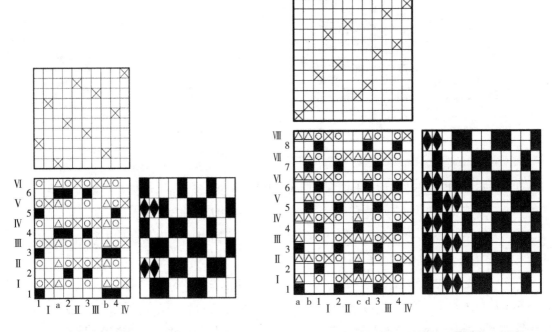

图9-36 三梭固结双梭口长毛绒织物上机图　　　图9-37 四梭固结双梭口长毛绒织物上机图

图9-37为四梭固结双梭口长毛绒织物上机图。1、2、3、4四根上层地经穿在3、4、5、6四页综内，形成上层梭口；Ⅰ、Ⅱ、Ⅲ、Ⅳ四根下层地经穿在7、8、9、10四页综内，形

成下层梭口。梭口位置虽有高低之分，但梭口高度与织普通织物一样。

纹板图中，符号"■"表示上、下层地经及毛经在各自梭口的上方位置（上层地经在上、下层纬纱之上；下层地经在上层纬纱之下，下层纬纱之上；毛经在上、下层纬纱之上）。

符号"日"表示上、下层地经及毛经在各自梭口的下方位置（上层地经在上层纬纱之下，下层纬纱之上；下层地经在上、下层纬纱之下；毛经在上、下层纬纱之下）。

符号"◆"表示毛经在上、下层纬纱之间的中间位置。

双层织造法经起毛织物的绒毛密度与织物经纬密度、地经和绒经排列比、绒毛固结方式和绒经组织有关。如果绒经与上、下层中全部的纬纱进行交织，称为全起毛组织，如图9－38（a）所示；如果绒经与上、下层中一半的纬纱进行交织，称为半起毛组织，如图9－38（b）所示，前面介绍的各种组织均为半起毛组织。因此，对于一组绒经同种固结方式而言，全起毛组织比半起毛组织的绒毛密度大一倍。

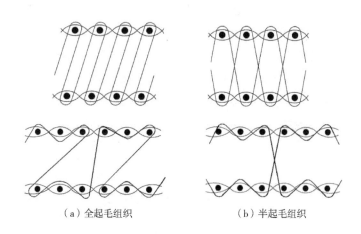

（a）全起毛组织　　　　　　　（b）半起毛组织

图9－38　双层织造法的绒经组织

第三节　毛巾组织与应用

利用织物组织和织机特殊的送经打纬运动的共同作用，使织物表面覆盖着经纱形成毛圈的组织称为毛巾组织。

一、毛巾组织构成与毛圈形成原理

1. 毛巾组织的构成　毛巾组织由两个系统的经纱（地经和毛经）与一个系统的纬纱交织而成，地经与纬纱交织形成地组织，成为毛圈附着的基础，毛经与纬纱交织形成毛组织，在织物表面形成毛圈，其纵向截面图如图9－39所示。

毛巾组织按毛圈分布情况可分为单面毛巾、双面毛巾和花色毛巾。单面毛巾仅在织物一面起毛圈；双面毛巾是织物正反两面都起毛圈；花色毛巾是在织物表面的某些部分根据花纹图样形成毛圈或由色纱显色的不同，形成各种花纹图案。

2. 毛圈形成原理　图9-40为毛圈形成过程示意图。毛巾织物表面的毛圈是由长短打纬运动、地组织与毛组织的正确配置以及送经运动三者协调配合而形成的。

（1）长短打纬运动。

①短打纬。当投入第1、2纬时，打纬的动程较小，这时的筘只前进到离织口的一定距离处，并不与织口接触，因此第1、2纬与织口之间形成一条空挡，这种打纬称为短打纬。如图9-40（a）中的1、2两纬。

②长打纬。当投入第3纬时，筘将1、2、3纬一起推向织口，这时筘的打纬动程为全动程，这种打纬称为长打纬，也称为全打纬。由于第1、2根纬纱在张紧的地经纱的同一梭口内，因此当筘推动第3纬时，也能同时推动第1、2根纬纱一起向前。而这时的毛经纱已与第1、2两纬及第2、3

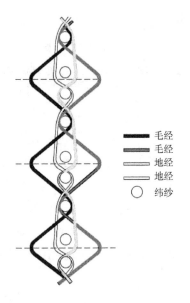

图9-39　毛巾组织纵向截面图

两纬之间均形成交叉，毛巾纱在1、2纬纱和2、3纬纱的夹持下，在长打纬时毛巾纱和第1、2、3纬纱一起沿着张力较大的地经纱被推到织口，又因毛经纱在1、3两纬上是一段浮长线，这样毛经纱被固定在地布上的同时又在织物的表面形成了毛圈。如图9-40（a）中的第3纬。

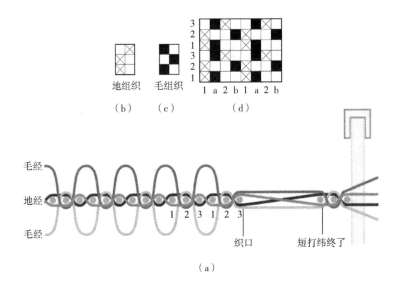

图9-40　三纬毛巾组织图及毛圈形成过程示意图

（2）地组织与毛组织的正确配置。地组织与毛组织的起始点只有正确配置才能形成良好的毛圈效果。

（3）送经运动。地经纱上机张力大，一般比毛经纱的上机张力大4倍左右；毛经采用积极送经，在织机的一回转中毛经送出量一般为地经送出量的4～5倍。

二、毛巾组织设计要点

1. 地组织和毛组织选择

（1）地组织的选择。常采用$\frac{2}{1}$变化经重平、$\frac{3}{1}$变化经重平及$\frac{2}{2}$经重平为地组织。当采用$\frac{2}{1}$变化经重平为地组织时，毛巾组织的组织循环纬纱数是3，在三次打纬中，有两次短打纬、一次长打纬，织制的毛巾为三纬毛巾。当采用$\frac{3}{1}$变化经重平或$\frac{2}{2}$经重平时，组织循环纬纱数是4，在四次打纬中，有三次短打纬、一次长打纬，织制的毛巾则称为四纬毛巾。

（2）毛组织的选择。毛组织也采用经重平组织。毛组织的组织循环纬纱数应与地组织相同，同时应根据毛、地组织的配合要求来确定毛组织的起始点。

2. 毛组织与地组织的配合
毛组织与地组织的配合与打纬阻力的大小、毛经纱是否夹持牢固以及纬纱在织口被推紧而不反拨等要求密切相关。

以三纬单面毛巾为例来说明：毛、地组织均采用$\frac{2}{1}$变化经重平，因起始点的位置不同，毛、地组织的配合有如下三种情况（图9-41）。

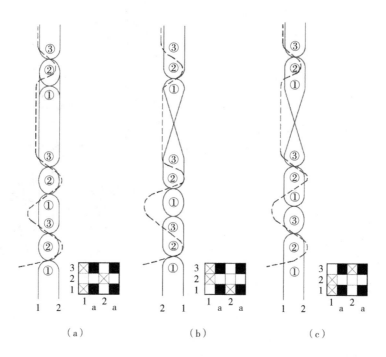

图9-41 三纬毛巾毛、地组织的配合

（1）打纬阻力。为了易于将纬纱打向织口，希望打纬阻力小些。图9-41（a）的打纬阻力最大，因为长打纬时三根纬纱与地经纱已上下交织，当三根纬纱夹持毛经纱将沿着张力大的地经纱滑动，其阻力必然是最大的。图9-41（b）和（c）的打纬阻力差不多。

（2）对毛经的夹持。从长打纬时纬纱对毛经的夹持力大小来看，图9-41（a）中纬纱1与纬纱2、纬纱2与纬纱3之间均有地经交叉，因此纬纱对毛经纱的夹持力小；在图9-41（b）中，纬纱2与纬纱3虽能将毛经纱夹住，但纬纱1与纬纱2之间夹持力小，将导致毛圈不齐；在图9-41（c）中，纬纱1与纬纱2在同一梭口，故容易靠紧并能将毛经纱牢牢夹住。

（3）纬纱反拨情况。从纬纱反拨情况来看，在图9-41（a）的情况下，由于纬纱3与纬纱1的梭口相同，当长打纬后，筘后退时，纬纱3易于反拨后退；在图9-41（b）情况下，纬纱3的反拨情况虽不会像图9-41（a）那样严重，但筘后退后，会使纬纱2与纬纱3之间的夹持力减退；而图9-41（c）的配合，即使纬纱3后退也不致影响纬纱1与纬纱2之间对经纱的夹持力，所以毛圈大小也不会变化。

综合以上分析可知，图9-41所示的三种毛、地组织的配合方式以图9-41（c）的情况最好。目前，工厂中均采用图9-41（c）的配合方式。

3. 地经与毛经排列比 地经与毛经的排列比有1:1（单单经单单毛）、1:2（单单经双双毛）、2:2（双双经双双毛）等；地经纱也有1:2间隔排列的，称为单双经双双毛。

4. 毛圈高度 毛圈的高度约等于长短打纬相隔距离的一半，取决于毛经纱送出量与地经纱送出量的比值，此比值称为毛倍。不同产品的毛倍数要求不同。一般情况下，面巾、浴巾为4:1，手帕为3:1，枕巾与毛巾被为（4:1）~（5:1），螺旋毛巾毛圈长度最长，可达（5:1）~（9:1）。

目前先进的毛巾织机拥有一套能够自由设置毛圈形成的起毛装置。该套装置不仅能够任意设置起毛高度，而且能够在织机运行过程中在三纬、四纬、五纬、六纬和七纬毛圈之间切换。可采用不同纬数的起毛方式和任意设定的起毛高度，使毛圈发生变化，从而形成高低不同的毛圈，从图9-42中可以看到在同一条毛巾上织有不同的毛圈高度。

低毛圈　　　高毛圈

图9-42　不同毛圈高度的毛巾

三、毛巾组织上机设计

1. 穿综 采用分区穿综法，毛经穿前区，地经穿后区。

2. 穿筘 筘号不宜太大，一般将相邻的一组地经纱与毛经纱穿入同一筘齿内。当毛、地经纱排列比为1:1时，采用2入/筘；为1:2或2:1时，则采用3入/筘。

3. 经轴 地经与毛经分别卷绕在两个经轴上，毛经采用积极送经。毛巾织物可以竖织也可以横织，一般面巾采用竖织，枕巾采用横织。

四、毛巾组织应用

1. 三纬毛巾组织 三纬毛巾组织是纬纱循环数为3的毛巾组织，三纬毛巾是纬纱循环数最少的起毛组织。绝大多数的毛巾织物为三纬毛巾组织。三纬毛巾组织的毛组织与地组织完全相同，都为$\frac{2}{1}$变化经重平组织。图9-43（a）为三纬单面毛巾上机图；图9-43（b）为三纬双面毛巾上机图。

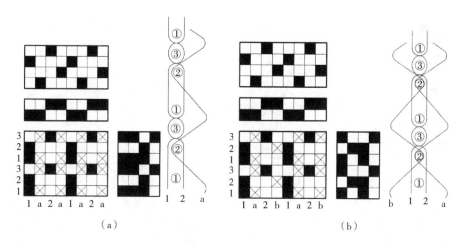

图9-43　三纬毛巾组织上机图

2. 四纬毛巾组织　四纬毛巾组织是纬纱循环数为4的毛巾组织，地组织有两种，一种是$\frac{3}{1}$变化经重平组织，另一种是$\frac{2}{2}$经重平组织。由于四纬毛巾组织纬纱循环数较多，故毛圈较稀疏，一般常采用地经纱与毛经纱的排列比为1:2。图9-44（a）为四纬单面毛巾上机图；图9-44（b）为四纬双面毛巾上机图。

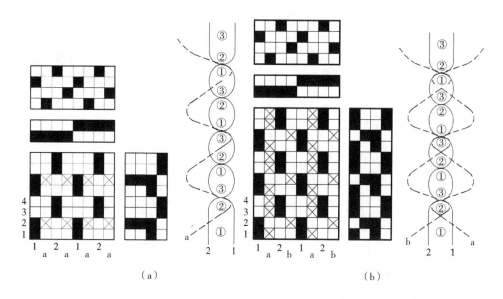

图9-44　四纬毛巾组织上机图

3. 五纬毛巾组织　五纬毛巾组织是纬纱循环数为5的毛巾组织，通过组织变化使地经与纬纱交织夹持毛经起毛，组织变化可使产品呈现高低毛，高毛与低毛的毛高比为2:1。

高毛毛圈稀疏，低毛毛圈比较紧密，使产品出现立体效果。图9-45（a）为五纬毛巾组织图；图9-45（b）为五纬毛巾纵向截面图；图9-45（c）为五纬毛巾实物图。

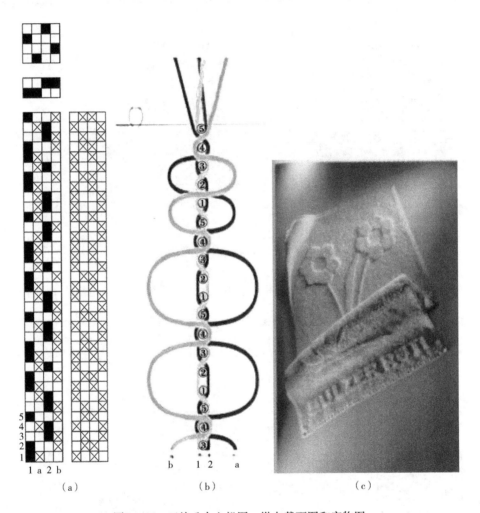

图9-45　五纬毛巾上机图、纵向截面图和实物图

4. 七纬毛巾组织　七纬毛巾组织是纬纱循环数为7的毛巾组织，毛圈跨度大，七纬循环可起两个低毛一个高毛，高毛与低毛的毛高比为2:1，地经与纬纱交织循环更加紧密，高毛与低毛跨度大，立体感明显，但高毛容易倒伏，手感比较硬。图9-46（a）为七纬毛巾经向剖面三视图的左视图；图9-46（b）为七纬毛巾组织图。

5. 七纬缎毛巾组织　七纬缎毛巾组织是缎档组织与起毛组织的组合，通过起毛方式的改变使组织在起缎的同时起毛圈，这种组织比正常缎档手感柔软，缎与毛的立体感强。图9-47（a）为七纬缎毛巾组织图；图9-47（b）为七纬缎毛巾纵向截面图；图9-47（c）为七纬缎毛巾实物图。

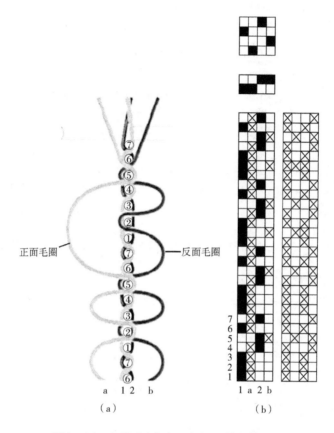

图9－46　七纬毛巾组织上机图和纵向截面图

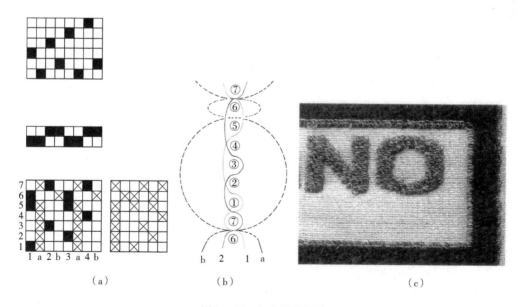

图9－47　七纬缎毛组织

缎档毛巾通常是在毛巾两端或中间部分采用缎纹组织或其他变化组织提高毛巾的档次。它有局部缎档和缎边之分，缎边的缎条部分在边部，局部缎档的缎条部分靠近边部。局部缎档要求厚度和巾身相近，而缎边可以稍薄，因为还有折边，在边部是双层，厚度没有问题。

缎条部分可以是由较长经纱浮线与纬纱交织形成经缎条，也可以是由较长纬纱浮线与地经交织形成纬缎条，但因经缎条织造难度大，所以基本上都选用纬缎条。

思考与练习题

1. 简述纬起毛组织的形成原理。

2. 简述灯芯绒织物的特点。

3. 以平纹为地组织，地纬:绒纬 = 1:2，绒纬浮长为 5，V 型固结，绘作灯芯绒的组织图。

4. 以 $\frac{2}{1}\nwarrow$ 为地组织，地纬:绒纬 = 1:2，绒纬浮长为 5，V 型固结，绘作灯芯绒的组织图。

5. 简述经起毛织物的起毛方法。

6. 表、里层地布均为平纹，地经与绒经排列比为 2:1，表纬与里纬排列比为 2:2，绘作经平绒组织的上机图。

7. 地组织采用 $\frac{2}{2}$ 纬重平，地经与绒经排列比为 4:1，表纬与里纬排列比为 3:3，W 型三梭固结，表经与里经排列比为 1:1，绘作单梭口织造法织制长毛绒织物的上机图。

8. 试述毛巾组织的毛圈形成原理。

9. 试述毛巾组织的地组织与毛组织怎样做到合理配合。

10. 简述毛巾组织上机设计要点。

11. 试绘作以 $\frac{3}{1}$ 变化经重平组织为地组织的单面毛巾和双面毛巾的上机图，并简述毛圈形成的必要条件。

第十章　纱罗组织与应用

本章目标

1. 掌握纱罗组织特殊外观的形成原理。
2. 掌握纱罗组织的类型与设计要点。
3. 掌握纱罗组织的上机图设计。
4. 熟悉纱罗组织的应用。

纱罗组织织物的特点是其表面具有稳定、清晰、均匀分布的纱孔，经纬密度较小、织物较为轻薄、结构稳定、透气性良好，实物如图 10-1 所示。纱罗组织织物适用于作夏季衣料、窗帘、蚊帐、筛绢以及产业用织物等。此外，还可用作阔幅织机织制数幅狭窄织物的中间边或无梭织机织物的布边。

图 10-1　纱罗组织织物

纱罗组织经纬纱的交织情况与一般织物不同。纱罗组织中仅纬纱是相互平行排列的，而经纱则是两个系统的纱线（绞经和地经）之间相互扭绞，即织制时，地经纱的位置不动，而绞经纱有时在地经纱右方、有时在地经纱左方与纬纱进行交织，纱孔就是由于绞经的左右绞转，并在其绞转处的纬纱之间有较大的空隙而形成的。

第一节　纱罗组织概述

一、纱罗组织基本概念

1. 纱罗组织　纱罗组织是纱组织和罗组织的总称，指由地经和绞经两个系统的经纱与一个系统纬纱构成的地经纱与绞经纱之间相互扭绞的织物组织。

2. 一顺绞　在纱罗组织中，根据绞经与地经绞转方向的不同可分为两种。绞经与地经之间绞向一致的纱罗组织称为一顺绞，简称顺绞，如图10-2（a）所示。

3. 对称绞 绞经与地经之间绞转方向相对称的纱罗组织称为对称绞，简称对绞，如图10-2（b）所示。在其他条件相同的情况下，对称绞所形成的纱孔比一顺绞更加清晰。

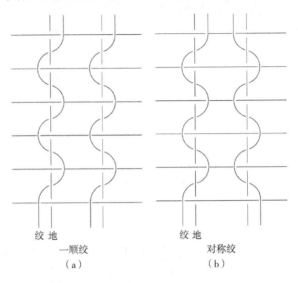

绞 地　　　　　　　　绞 地
一顺绞　　　　　　　　对称绞
（a）　　　　　　　　（b）

图10-2　纱组织顺绞与对绞

4. 绞组 形成一个纱孔所需要的绞经和地经，称为一个绞组。一个绞组中的地经根数与绞经根数可以相等，也可以不相等，图10-3为几种常用的绞组，其中图10-3（a）的绞经:地经=1:1，即一个绞组中由1根地经和1根绞经组成，称为一绞一；图10-3（b）的绞经:地经=1:2，称为一绞二；图10-3（c）的绞经:地经=2:2，称为二绞二。一个绞组中的经纱根数，决定了孔隙的大小，绞组内经纱根数少，纱孔小而密；绞组内的经纱根数多，纱孔大而稀。

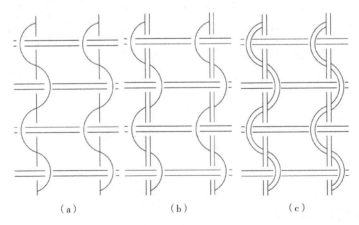

（a）　　　　　　　（b）　　　　　　　（c）

图10-3　纱罗组织常用绞组

5. 上口纱罗和下口纱罗 根据绞经在纬纱的上面或下面，又分为上口纱罗和下口纱罗。上口纱罗的绞经永远位于纬纱之上；扭绞时绞经从地经下方通过，图10-3均为上口纱罗。

下口纱罗的绞经永远位于纬纱之下。下口纱罗机构复杂，挡车难度大，因此生产中一般都用上口纱罗。

6. 花式纱罗　纱罗组织与各种基本组织联合，构成花式纱罗组织。

二、纱罗组织扭绞构成原理

纱罗组织织物的绞经和地经之所以能够扭绞，在于织造这种织物时使用了特殊的绞综装置和穿综方法，有时还配合辅助机构。

1. 绞综　织制纱罗组织织物的绞综形式有线制的和金属钢片制的两种。目前我国以使用金属钢片绞综为主，线综只有在织制大提花纱罗组织织物时才使用。图 10-4 所示为一副金属绞综，它由左、右两根基综丝 F_1、F_2 和一片半综 D（骑综）组成。每根扁平钢基综丝由两薄片组成，它的中部有焊接点 K 将两薄钢片联为一体。半综的每一支脚伸入一片基综上部两薄片之间，并由基综的焊接点托持。基综这样构造是为了不管哪个基综丝提升时，半综都能跟随上升。

图 10-4 所示为下半综绞综装置，它可使绞经与地经扭绞，织制成上口纱罗；如果使用上半综（半综两脚向上）绞综装置，即可织制成下口纱罗。除特殊需要以外，都使用下半综起绞的方法。因为上半综操作不便，妨碍观察经纱和处理断头，并且影响采光，故以下半综为例说明纱罗组织织造方法。

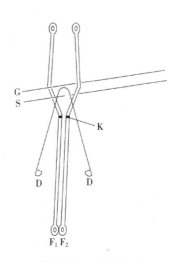

图 10-4　金属绞综

2. 穿综方法　纱罗组织的地经和绞经是成组出现的，每一个绞组可以有若干根绞经与若干根地经（一个绞组的经纱至少包括一根地经和一根绞经）。纱罗组织的穿经方法与一般织物不同，在一个绞组中，绞经穿过后综后还要穿入半综综眼，地经穿过地综以后，必须再从同一绞组的绞经所穿入的那个半综的两根基综之间通过。

同一绞组的绞经和地经的相互位置，由穿综时决定。根据它们位置的不同，可有以下两种穿法。

（1）右穿法。如图 10-5（a）所示，自机前看，基综 1 在绞组经纱之左前，基综 2 在绞组经纱之右后，绞经在地经之右穿入半综，称为右穿法（或称左绞穿法）。

（2）左穿法。自机前看，基综 1 在绞组经纱之右前，基综 2 在绞组经纱之左后，绞经在地经之左穿入半综，称为左穿法（或称右绞穿法）。

3. 纱罗组织织物的起绞　根据半综在地经的左侧或右侧上升，分为普通梭口、开放梭口与绞转梭口。图 10-5（a）所示为平综时经纱的位置，图中绞经 I 在地经 1 的右侧；图 10-5（b）为普通梭口，只有地综升起；图 10-5（c）为开放梭口，这时基综 2 上升，半综 3 随基综 2 上升，绞经在地经右侧升起，绞经与地经没有扭绞；图 10-5（d）为绞转梭口，这时基综 1 上升，半综随基综 1 上升，绞经从地经下面扭转到地经左侧升起。因此，绞经的相互扭绞是开放梭口与绞转梭口互相交替形成的。

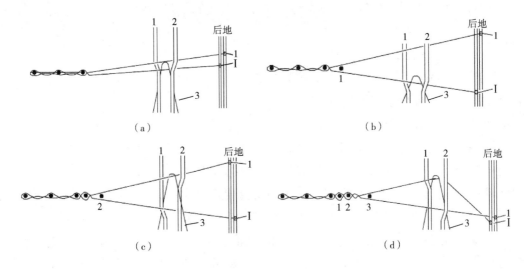

图 10 - 5　纱罗组织织造的梭口示意图

图 10 - 6 所示为右穿法时绞经与地经的相互位置关系以及地经、绞经与纬纱之间所形成的交织结构示意图。

第 1 纬：地综上升，地经为上层经纱，绞经为下层经纱，形成普通梭口，引入第 1 纬。

第 2 纬：基综 2 与后综上升，绞经在地经右边升起为上层经纱，地经为下层经纱，形成开放梭口，引入第 2 纬。

第 3 纬：基综 1 上升，基综 2 下降，绞经从地经下方穿过后，在地经左边升起为上层经纱，地经为下层经纱，形成绞转梭口，引入第 3 纬。

纱罗组织通过上述三种梭口的变化，加上绞经与地经穿入基综左右位置的不同，再加上一个绞组中的绞经根数、地经根数不同和组织的不同，可以织制成各式各样的花式纱罗组织。

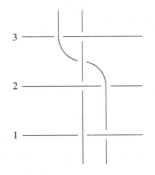

图 10 - 6　纱罗三种梭口结构示意图

第二节　纱组织

一、纱组织特征

每织入一根纬纱，绞经都会改变左右位置，这种每次引入纬纱绞经都左右交换位置的组织，称为纱组织。纱组织有顺绞纱组织和对绞纱组织两类。织制纱组织时，地综不运动，始终位于梭口下层，而半综每一纬都要上升。纱组织在织制过程中，只有开放梭口和绞转梭口，没有普通梭口。

二、纱组织组织图绘作

纱组织的穿综方法有左穿法、右穿法和对绞穿法三种，下面举例说明纱组织组织图的绘制方法。

1. 右穿法纱组织组织图绘作

（1）确定经向纵格数。纱组织只有 1 根绞经（可以多根绞经并在一起，视为 1 根绞经）和 1 根地经（可以是多根运动规律相同的地经纱，视为 1 根地经），因此一个组织的经纱循环数为 2，由于绞经时而在地经的左边，时而在地经的右边，描绘组织图时绞经需要占用 2 个纵格，地经占用 1 个纵格，一个绞组为 3 个纵格。如图 10 - 7（a）所示，图中有 2 个绞组，每个绞组占用 3 个纵格。

若有多根绞经和地经，另以文字说明这根绞经实际代表的绞经颜色、原料、根数、线密度等情况。组织图中依然为 1 根绞经和 1 根地经。

（2）确定纬纱循环数。纱组织织制时，每引入 1 根纬纱，绞经左右交换一次位置，因此纬纱循环数为 2，如图 10 - 7（a）所示，图中有 3 个纬纱循环，纬纱循环数为 2 纬。

（3）组织图。每织入一根纬纱，绞经交换一次位置，绘制组织图时，绞经的经组织点，一个在地经的左边，一个在地经的右边，依次交替。

采用右穿法织制，梭口按照"开放梭口→绞转梭口"的顺序循环。绘制的组织图如图 10 - 7（a）所示。Ⅰ和Ⅱ表示绞经，1 和 2 表示地经，Ⅰ和 1 表示一个绞组，Ⅱ和 2 表示一个绞组，图中共有两个绞组。由于是右穿法，绞经在地经右边时，形成开放梭口，第 1 纬绞经的经组织点，画在地经的右边；引入第 2 纬时，形成绞转梭口，绞经的经组织点，绘制在地经的左边，依次类推。

纱组织织制时，由于没有普通梭口，地经没有经组织点，地经始终在梭口的下方，地经纱上全部为纬组织点。

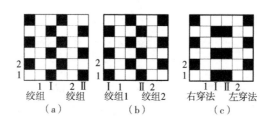

图 10 - 7　不同穿法的纱组织组织图

2. 左穿法纱组织组织图绘作　采用左穿法织制，基综 1 在右前，基综 2 在左后，穿后综时，同一绞组的绞经纱在地经纱的左边，其他要求与右穿法相同。左穿法纱组织组织图如图 10 - 7（b）所示。

若纱组织中只采用右穿法，或只采用左穿法，得到的纱组织为顺绞纱组织。上述的两种穿法均为顺绞纱组织。

3. 对称绞纱组织组织图绘作　如果在组织中同时使用右穿法和左穿法，则可得到对称绞纱组织的组织图如图 10 – 7（c）所示。

三、纱组织上机设计

1. 穿筘图　同一绞组的绞经纱和地经纱，需要穿在同一筘齿内，否则将不能进行织造。穿筘图中，穿在同一筘齿的纱线代表一个绞组，不代表纱线根数。1 个绞组 2 根经纱，因此每筘 2 入，但由于 1 根绞经占用 2 个纵格，穿筘图中实际占用 3 个纵格。如图 10 – 8 所示，图中显示占用 3 个纵格，实际是 2 入/筘。

有时为了加大纱孔，突出扭绞的风格，采用空筘穿法或花式筘穿法。

2. 穿综图　一个绞组有两页基综，穿综图上用两横行表示两页基综，基综 1 在前，基综 2 在后。绞综穿综有左穿法和右穿法两种，本例中采用右穿法，如图 10 – 9 所示。

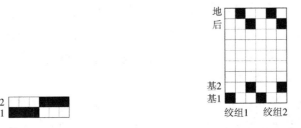

图 10 – 8　纱组织穿筘图　　　　　图 10 – 9　纱组织穿综图

采用右穿法时，基综 1 在左前，基综 2 在右后，绞经纱同时在地经之右穿入后综，地经纱则穿过地综。当基综 2 和后综上升，基综 1 下降，绞经纱在地经纱的右边，形成开放梭口；当基综 1 上升，基综 2 下降时，形成绞转梭口，绞经到达地经纱的左边。

根据生产经验，后综距离基综 2 之间的距离为 4~5 页综时，织造效果最佳。右穿法穿综图如图 10 – 9 所示。

同理，采用左穿法时，基综 1 在右前，基综 2 在左后，绞经纱同时在地经之左穿入后综，地经纱则穿过地综。

3. 经轴　纱罗织物的绞经与地经缩率不同，有时差异很大。根据产品的规格，在绞经与地经缩率相差不大的情况下，尽可能使用一个织轴进行织造，最多不宜超过两个织轴。

4. 平综位置　纱罗组织平综时，应使地经稍高于半综的顶部，以便绞经纱在地经之下左右绞转。平综位置如图 10 – 5（a）所示。因为在纱罗组织织物织造过程中，绞经张力变化较大，为防止两页基综交替上下时将地经嵌于半综和基综之间，影响绞经在地经下方通过，有时可以在织机上装置一套张力调节机构，随时调节绞纱的张力，以基本保持绞经在上层开口或下层开口时张力一致，使经纱形成清晰梭口。还可利用张力调节杆，将绞经压向下方，使绞经纱与地经纱的扭绞点在地综综丝眼之下，这样可防止因两种经纱在扭绞时相互摩擦而造成断头。

5. 上机图 上面所述右穿法纱组织、左穿法纱组织和对称绞纱组织的上机图如图 10 – 10 ~ 图 10 – 12 所示。

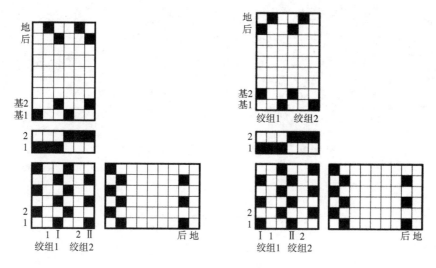

图 10 – 10　右穿法纱组织上机图　　　图 10 – 11　左穿法纱组织上机图

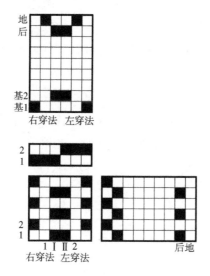

图 10 – 12　对称绞纱组织上机图

比较左穿法和右穿法的上机图可以发现，纹板图是相同的，区别是同一绞组中，左穿法的绞经穿地经的左侧。

四、纱组织应用

纱组织常作为提花织物的地组织，用于夏季服装面料。图 10 – 13 为纱组织为地组织的提花织物。

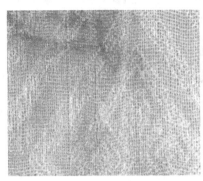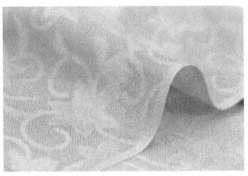

图 10-13 纱组织为地组织的提花织物

第三节 罗组织

一、罗组织特征

每织入三根纬纱，绞经才会改变左右位置，这种每引入三根或三根以上奇数根纬纱，绞经改变一次左右位置的组织，称为罗组织。罗组织的构成与纱组织相同，区别是每次绞经交换位置，织入的纬纱根数为三根或三根以上的奇数根纬纱。如果是偶数根纬纱，仔细观察布面，会发现布面呈现有规律性的疵点。

罗组织如每织入三纬，绞经交换一次位置，称为三纬罗组织；每织入五纬，交换一次位置，称为五纬罗组织，依次类推。图 10-14（a）为三纬罗组织，图 10-14（b）为五纬罗组织，通常将这种排列结构的称为横罗；将平纹与对称绞纵向排列结构的称为直罗，如图 10-14（c）所示。一个绞组中有一根绞经（可以多根纱线并在一起）和奇数根地经，如三

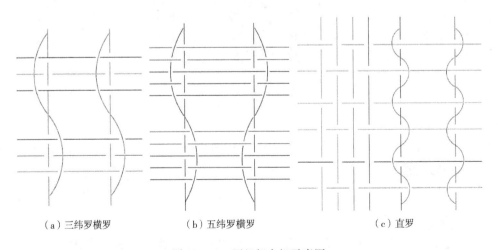

（a）三纬罗横罗　　　　　　（b）五纬罗横罗　　　　　　（c）直罗

图 10-14 罗组织交织示意图

根地经称为一绞三；五根地经称为一绞五，依次类推。如果考虑纬纱根数、绞经数和地经数，罗组织的命名方式为"纬纱根数＋绞经根数＋地经根数"。例如，三纬一绞三罗组织。三纬表示，每织入三根纬纱，绞经左右交换一次位置；一绞三表示，一个绞组中有一根绞经纱、三根地经纱。

罗组织一个绞组中，地经纱的根数大多为一根或三根，如果是三根地经，地经与纬纱之间采用平纹组织。如果是两根地经，地经可以合并在一起，当作一根地经使用（偶数根地经，在布面会出现规律性小疵点）。

罗组织的类型有顺绞罗组织（只使用左穿法或右穿法）和对绞罗组织（同时使用左穿法和右穿法）。

二、罗组织上机图绘作

1. 三纬一绞一左穿法罗组织上机图绘作

（1）确定经向纵格数。一绞一罗组织，有1根绞经（可以多根绞经并在一起，视为1根绞经）和1根地经（可以是多根运动规律相同的经纱，视为1根地经），经纱循环数为2，绞经需要占用2个纵格，地经占用1个纵格，一个绞组需要3个纵格（若组织为一绞三，地经纱需要占用3个纵格，绞经占用2个纵格，共需要占用5个纵格，依次类推）。如图10-15所示，一绞一罗组织，一个绞组占用3个纵格。

（2）确定纬纱循环数。组织为三纬罗组织，绞经在地经左边时需要织入3纬，绞经到右边时又需要织入3纬，纬纱循环数为6纬，组织图需要6个横行（若为五纬罗组织，绞经在地经左边织入5纬，绞经在地经右边织入5纬，纬纱循环数为10纬，组织图需要10个横行，依次类推）。三纬罗组织组织图纵横格数如图10-15所示。

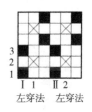

图10-15 三纬一绞一罗组织

（3）组织图。织物组织为三纬罗组织，采用左穿法，当绞经纱在地经纱的左侧时，梭口按照"开放梭口→普通梭口→开放梭口"的顺序提综。当绞经纱到达地经纱右侧时，梭口按照"绞转梭口→普通梭口→绞转梭口"的顺序提综。

绘作组织图时，绞经的经组织点用符号"■"表示，地经的经组织点用符号"⊠"表示，如图10-15所示。

对于左穿法：

第1纬是开放梭口时，基综2提升，绞经在地经左侧形成经组织点，第1纬绞经在地经左侧填入符号"■"；

第2纬为普通梭口，基综2下降，绞组中的地经提升，地经形成经组织点，第2纬在地经上填入符号"⊠"；

第3纬为开放梭口，基综2提升，地经下降，绞经在地经左侧形成经组织点，绞经在地经左侧填入符号"■"；

第 4 纬为绞转梭口，基综 1 提升，绞经在地经右侧形成经组织点，绞经在地经右侧填入符号"■"；

第 5 纬为普通梭口，基综 1 下降，绞组中的地经提升，地经形成经组织点，在地经上填入符号"⊠"；

第 6 纬为绞转梭口，基综 1 提升，绞组中的地经下降，绞经在地经右侧形成经组织点，绞经在地经右侧填入符号"■"。组织图如图 10 – 15 所示。

（4）穿筘图。同一绞组的绞经纱和地经纱，需要穿在同一筘齿内，本例中 1 个绞组有 2 根经纱，因此每筘 2 入，由于 1 根绞经占用 2 个纵格，穿筘图与纱组织相同，显示占用 3 个纵格。

若为一绞三或一绞五罗组织，一个绞组中的经纱根数比较多，梭口不容易清晰，需要使用花筘工艺。如是一绞三，4 根经纱一个循环，一个绞组中需要拨除 1 个筘片；如是一绞五，在绞组中拨掉 2 个筘片，这样平均每筘穿入数仍为 2 入/齿。拨掉部分筘片称为花筘制作，花筘如图 10 – 16 所示。

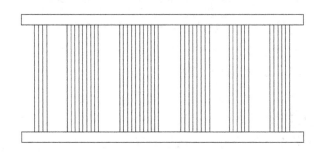

图 10 – 16　特制花筘

（5）穿综图。采用左穿法，基综 1 在右前，基综 2 在左后，穿后综时，同一绞组的绞经纱需要穿在地经纱的左边，如图 10 – 17 所示，绞经纱在地经纱的左侧。后综距基综 2 之间，相距 4 ~ 5 页综。

一个绞组中若有多根地经纱，对于罗组织而言，由于罗组织的绞孔细而密，一般都使用纬重平组织。

（6）上机图。三纬一绞一左穿法罗组织上机图如图 10 – 18 所示。

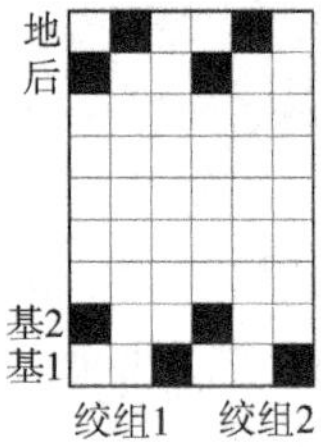

2. 三纬一绞一右穿法罗组织上机图绘作　采用右穿法，基综 1 在左前，基综 2 在右后，同一绞组中的绞经纱，穿后综时，绞经在地经的右边，三纬一绞一右穿法罗组织上机图如图 10 – 19 所示。

如图 10 – 19 上机图中的组织图所示，织入第 1 纬时，绞经的经组织点在地经的左侧，而由穿综图可知，绞经穿在地经的右侧，由此可以确定第 1 纬为绞转梭口；第 2 纬地经提升，基综 1 下降，形成普通梭口；第 3 纬同样为绞转梭口；第 4 纬，绞经的经组织点在地经的右侧，形成开放梭口；第 5 纬为普通梭口；第 6 纬为开放梭口。

图 10 – 17　左穿法穿综图

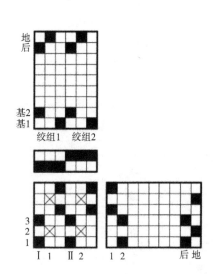

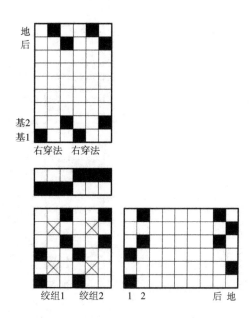

图 10 – 18　三纬一绞一左穿法罗组织上机图　　　图 10 – 19　三纬一绞一右穿法罗组织上机图

因此，绘作上机图时，组织图可以从开放梭口开始，也可以从绞转梭口开始，其最终织物的效果是相同的。

3. 对称绞罗组织上机图绘作　罗组织中，只使用一种穿法，得到的罗组织为顺绞罗组织，若同时使用左穿法和右穿法，得到对绞罗组织上机图，三纬一绞一对称绞罗组织的上机图如图 10 – 20 所示。

4. 五纬一绞二罗组织上机图绘作　五纬一绞二罗组织绘作组织图时，按照"开放梭口→普通梭口→开放梭口→普通梭口→开放梭口""绞转梭口→普通梭口→绞转梭口→普通梭口→绞转梭口"的顺序进行五纬一绞二对称绞罗组织组织图的绘作，组织图如图 10 – 21 所示。图中地经有 2 根，地经根数为偶数根，运动规律要相同，可以视为 1 根地经。

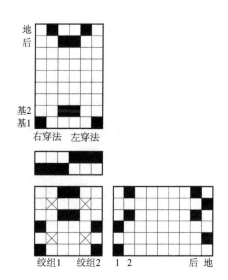

图 10 – 20　三纬一绞一对称绞罗组织上机图

一个循环中，纱组织和罗组织的开放梭口数和绞转梭口数是相等的，绘制组织图时，可以从开放梭口开始，也可以从绞转梭口开始，对织物的织造效率没有影响。

三、罗组织应用

罗组织形成的孔比纱组织的孔更大一些，罗组织也常用于夏季服装面料。纱组织和罗组

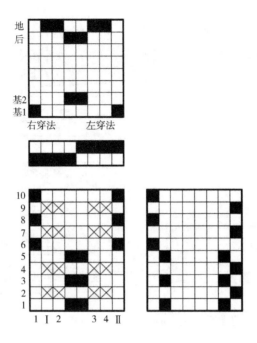

图 10 – 21　五纬一绞二对绞罗组织图

织经常联合配置，在织物上形成纵条纹效果。图 10 – 22 为由罗组织形成的纵条纹织物。

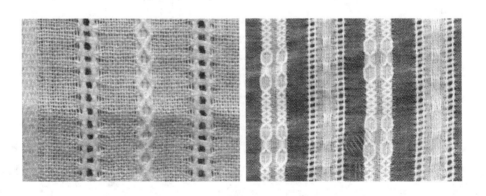

图 10 – 22　罗组织形成的纵条纹织物

第四节　花式纱罗组织

近年来，随着纺织新技术不断呈现，纱罗组织织物的产品范围日益扩大，花样不断翻新，纱罗组织的扭绞方法也有了很大改变，往往将几种不同的扭绞方法联合在一起织造，这些方法所构成的纱罗组织统称为花式纱罗组织。

一、花式纱罗组织特征

花式纱罗组织是由两种或两种以上的纱罗组织或者纱罗组织与其他组织联合构成的。花式纱罗组织不再局限于每次左右扭绞只织入奇数根纬纱。图 10 – 23（a）所示为花式纱罗交织示意图；图 10 – 23（b）为组织图。

在花式纱罗组织中，因绞经围绕地经与纬纱交织，所以在表示花式纱罗组织时，一般采用分数形式，但其概念与斜纹、缎纹不同。对于花式纱罗组织，其分数线代表地经，分子与分母分别表示绞经在地经的左侧和右侧与纬纱交织的根数。例如，$\frac{1}{3}$ 罗组织，其分数线代表地经，分子 1 表示绞经在地经左侧与 1 根纬纱发生交织，分母 3 表示绞经在地经的右侧与 3 根纬纱发生交织，分子与分母的和就是完全纬纱循环数。此外还有个别组织，因为其扭绞方法不同，用简单的分数形式还不能完全表示出来，只能用文字说明。

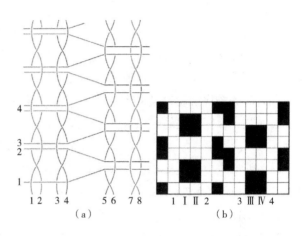

图 10 – 23　花式纱罗交织示意图和组织图

二、花式纱罗组织上机图绘作

某两绞组纱罗组织，绞组 1：绞经 1 根，地经 4 根，地组织为 $\frac{2}{2}$ 纬重平，组织为 $\frac{3}{9}$ 和 $\frac{9}{3}$ 对称绞罗组织；绞组 2：绞经 1 根，地经 1 根，左穿法，组织为 $\frac{2}{2}$ 罗组织。

1. 确定经向纵格数　绞组 1：绞经 1 根，地经 4 根，其中绞综需要 2 个纵格；地经需要 4 个纵格；一个绞组占用 6 个纵格。由于绞组 1 为对称绞，需要两个绞组，因此绞组 1 共需 12 个纵格。

绞组 2：绞经 1 根，占用 2 个纵格；地经 1 根，占用 1 个纵格，绞组 2 需要 3 个纵格。

绞组 1 和绞组 2 合计共需要 15 个纵格，如图 10 – 24 所示。

2. 确定纬纱循环数　绞组 1：组织为 $\frac{3}{9}$ 和 $\frac{9}{3}$ 对称绞罗组织。绞经在地经一侧织 3 纬，另一侧织 9 纬，绞经在地经左右两侧共计 12 纬；

绞组 2：为 $\frac{2}{2}$ 罗组织，绞经在地经左右各织 2 纬，共 4 纬；

绞组 1 和绞组 2 的纬向最小公倍数为 12 纬，共需要 12 个横格，组织图如图 10 – 24

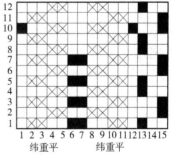

图 10 – 24　花式纱罗组织图

所示。

3. 组织图　花式纱罗组织在绘制组织图时，要特别注意最大限度地少用绞转梭口。由于采用绞转梭口织制时，绞经张力大，与地经的摩擦多，导致绞经和地经都容易断头，因此要按照"优先采用开放梭口，少用绞转梭口"这一原则进行组织图绘作。

（1）绞组1组织图。

绞组1：左边绞组，左侧有3纬，右侧有9纬；右边绞组，左侧有9纬，右侧为3纬。绘制绞组1的组织图时，理论上要按照"开放梭口→普通梭口→开放梭口→普通梭口→开放梭口→普通梭口→开放梭口→普通梭口→开放梭口"共9纬，"绞转梭口→普通梭口→绞转梭口"共3纬的顺序绘制绞经的经组织点。但在实际生产中，要求花式纱罗组织的孔隙大一些，为了增加花式纱罗组织的孔隙效果，当绞经左右绞转时，最后一个开放梭口和绞转梭口都改成普通梭口。本例中，第9纬织制时本是最后一个开放梭口，第12纬织制时本是最后一个绞转梭口，但都改为普通梭口，绞经的经浮长由1纬变成了3纬，这样绞转时绞经浮长较长，增强了纱罗组织织物的孔隙效果。

根据上述要求，绞组1的绞综提综顺序改为"开放梭口→普通梭口→开放梭口→普通梭口→开放梭口→普通梭口→开放梭口→普通梭口→普通梭口""绞转梭口→普通梭口→普通梭口"。

绞组1中，形成开放梭口时，右穿法的绞经组织点在地经的右边，左穿法的绞经组织点在地经的左边；形成绞转梭口时，右穿法绞经组织点在地经的左边，左穿法的绞经组织点在地经的右边。

本例中，织入第1、3、5、7纬时，梭口为开放梭口，右穿法绞经的经组织点在地经的右边，左穿法的绞经的经组织点在地经的左边。

织入第10纬时，梭口为绞转梭口，右穿法绞经的经组织点在地经的左边，左穿法绞经的经组织点在地经的右边。

织入第2、4、6、8、9、11、12纬时，梭口为普通梭口，在地经上绘制经组织点，基综不提综。

绞组1中，绞转梭口为1次，开放梭口为4次，绞转梭口少于开放梭口，是一个合理的设计方案。

（2）绞组2组织图。

绞组2：$\frac{2}{2}$罗组织图，绞经在地经两侧的经组织点数相同，只有开放梭口和绞转梭口，绞经的经组织点的起始位置对织物的织造效率没有影响。本例绘作组织图时按照"开放梭口→绞转梭口→绞转梭口→开放梭口"的顺序绘制绞经的经组织点。

（3）地组织。绞组1的地组织为纬重平组织。绘作组织图时，绞经的经组织点用符号"■"表示，地经的经组织点用符号"⊠"表示。1~12纵格为绞组1，13~15纵格为绞组2。组织图如图10-24所示。

4. 穿筘图　花式纱罗组织需要使用花筘和空筘工艺。

同一绞的纱线穿在同一筘齿内。由于绞组 1 中的经纱根数比较多，梭口难以清晰，实际生产中需要将穿绞组 1 经纱中的部分筘齿拨掉，花筘如图 10－25 所示。采用花筘后有利于经纱开口清晰，纱罗组织特有的孔隙效果会更加明显。

采用对称绞纱罗组织时，两绞组的中间空一筘齿，纱罗组织特有的孔隙更大，效果更好。穿筘图如图 10－25 所示。

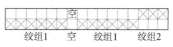

图 10－25 空筘工艺

5. 穿综图 绞组 1 为对称绞组织，由两个绞组构成，左绞组为 $\frac{3}{9}$ 罗组织，也就是绞经在地经左侧时需要织入 3 纬，绞经在地经右侧时需要织入 9 纬。绞经在地经右侧时纬纱织入的根数较多，需要形成开放梭口，以减少绞经和地经间的摩擦。$\frac{3}{9}$ 罗组织织制时需要使用右穿法。同理，$\frac{9}{3}$ 罗组织织制时需要使用左穿法。

如图 10－26 所示，绞组 1 为对称绞，左边绞组为右穿法，基综 1 在左前，基综 2 在右后，绞经穿在同组地经的右侧。右边的绞组为左穿法，基综 1 在右前，基综 2 在左后，同组绞经纱穿在地经纱的左侧。

绞组 1 使用 1~2 页综（基综 1 和基综 2），基综 1 和基综 2 之间有 4 根地经纱，地组织为纬重平，使用地 1、地 2 两页综。

绞组 2 使用 3~4 页综（基综 3 和基综 4），左穿法，基综 3 在右前，穿在第 3 页综上，基综 4 在左后，穿在第 4 页综上，绞经纱要穿在同组地经纱的左边；绞组 2 的地经穿在第 3 页综上。

图 10－26 穿综图

后综到基综之间相隔 4~5 页综，本设计中相隔 4 页综。

注意：①根据生产经验，织制花式纱罗组织织物时，最多只能使用 4 页基综（两组不同纱罗组织）。如果使用三种以上的纱罗组织（6 页基综以上），梭口很难清晰，非常容易漏绞，织制难度会很大。②织制多绞组纱罗组织织物时，绞综根数多的综页，使用基综 1 和基综 2；绞综根数少的，使用基综 3 和基综 4。③花式纱罗织物的起绞位置对织造效率影响巨大。绞经在地经左侧的经组织点多，需要采用左穿法；绞经在地经右侧的经组织点多，则需要采用右穿法。

6. 上机图 本例花式纱罗组织上机图如图 10－27 所示。

三、花式纱罗组织应用

花式纱罗组织织物属高档装饰或服饰面料，织物外观新颖悦目。图 10－28 为花式纱罗组织面料。

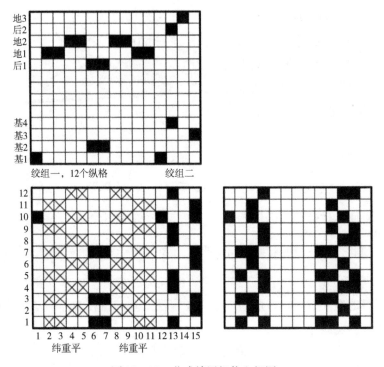

图 10 - 27　花式纱罗织物上机图

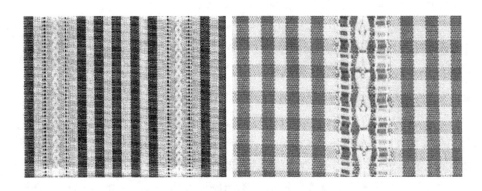

图 10 - 28　花式纱罗组织织物

第五节　纱罗织造新技术介绍

一、圆盘绞综

　　除了纱罗绞综以外，无梭织机还用圆盘绞综织边。图 10 - 29 表示用圆盘绞综织制纱罗组织的原理，用作纱罗边的两根经纱，穿入圆盘的相对排列的孔眼里，通过圆盘的旋转两根纱线相绞在一起，每两次相绞之后织入一根纬纱，这一成形装置可使经纱在两纬之间产生更多的相绞。

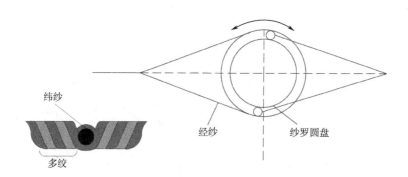

图 10 - 29 圆盘绞综

开口装置中，纱罗圆盘之间的距离可以调节，用剑杆装置投纬。经纱卷绕在纱架的筒管上，由不同的间隙和后梁装置送经，使全部经纱保持一定张力，这样可以防止纱线损伤，并可高速运行，特别是对于玻璃纤维等脆性原料，尤其应防止损伤。采用圆盘绞综工艺，除可改善产品质量和提高生产效率外，还能进一步开发新产品。新的工艺能在两根纬纱之间形成多次扭绞。扭绞次数变化可以改变组织图案，从而生产有特殊性能的新产品，以适应特殊用途的要求。经纱在两根纬纱之间的多次扭绞形成了不同的纱线结构，提高了经向强力。在复合材料领域，扭绞经纱的螺旋状结构可构成织物新的表面性能。螺旋状结构可提高纺织品与填充料的结合能力，可通过改变经纱的扭绞次数设定纱罗织物的延伸性。这种绞纱孔组织可避免结构内纱线位移，适合于纤维增强混凝土材料的制造，以改善混凝土与纱线的黏结力。

二、新型移动筘装置

目前，国内纱罗组织大部分采用绞综装置织造。这种传统的纱罗组织织造方法，织机速度较低，当经纱断头等需要处理时，操作比较复杂，耗费时间，因为经纱和综丝处于高度应力下，不可能取得完美的性能和实现高速织造，极大地限制了织机性能的发挥。

新型移动筘装置采用一导棒和一孔眼筘用于半绞纱罗组织。在织造纱罗织物时，不需要复杂的绞综就可以最大限度地发挥织机的织造潜能。其特性主要体现在简单、直接和操作便利上。在新型移动筘装置中，由复杂的综片组成的、笨重的绞综被一个导条和带孔的钢筘所取代。导条和钢筘的开口动程比传统的综框开口动程要小，其运动由踏盘开口机构中的凸轮控制。

☞ **思考与练习题**

1. 比较并说明纱罗组织与透孔组织成"孔"的不同之处。
2. 简述纱罗组织织物的特点及其应用。
3. 标准的纱组织和罗组织，无论使用左穿法还是右穿法，对生产效率没有影响。但花式纱罗，左穿和右穿对生产效率影响巨大，绘制花式纱罗织物上机图时，如何确定应该使用左穿法还是右穿法，从而最大限度地提高生产效率？

4. 已知纱罗组织图如题图 10－1 所示，试作上机图，并画出相应的纱线结构图。

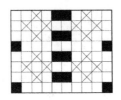

题图 10－1

5. 已知纱罗组织的组织图和穿筘图如题图 10－2 所示，试作上机图。

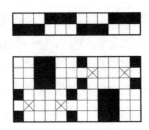

题图 10－2

6. 分析纱罗织物时，判别一个绞组中哪是绞经、哪是地经的依据有哪些？

7. 织制标准的罗组织时，绞经每次改变位置，需要织入奇数根纬纱。如果织入偶数根纬纱，会产生什么后果？为什么织制花式纱罗织物时，不受织入奇数根纬纱的限制？

8. 要保证绞经、地经的良好扭转，织造时应采取哪些措施？

9. 自行设计一花式纱罗组织，作织物结构图与上机图。

第十一章 三维机织物与应用

本章目标

1. 熟悉三维机织物的分类及其应用场合。
2. 掌握多层板织物的组织图绘制方法。
3. 掌握中空结构织物的径向截面图及其设计方法。
4. 熟悉圆型织物的织造方法。

三维机织物的品种繁多，采用的分类方法不同，三维机织物的类型也不相同。一般根据织物的形状、组织与结构、织造方法、应用等进行分类。

（1）按织物的形状分类。按照三维机织物形状的差异，可分为实心结构织物，如多层板织物、型材织物、壳体织物等；空心结构织物，如间隔织物、蜂窝织物、管状织物和管接头织物等；圆型结构织物，如圆锥体、圆筒织物等。

（2）按组织与结构分类。按照三维机织物采用的组织不同，可分为正交、角联锁和三向交织组织织物以及这些组织的变化、结合。按织物中纱线的轴向数可分为三轴向、四轴向、五轴向甚至更多轴向的织物。

（3）按织造方法分类。根据织造设备的工作原理不同，三维机织物的织造方法分两向织造法（包括单梭口织造和多层梭口织造）、三向织造法、圆织法、多轴向织造等。每种织造方法有其适宜织制的品种范围，对于某一品种的织物，也可能有多种织造方法。

（4）按应用分类。三维织物作为高技术纺织材料，出于成本的考虑，其应用一般有很强的针对性，目前主要应用于航空航天、交通运输、体育、石油化工等有特殊要求的领域。近年来，三维织物在民用纺织品的应用越来越多，逐渐成为一种通用材料，已成为国内外纺织产业结构调整升级的一个发展方向。

本章按照三维机织物的形状，分节介绍其设计和织造的方法。

第一节 实心结构三维机织物

一、多层板状三维机织物的组织与结构

三维机织物由三组相互垂直的纱线组成，理想状态下各纱线不产生交织，经向、纬向、

垂向分别是织物的长度、宽度和厚度方向。如果使用的垂纱是在经向（或纬向）方向上与两层或两层以上的纬纱（或经纱）交织，将多层纬纱（或经纱）接结成一个整体，那么这种垂纱称为接结经纱（或接结纬纱）。另外，为了提高纤维的体积含量或改变其力学性能，有时也会加入衬垫纱作为第四套纱线系统。

根据垂纱是否完全与经纱垂直，可以将三维机织物的结构分为正交结构和角联锁结构两种。由于目前在机器上还难以实现用纬向纱作为接结纱，一般垂纱使用经向纱线，即接结经纱来固结织物。当接结经纱与普通经纬纱呈 90°交织时，此种结构称为正交结构；当接结经纱与普通经纬纱呈一定的倾斜角交织，此种结构称为角度联锁结构，简称角联锁。

1. 正交结构三维机织物 在三维正交结构中，经纬纱如二维织物一样正常交织，接结纱在经纱方向上与多层纬纱交织，实现层与层的绑定作用。如图 11 - 1（a）所示，图中由三套纱线组成，分别为经纱、纬纱和接结纱。接结纱（此图中为接结经纱）从上至下将纬纱全部绑定，也可以分布在不同层之间将纬纱绑定，形成较为柔软的织物。由碳纤维组成的实物样品如图 11 - 1（b）所示。

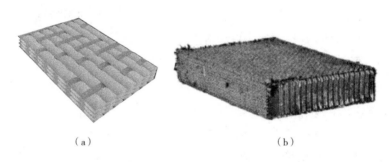

（a） （b）

图 11 - 1　三维正交板材机织物结构与实物示意图

2. 角联锁结构三维机织物 角联锁结构中的分层角联锁如图 11 - 2（a）所示，其中椭圆代表了纬纱，曲线代表了接结经纱。经纱纵跨了五层纬纱，与其呈角度依次交织，这种结构即为在第五层绑定的角联锁结构。并且根据实际的要求还可以将结构设计为二层、三层、四层、五层甚至更多层绑定的角联锁结构。图 12 - 2（b）所示的为贯穿角连锁结构，它的经纱接结深度即为织物的总厚度。另外，由于角联锁结构中只有垂直的纬纱和接结经纱，为了增加织物硬度，如图 12 - 3（c）所示，也会加入衬垫纱。

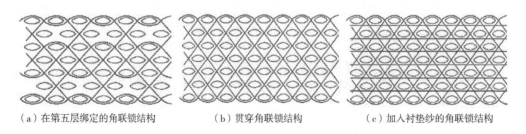

（a）在第五层绑定的角联锁结构　　　　（b）贯穿角联锁结构　　　　（c）加入衬垫纱的角联锁结构

图 11 - 2　三维角连锁织物结构示意图

在纺织复合材料中，无捻、没有屈曲的纱线更能发挥纤维本身的拉伸性能。对比正交结构和角联锁结构，由于在三维正交结构中，纱线几乎呈垂直状态，故其具有较高的抗拉伸强度和模量，但无论是接结正交还是分层正交的三维板材结构机织物，其织物柔软度和层间抗剪切性能都较差。而角联锁结构因为纱线屈曲较多，在拉伸性能方面略逊一筹，但增加了织物柔软度和层间抗剪切性。正交结构与角联锁由于各有其优劣，也有学者尝试将两种结构混合设计，使得织物能有较好的综合性能。

二、实心结构板材三维机织物织造技术

目前世界上拥有的三维机织物织造方法有普通二维织造、多层织造、多剑杆开口织造、三维正交织造、多轴向织造等。普通二维织造方法即在普通织机上完成立体结构的织造，主要由多臂织机和大提花织机完成，这种方法可织造正交和角联锁实心结构或通过"压扁→织造→还原"法将空心结构转化为实心结构再经过剪裁、修饰完成；多层织造即使用多综眼综丝和双经轴进行分层织造，其区别于普通织造方法的特点是可以形成双层梭口，如 Mohamed 在 2001 年发明的利用双织轴织机织造拥有接结经纱的三维织物，就是采用这种方法；多剑杆开口织造的方法也来源于 Mohamed 于 1992 年的发明，是国内现代三维织机、3TEX 公司织机的主要原理，即使用多剑杆在多层静止纱线中引纬，该方法大大提高了三维织物织造效率；三维正交织造、多轴向织造等多用于特别研发的三维织机，如 NOOBED 织造、Fukuta 矩形织造、Bilisik 剑杆管状织造、Addis 分离口和提花机织造。

1. 传统织机织造 理论上，在传统的多臂织机和大提花织机上可以完成垂直方向上具有一定厚度的立体织物。如果织造典型三维正交板材织物，则设计纹板图如图 11 - 3（b）所示即可，但是若使用多臂织机，由于综框最大数 24 列决定了织物最大层数为 22 层，其厚度也受到了限制，一般只可达 1.0cm 左右；若使用提花织机，同理层数也受到一列提花针的针数限制。而且由于送纬机构只能在单独一层送纬，无论用无梭或有梭进行多层送纬都会有难度并且送纬效率很低。

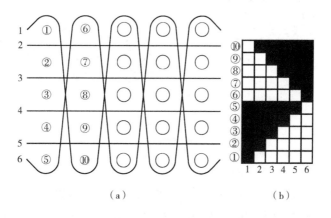

（a）   （b）

图 11 - 3 三维正交结构织物径向截面图和组织图

2. 多层织造 多层织造在普通织机上多加了一个织轴，如图 11-4 所示。一个经轴为接结经纱送经，另一个经轴为静止经纱层送经，这些静止经纱的综丝在织造过程中静止不动，而另一套综框则控制接结经纱的上下运动，固结静止经纱和纬纱，形成整体织物。这种织制方法不仅可以织造正交接结结构与分层正交结构，也可以织造角联锁结构和工形、V 形等空心梁结构。

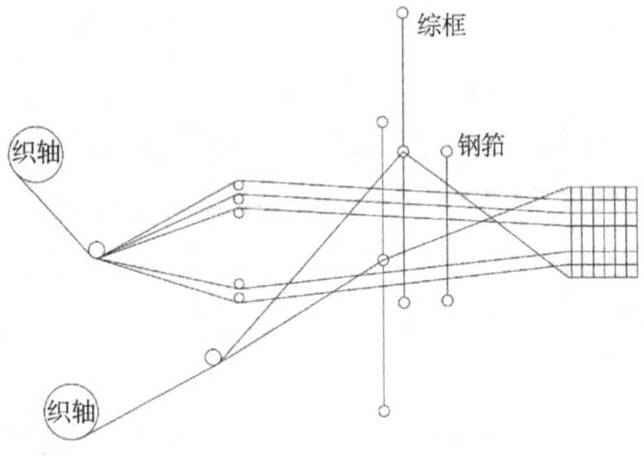

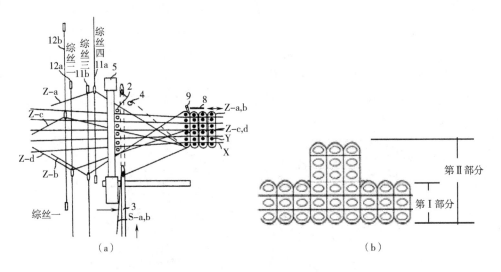

图 11-4　多层经纱织造工艺原理图

3. 多剑杆织造 为了更方便地制作可变截面形状的织物，Mohamed 在 1992 年发明了三维剑杆织机。它一次开口可在每层静止经纱间都形成梭口，让竖直方向排列的剑杆同时引纬。它还可以通过改变经纱层的宽度来形成型材形状结构。比如，Mohamed 试图织造一个如图 11-5（b）中的 T 形截面的型材织物，就使用了两组控制接结经纱的综框（综框一和二、综框三和四），先由综框一和综框二上下交织运动，使 T 形板的下半部分形成如图 11-5（b）中"第Ⅰ部分"所示，再通过综框三和综框四上下交织，形成 T 形板的整体贯穿部分如图 11-5（b）中的"第Ⅱ部分"所示。在形成边部组织时，它使用了两根边经剑和对应的两根钩边针，它的作用是接过边经剑的双纬而套圈，使板材的边缘形成线圈。

图 11-5　Mohamed 三维剑杆织机

4. 高性能纤维三维织造 针对高性能纤维可织性能较差的特点，由于三维织物所用纤维多为碳纤维、芳纶、玻璃纤维等高性能纤维，这些纤维一般为无捻复丝形式，呈扁平状，且不耐磨、脆性较大、剪切强力低，容易在综框的上下运动中受到磨损。目前针对高性能纤维的三维织造主要采取了以下措施。

（1）改变开口机构。对综眼的形状进行改进，专门为碳纤维设计综丝，如图11-6所示。同时，还会采用带有梯度高低的综框排列或是多综眼综丝，使经纱层间形成自然分层。

图11-6 德国格罗公司设计的适织碳纤维综丝

（2）采用多梭口织造。在织造经纱层数大于22层以上的多层织物时，建议采用多综眼综丝织造，形成多梭口织造。

多梭口区别于普通单梭口织造，在一根综丝上安置有多个综眼，如图11-7所示。在织造过程中综框每次开口可形成多个梭口，同一根综丝上的多层经纱可以在垂直面上依次排列，并在筘隙中按从上至下的顺序分层排列，以缓解织造过程中经纱在筘片间的拥堵状况。另外，应用多综眼综丝可以使经纱上下间隔排列，有效地减少纱线之间的磨损，如图11-8所示。

图11-7 多综眼综丝   图11-8 经纱排列

理论上，当采用多综眼综框织造时，每一页综框应具备 n 个（n = 综眼数 -1）提起高度，可以形成 $2n-1$ 个梭口，这样的开口方式可以完成很多经纱交织复杂织物的织造要求。当采用多综眼综框进行织造时，与之相匹配，通常须采用多剑杆进行引纬。多剑杆引纬不仅能提高三维织物的织造效率，而且对纬纱的密度和排列也有极大改善。由于多根剑杆同时引入纬纱，可以使纬纱在同一个垂直平面重叠排列，当配合有效的打纬时，可以织造严格意义上的三维织物或多种 2.5 维织物。当织物从平面的二维向立体的三维结构发展时，其内部各层间经纱的形态会有所差异，有些呈现出笔直硬挺形态，有些则呈现出弯曲交织形态，而且每层经纱的弯曲程度会有所不同（即三维机织物各层经纱的消耗量具有差异）。因此，在三维织物织造时，通常先将具有相同送经量的经纱分类，然后穿于同一页综框中进行织造，采用分层送经的方法，每一层经纱由单独的张力控制器进行调整，确保每一次开口时经纱张力均匀，开口清晰。

5. 多梭口织造实例

（1）织物组织设计。本实例采用多综眼综丝，利用其中 4 个综眼试织具有 6 层经纱的三维机织物，这种织物被称为正交角联锁结构，其经向截面示意图如图 11–9（a）所示。在图 11–9（a）中，标注为 1～8 的弯曲弧线为经纱，标注为字母 A～E 和字母 a～e 圆圈的为纬纱。由于此织物最上、最下两层和中间层所交织的经纱根数有所差异，理论上中间层的经密应该为上、下层的两倍。在经密设计过程中，本文将上、下两层的经密设定为 40 根/10cm，中间层为 80 根/10cm，每筘 2（根/层）×4（层）=8 根。

与此织物相对应的组织图、穿综图和纹板图分别如图 11–9（b）、（c）和（d）所示。在穿综过程中，本文将图 11–9（a）中的 1、2、3、4 号经纱从上至下一一对应穿入第一页综框的第一根综丝的 4 个综眼上，然后将 5、6、7、8 号经纱依次从上至下分别穿入第二页综框的第一根综丝的 4 个综眼上，后续穿综依此循环。根据经纱位于纬纱上方标记为"×"的规律，其组织图如图 11–9（b）所示。采用顺穿法，其穿综图如图 11–9（c）所示。图 11–9（d）为此次织造的选纬图，图纸标记"Ⅰ"和"Ⅱ"分别表示第一、二页综框，图中标记"2"表示一次提升 2 个综眼高度。本次织造的提综规则采用平纹组织纹板。

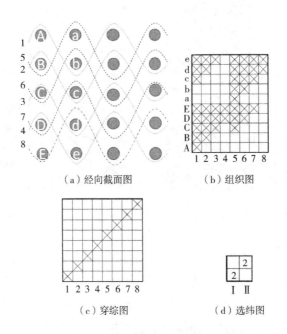

（a）经向截面图　　　　　（b）组织图

（c）穿综图　　　　　（d）选纬图

图 11–9　正交角联锁织物组织设计图

（2）上机工艺。实验中所采用的上机流程为：经纱准备→穿综→穿筘→调整经纱张力→纬纱准备→输入上机参数→织造。采用两页综框，手动引纬进行织造。所采用的钢筘筘号为 40，总经根数为 400 根。

在穿综时，首先将经纱分为 4 层，先从第一页综（图 11–10 中的"Ⅰ"）的第一根综丝自上而下依次穿入第 1、2、3、4 号综眼；然后穿入第二页综（图 11 - 10 中的 "Ⅱ"）的第一根综丝的第 5、6、7、8 号综眼；最后将第一、二页综框上 1~8 号经纱全部穿入同一筘隙。

在提综时，第一次将第一页综框提升 2 个综丝眼高度，如图 11 - 10（b）所示。这样可以形成 5 个梭口，实际经纱提综图如图 11 - 11（a）所示，5 根经纱 A~E 引入梭口；第二次提综时，第一页综框回复原位，第二页综框提升 2 个综眼高度，此时引入纬纱 a~e，如图 11 - 10（c）和图 11 - 11（b）所示。

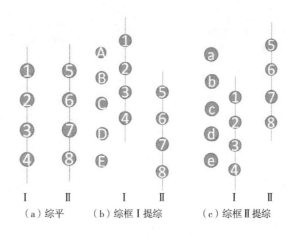

（a）综平　　　（b）综框Ⅰ提综　　　（c）综框Ⅱ提综

图 11 - 10　提综规律示意图

（a）第一次提综　　　　　　　　（b）第二次提综

图 11 - 11　实际提综

通过多综眼综丝制备的实心板材三维织物厚度可达 3cm，如图 11 - 12 所示。

（3）引纬机构。三维织物的引纬与普通织物最大的不同就在于，当层数过多时，三维织物需要多层纬纱同时引入才能保证引纬效率，如图 11 - 13 所示的多层引纬三维织机。图 11 - 14 为可织造总经纱层数为 100 层的三维织机，从上至下排列了 15 层至 100 层经纱，具有多层引纬系统。

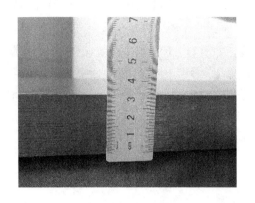

图 11 - 12　通过多综眼综丝制备的三维织物

图 11 - 13　多层引纬三维织机

（4）打纬机构。因为同时引入多根纬纱，所以要求纬纱的打纬力度较大且均匀，这样才能使织物打紧；但同时又不能力度过大，否则，会伤及纤维。因为传统织机上钢箱的打纬运动是与经纱成一定角度地打纬，这样不能同时推动多层纬纱移向织口，也会使箱齿与经纱摩擦的长度增加，不利于特种纤维织造，故钢箱的运动为平推运动，将经纱推向织口。

图 11 - 14　可织造总经纱层数为 100 层的三维织机

（5）送经与卷曲。送经装置除了具有喂给经纱的功能以外，还要控制经纱张力。由于特种纤维可拉伸性相对较差，需要在平综时和梭口满开时都调节好经纱的张力，若使用单织轴织造，将会造成严重开口不清，最方便的方法是从筒子架直接喂入或者多织轴送经。另外还要注意在送经装置与钢箱装置之间放置导纱架，方便控制织造时经纱的张力。

由于三维织物的形状特殊且具有一定厚度，所以其卷取机构不可以再使用普通织机的卷取辊，取而代之的是一种电子化、可控制每次卷取量、卷取时间的自动间歇性"拉取"装置，如图 11 –15 所示。

图 11 –15　织机卷曲装置

与三维编织技术和三维针织技术不同，三维机织预成型体中仅含有经向和纬向纱线，非常适合织造具有一定厚度的宽幅织物。然而现代的三维织机还是存在些许缺陷，首先，由于复合材料厚度需要，织物的层数并不少，而织物的层数需求与综框的数量限制形成了矛盾，综框数太多，一是磨损纤维，二是使机器占地面积过大，不利于工业化生产，因此采用传统的纱线升降机构（即综框）限制了多层织物设计的灵活性；其次，使用一层一套引纬机构（如多个剑杆引纬），使织造时的开口幅度加大，对于控制经纱张力和增加织物层数都不利。

第二节　异形结构三维机织物

本书中所述异形结构三维机织物指的是型材结构三维机织物。型材是一种通用的工业材料，在金属工业领域，钢、铝等材质的型材产品已经系列化生产，常用的型材截面形状有 T 形、H 形（Ⅰ形和工形）、U 形、L 形等。目前，采用各种截面形状的三维织物作为复合材料的增强材料，由于织物的截面形状和最终产品的截面形状接近，因此这种织物被称为型材织物，在很多文献里也被称为预成型织物。

本案例通过合理设计织造通过经纱接结的 T 形结构的三维机织物，计算了 T 形截面不同区域内纱线层数以及所用的纱线数，设计经、纬纱线排列分布规律，同时对 T 形结构进行了优化改进和织造工艺改善。

一、经向截面图参数设计

上机织造时，采用经纱绑定制备 T 形梁结构。衬垫经纱、接结经纱和纬纱均采用棉纱，细度为 30tex，利用半自动小样织机上的 22 页综框，进行设计织造经向截面为 T 形的三维机织物，其经向截面图如图 11－16 所示。图中尺寸参数设计为：$H_1 = H_2 = \frac{1}{2}H$。如图 11－16 所示，上机织造时，织物的梁高 H_1 和底面高度 H_2 主要受织物层数和经、纬纱的直径的影响，织物幅宽 L 是由经纱的总纱数以及每个筘齿中穿入的经纱数所决定的。

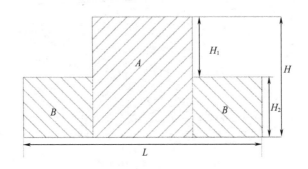

图 11－16　T形机织物经向截面图

二、基本组织选择

采用正交组织作为基本结构，如图 11－17 所示，其中圆圈表示纬纱，曲线 1、5 表示接结经纱，直线 2、3、4 则表示衬垫经纱。根据经、纬纱的交织规律，画出其结构组织图，如图 11－18 所示。采用上图 2 这种结构作为基本组织，织造经纱接结的 T 形结构三维机织物，如图 11－18 所示。

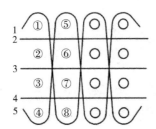

图 11－17　正交结构示意图

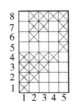

图 11－18　正交结构组织图

三、织物结构设计与织造

设计 T 形结构三维机织物，由图 11－16 所示的织物经向截面图来看，若要求梁高 H_1 与底面厚度 H_2 尺寸相等，从理论上来讲，A 区域的织物层数应是 B 区域的织物层数的两倍，设计 T 形结构织物的经向组织循环图，如图 11－19 所示。然后根据总经纱数，计算每个区的经纱根数，穿综时 A 区经纱根数为 330 根，B 区经纱根数为 165 根。穿综采用顺穿法，筘号 40，纱线 11 根/筘；投纬时采用棉纱 10 根/纬，接结经纱沿衬垫经纱方向引入。但这样织造出的织物 T 形横梁会出现跨越整个 B 区的浮长线，实物图如图 11－20 所示。

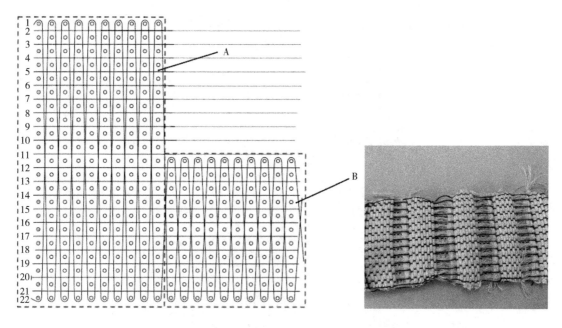

图 11－19　带浮长线的织物经向截面图　　　　图 11－20　实物图展示

四、结构优化设计

为了避免出现跨越 B 区的浮长线，使 T 形结构能一次成型成织物，对 T 形织物进行结构优化和工艺改进。为使浮长线下沉，且满足图 11－16 中的参数设计：$H_1 = H_2 = \frac{1}{2}H$，因此需要重新计算 A 区、B 区的纱线量分布规律，依照图 11－21 所示的经纱走向循环图进行织造，可直接形成 T 形结构整体织物。织物中衬垫经纱层数 N_w 与纬纱层数 N_f 之间的关系如下式所示。

$$N_w = N_f - 1 \tag{11－1}$$

理论上，若使 $H_1 = H_2 = \frac{1}{2}H$，为了增加织物的整体厚度，只能增加纬纱每次的投纬纱线数，用 m 根/纬表示，衬垫经纱采用 1 根/经，接结纱数可忽略不计。则只需满足 A 区域的总纱线数是 B 区域的总纱线数的 2 倍。确定一个基本单元，计算各区域内纱线分布及 B 区的织物纬纱层数 N_{fB} 和经纱层数 N_{WB}。

$$R_A = N_{wA} + mN_{fA} \tag{11－2}$$

$$R_B = N_{Wb} + mN_{fB} \tag{11－3}$$

$$R_A = 2R_B \tag{11－4}$$

式中：R_A——A 区域的总纱线数；

R_B——B 区域的总纱线数。

设计中，确定 T 形三维机织物 A 区纬纱层数 $N_{fA} = 21$，取投纬纱线数 $m = 10$，由式（11－1）～式（11－4）可得，$R_A = 230$ 根，$R_B = 115$ 根，则 B 区域织物纬纱层数 $N_{fB} = 10.5$，取 $N_{fB} =$

10，则经纱层数 $N_{WB}=9$，即确定了 B 区的织物层数。设计优化后的 T 形结构织物的组织循环图，如图 11-21 所示。

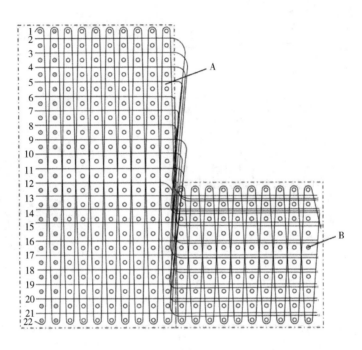

图 11-21　T 形结构经纬纱走向循环图

五、上机织造

进行上机织造时，适当调节纱线张力，使织造顺利进行。根据图 11-21 画出织物的组织图，如图 11-22 所示。上机织造过程如下。

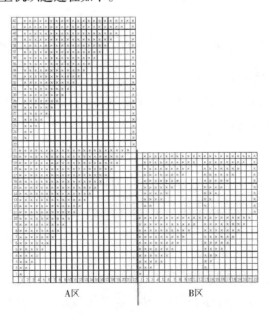

A区　　　　　　　　B区

图 11-22　结构优化后的 T 形结构机织物组织图

1. 穿综 A、B区均采用顺穿法，A区部分穿入1~22页综，B区部分穿入13~22页综。

2. 穿筘 为了减少提综动程过程中，纱线与筘齿的摩擦，需要使织物结构中一个截面内的经纱与钢筘平面尽量趋于90°，筘号选择40，11入/筘。

3. 送经 将运动规律相同的经纱卷绕在同一经轴上，但织造时接结纱在和经、纬纱层相交织时，屈曲程度较大，因此在织造过程中纱线消耗量大，采用筒子架送经，织造效果会更好。织造实物图如图11-23所示。

为进一步优化织物的梁高尺寸H_1和织物表面的平整度，使T形结构三维机织物凸起部分更加明显，将相同运动规律的接结纱跨越的纬纱列数改为两列，织物组织循环图如图11-24所示。绘作织物的组织图，组织图如图11-25所示。织造实物图如图11-26所示。

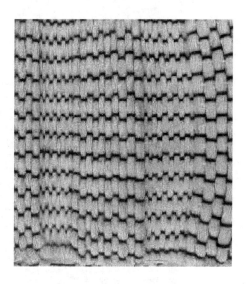

图11-23 织物实物图

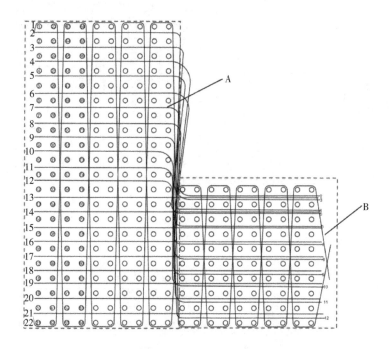

图11-24 接结纱跨越两个纬纱列的组织循环图

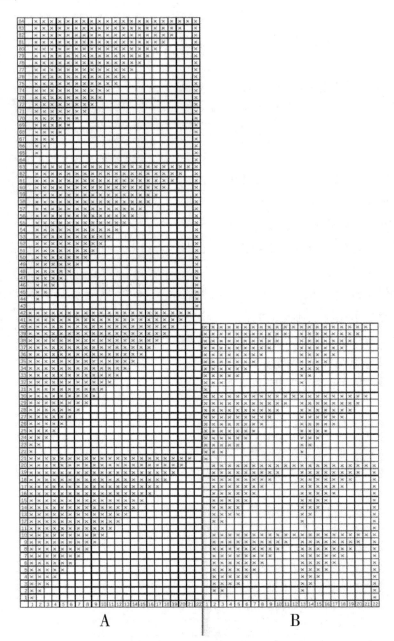

A   B

图 11-25 跨越两个纬纱列的织物组织图

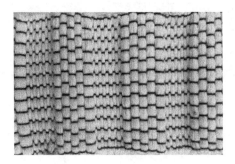

图 11-26 织物实物图

第三节 空心结构三维机织物

由于目前蜂窝材料仍由粘接不同密度层形成，存在织物结构不连续、界面易分离的问题，利用纺织技术可直接制备整体式三维梯度密度蜂窝材料。通过织物组织设计得到层间连续的蜂窝材料。

一、空心结构三维机织物设计原理

常规三维蜂窝织物是由多层织物层间按一定规律接结而成，织物沿厚度方向展开后在侧面形成六边形蜂窝孔。以四层蜂窝织物为例，如图11-27所示，蜂窝结构体的一个单元可以划分为4个区域，区域Ⅰ、Ⅱ、Ⅲ、Ⅳ。第1、第2层织物和第3、第4层织物分别在区域Ⅱ接结，构成六边形的两条直边（接结边），并为上下两个六边形所共用；四层织物在区域Ⅰ、Ⅲ则呈分层的独立状态，构成六边形的四条斜边（自由边）。

六边形蜂窝孔各边的长度由引入的纬纱数决定，若引入的纬纱数越多，则其边长越长，六边形孔的面积就越大。因此，改变纬纱的布置与排列，就可调节六边形蜂窝孔的尺寸。梯度密度蜂窝材料是以常规蜂窝材料为基础，将蜂窝在材料中按梯度分布时每一层的大小将蜂窝划分为不同层次。

如果将梯度密度蜂窝材料按蜂窝孔尺寸分为第一梯度、第二梯度、第三梯度，如图11-28所示，则可利用蜂窝孔的可设计性，通过沿织物厚度方向或者织物长度方向逐渐增加或者减少蜂窝结构体每个单元引入纬纱的数量，扩大或者缩小蜂窝孔洞的尺寸，进而达到密度逐渐变化的目的。

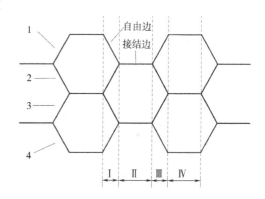

图11-27 四层三维蜂窝织物沿
厚度方向撑开示意图

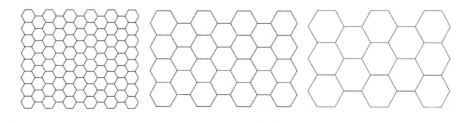

图11-28 梯度蜂窝织物的密度梯度设计

将梯度蜂窝材料在沿织物厚度方向上按其密度由大到小称为正梯度，由小到大称为负梯度，如图 11－29 所示，在长度方向上由外至内密度递增称为内聚梯度，如图 11－30 所示，递减称为扩散梯度。由于正梯度与负梯度蜂窝织物仅是在厚度方向上颠倒了位置，内聚梯度与扩散梯度则是在织物长度方向颠倒了位置，在此仅讨论负梯度密度蜂窝织物与内聚梯度蜂窝的织物组织设计与结构。

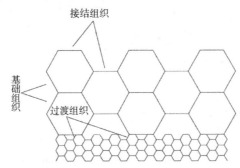

图 11－29　负梯度密度蜂窝织物沿厚度方向撑开示意图

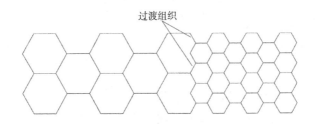

图 11－30　内聚梯度密度蜂窝织物沿厚度方向撑开示意图

二、空心结构三维机织物组织设计

1. 基础组织　为了使得到的织物结构均匀，一般各层采用相同的基础组织，为了减少综框数目，使三维蜂窝织物结构紧密，整体性好，且在复合材料中有较小的纤维体积比，一般采用平纹组织作为基础组织，基础组织也可采用斜纹或缎纹，但所使用的综框数目会增多，加大织造难度。

2. 接结组织　接结组织就是接结边采用的组织，一般可以选用平纹、重平、方平或者正交组织作为接结组织。由于平纹组织和重平组织在接结区都是一层纬纱与两层经纱相交织，而在非接结区是两层经纱与两层纬纱分别交织，这会使织物结构的均匀性受到影响。从织物整体结构均匀性的角度考虑，一般采用正交组织作为接结组织。

3. 过渡组织　过渡组织指的是由一个梯度向另一个梯度过渡时相邻两层经纱并层处的组织，由图 11－29 和图 11－30 可以看出，过渡层所形成的蜂窝孔形状为不规则多边形。过渡层的织物组织结构可以沿用基础组织＋接结组织的组合，也可以选择将并层处的两层经纱全部绑定，这样就不会形成蜂窝孔。

三、空心结构三维机织物结构设计

1. 负梯度密度蜂窝织物结构设计 对于负梯度密度蜂窝织物来说，其层数越多，则其梯度效应越明显，可设计的梯度层次也越多。利用半自动打样机进行织造，共 16 页综框，最多可织造 8 层三维密度梯度蜂窝织物。其中，基础组织选用平纹组织，接结组织选用正交组织。

为了清晰直观地表达密度梯度蜂窝织物中层与层之间的连接关系，通常采取一个完全组织循环内经向截面图来展示经纬纱线的分布与走向。其中，曲线表示经纱的走向，黑点表示纬纱的位置。

图 11-31 为八层负梯度密度蜂窝织物的经向截面图，可以很清楚地看到，该梯度密度蜂窝结构织物的密度分为两个梯度，且这两个梯度的蜂窝孔洞直径之比为 1:3。

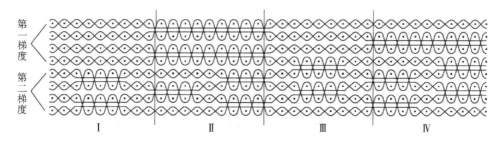

图 11-31 八层负梯度密度蜂窝织物经向截面图

2. 内聚梯度密度蜂窝织物结构设计 内聚梯度密度蜂窝织物的梯度变化主要体现在织物长度方向，即织物的经向，因此在织物长度方向上的梯度变化有两种设计方案。

第一种设计方案：在常规密度均匀蜂窝织物的基础上，随着织口的不断前移，逐渐减小蜂窝孔每边引入的纬纱数量，从而使蜂窝孔尺寸逐渐变小，即仅缩小蜂窝孔尺寸，而不改变蜂窝织物的层数，具体如图 11-32 所示。

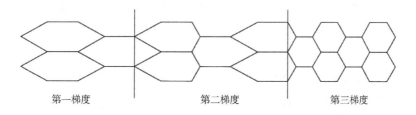

图 11-32 内聚梯度密度蜂窝织物沿厚度方向撑开示意图

以四层内聚梯度密度蜂窝为例，其经向截面图如图 11-33 所示。该设计方案的特点是基础组织采用平纹组织，接结组织采用正交组织。而过渡组织所形成的蜂窝孔，其左边两条自由边长度大于右边两条自由边长度。但采用这种方法得到的内聚梯度密度蜂窝材料，在复合后可能会导致材料厚度逐渐变小。

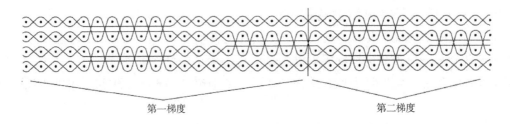

图 11 - 33 四层内聚梯度面密度蜂窝织物经向截面图

第二种设计方案：在缩小蜂窝孔尺寸的同时，增加其数量，以保证蜂窝织物在撑开后整体厚度相当，如图 11 - 34 所示。以八层内聚梯度密度蜂窝织物为例（图 11 - 34），该设计方案的特点是，在第一梯度内，织物的自由组织与接结组织均采用正交组织，形成三层较大的蜂窝孔；而在第二梯度内，织物的自由组织则采用平纹组织，形成七层较小的蜂窝孔。

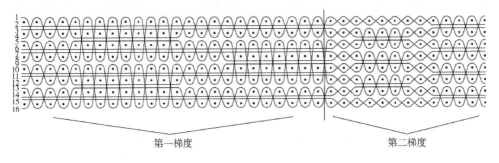

图 11 - 34 八层内聚梯度密度蜂窝织物经向截面图

在第一梯度内，经纱 2、3、6、7、10、11、14、15 一直作为浮长线分布在上下两层纬纱之间，不参与交织，由于这 8 根经纱与另外 8 根经纱的织缩率不同，随着织造的进行，势必会导致经纱张力不匀。

3. 织物相关参数计算 现根据图 11 - 31 所示的经向截面图计算相关参数：

第一梯度内六边形蜂窝孔每个自由边纬纱数为 3 根，接结边纬纱数为 3 根；第一梯度内一个完整的蜂窝结构体单元所消耗的纬纱数 $R_{w1} = 3 \times 4 = 12$ 根；

第二梯度内六边形蜂窝孔每个自由边纬纱数为 9 根，接结边纬纱数为 9 根；第二梯度内一个完整的蜂窝结构体单元所消耗的纬纱数 $R_{w2} = 9 \times 4 = 36$；

一个完整的组织循环内组织循环经纱数 $R_j = 2 \times 8 = 16$ 根，组织循环纬纱为 R_{w1} 和 R_{w2} 的最小公倍数与层数的乘积，即 $R_w = 36 \times 8 = 288$ 根。

其中，R_{w1} 表示第一梯度内一个完整的蜂窝结构体组织循环经纱数；R_{w2} 表示第二梯度内一个完整的蜂窝结构体单元组织循环经纱数；R_w 表示一个完整的组织循环经纱数。

从理论上来说，基于蜂窝织物的可设计性，只要调整梯度密度蜂窝织物每一梯度内六边形蜂窝孔每边引入的纬纱数，则可任意设计两个相邻梯度内的孔洞直径之比。

4. 上机图 组织图是根据织物经向截面图中各层经纬纱的交织规律和投纬顺序分区绘出来的。由于织物层数较多，每筘 2 入易使织物单层经密过小，织物结构松散，故采用每筘 4

入，穿综采用顺穿法。由组织图、穿综图与纹板图之间的关系可知，纹板图与组织图完全一致，组织图如图 11-35 所示。

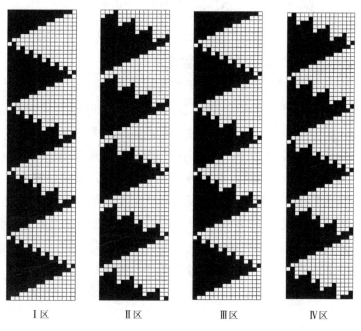

Ⅰ区　　　　Ⅱ区　　　　Ⅲ区　　　　Ⅳ区

图 11-35　八层梯度密度蜂窝织物组织图分区图

四、上机织造

1. 原材料选择　由于织造八层三维梯度密度蜂窝织物需要 16 页综框，且基础组织采用平纹，因而织造时经纬纱交织较为频繁，理论上来说应选用强力较高且较粗的纱线。

2. 织造工艺　由于接结区采用正交接结的方式，从图 11-31 可以看到，在接结区作为浮长线的经纱，几乎在每一个接结区都作为浮长线而不参与交织，很容易导致相邻两根经纱织缩率不同而引起张力不匀。当出现张力不匀时，可通过悬挂铁钩进行张力补偿。织物实物图如图 11-36 所示，其上、下两个梯度的蜂窝孔直径之比约为 2:1。

图 11-36　八层负密度梯度三维蜂窝织物实物图

第四节　圆型结构三维机织物

一、圆锥、圆筒壳体织物的现有成型技术

目前，圆锥、圆筒壳体织物的成型技术都不太成熟，织出来的织物都有一定的缺陷，因此大多数时都采用人工进行手动编织。现有的成型方法主要有平面织造法、仿形织造法和立体织造法。

1. 平面织造法　在多层织机上采用经纱和纬纱两个纱线系统进行交织可以增加平面织物的厚度，这样，织物在 X、Y、Z 三个方向都有纱线排列，从而形成三维结构。将圆锥、圆筒壳体织物的立体模型压扁，让它成为一个有厚度的平面织物，就可以利用多层织机来进行织造，织造完成后再将这种多层织物还原成圆锥、圆筒壳体织物。

因此，圆锥、圆筒壳体织物是能够利用多层织机进行织造的，但是这样织造出来的圆锥、圆筒壳体织物的厚度通常受到多层织机的限制，往往不能满足圆锥、圆筒壳体织物增强复合材料对厚度的需求。因为在多层织机上，经纱层数多、密度过大时，经纱在织造过程中因摩擦引起的起毛现象将特别严重，甚至有时还会造成部分经纱断头，使织造出来的织物质量不高或根本无法进行织造。

2. 仿形织造法　仿形织造法是采用传统织造技术，先织造出单层布，然后把织造好的单层布缠绕到预制件的外轮廓上，得到对应的壳体织物。其织造原理如图 11 – 37 所示，采用纱架进行送经，其开口机构和打纬机构跟平面单层织机一样，利用锥形辊将织物卷绕成型，这样就可以按照圆锥形、圆筒形预制件的外轮廓形状生产单层或多层壳体织物，且壳体织物的厚度可根据缠绕的单层布进行控制。用成熟的平面织物织机生产时，生产效率高，设备的费用也低。但是壳体织物通过单层布缠绕成型，层与层之间没有纱线交织，会有明显的分层现象，导致织物厚度方向的力学性能较差，抗剪切强度低，无法与直接成型的圆锥、圆筒壳体织物的性能相比，对织物性能要求特别高时很少采用这种方法。

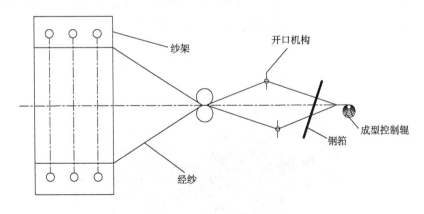

图 11 – 37　仿形织造法原理

3. 立体织造法　立体织造法是根据圆织法的原理，在传统圆织机的基础上发展起来的，

它包括环形立体织造法和三维圆织法。

环形立体织造是将芯模固定在正中间，芯模周围分布着从经轴或筒子架上送出来的经纱，把这些沿芯模排列的经纱分成几组，每一组由一个提综机构控制，在织造时每个提综机构都会将各自组的经纱进行开口，从而在芯模的圆周方向形成多个开口，然后多个引纬器携带纬纱在经纱开口内围绕芯模做圆周运动，使得经纱与纬纱进行交织，形成与芯模形状一致的圆锥、圆筒壳体织物，如图11-38所示。

三维圆织机是将经轴或筒子架送出来的纱线沿芯模的径向均匀分布，然后将纬纱和接结纱从圆周方向引入，三个系统的纱线在芯模表面进行交织形成织物。在织造过程中，梭子围绕芯模做圆周运动，牵引引入的纬纱和接结纱在织物的织口处紧密地交织，所以这种圆织机通常没有打纬机构，织造效率高。同时，织造过程中

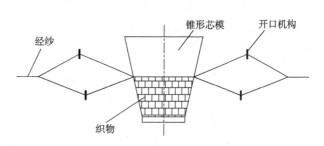

图11-38 环形立体织造法原理

其经纱是连续的，只需要更换纬纱和接结纱，而更换纬纱和接结纱通常情况下比较容易，因此，三维圆织机能够实现圆锥、圆筒壳体织物的连续生产，而且它的经纱层数可以增加或减少，这样就可以很容易地改变织造的壳体织物的厚度，立体圆织机的结构示意图如图11-39所示。

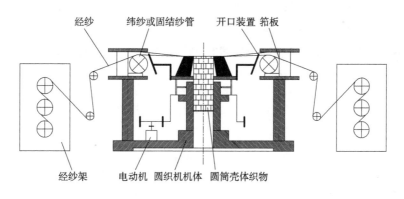

图11-39 立体圆织机结构示意图

经纱从织机的圆周方向引入，开口机构按照织物组织规律，将部分层的经纱拨到携纱器的上方，其他层的经纱则拨到携纱器的下方，这样携纱器上方的纱线和携纱器下方的纱线之间就形成梭口，携纱器绕芯模做圆周运动，牵引纬纱与圆周方向的经纱形成交织，接结纱也是通过携纱器引入梭口，与纬纱相同，但是纬纱是与面内的纱线进行交织，接结纱与层间的纱线进行交织，这样的交织方式就能够形成具有一定厚度的圆筒壳体织物。

现有的圆锥、圆筒壳体织物的织造技术均存在一定问题，如织造效率低下，织造的织物

性能差，品种适应性低，无成熟的织造设备，从而无法进行连续生产，大部分都是手动或半自动织造，导致生产成本高。

二、圆锥、圆筒壳体织物织机的机械结构设计

1. 送经系统设计 由于圆锥壳体织物本身形状的特殊性，决定了圆锥壳体织物在生产时不能够连续织造，所以圆锥壳体织物织造时的送经系统也不用采用能够连续送经的送经系统，即经轴送经系统和筒子架送经系统。只用根据芯模的尺寸计算出织造一个圆锥壳体织物的经纱用量，一个圆锥壳体织造完成后就重新换经纱。这种送经方式也决定了该织机不用设计卷取机构。

首先根据需要织造的圆锥、圆筒壳体织物的外形尺寸和织物经密要求计算出所需的经纱根数，每根经纱对应经纱目板上的经纱孔，经纱目板如图 11 – 40 所示。

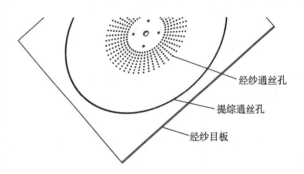

经纱通丝孔
提综通丝孔
经纱目板

在织造圆筒壳体织物时，所有的经纱都需要沿芯模表面分布好。但在织造圆锥壳体织物时，圆锥形芯模的截面直径是在不断变化的，为了保证最终的织物经密均匀，在织造圆锥小头时需要的经纱少，剩下的经纱需要在织造过程中添加进去。所以该送经系统在刚开始只用往芯模表面布一少部分经纱，剩余的经纱全部挂在芯模上方的吊环上，方便在后面的织造过程中的补经操作。沿芯模表面分布的经纱首先

图 11 – 40 经纱目板示意图

以平纹的方式编织成平纹布，然后固定在锥形芯模顶端的小头，对芯模的顶端进行了包头，使得织造出来的圆锥壳体织物头部表面光滑，没有接头，不易松散。最后，该送经系统的经纱分布方式如图 11 – 41 所示。

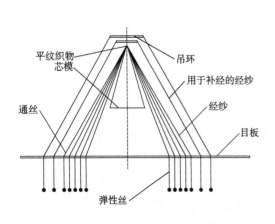

平纹织物
芯模
吊环
用于补经的经纱
通丝
经纱
目板
弹性丝

图 11 – 41 送经系统经纱分布图

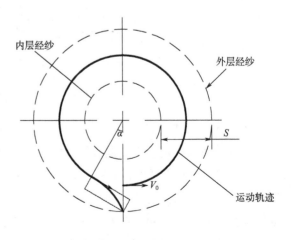

内层经纱
外层经纱
α
S
V_0
运动轨迹

图 11 – 42 引纬运动轨迹

2. 引纬系统的设计 圆锥、圆筒壳体织物织机经过开口运动形成的梭口在两层经纱之间，每层经纱都沿圆周方向均匀分布形成一个封闭的环形，纬纱需要先从经纱外部进入梭口，在梭口围绕芯模做圆周运动，然后从梭口出到经纱外面，方便进行下一次开口动作。由此分析，引纬运动不能做一个完整的圆周运动，其运动轨迹如图 11 - 42 所示。

从图中可以看出，引纬运动的轨迹是一部分的匀速圆周运动加上一部分的平抛运动。匀速圆周运动主要是纬纱绕芯模运动完成引纬动作，平抛运动主要是纬纱从梭口运动到外层经纱外部。

将环形的引纬轨道沿圆周方向分为 N 段小轨道，当不需要进行引纬运动时，通过张口机构将小轨道张开；需要进行引纬运动时，则将小轨道合上。在小轨道合上的同时，带动小轨道运动的摆杆上有锲形零件辅助将外层的经线挤开，方便小轨道进入梭口。然后采用高速气流的喷嘴将特制的圆形纬纱头喷出，纬纱头从小轨道入口进入，牵引纬纱沿轨道做圆周运动。其中引纬的小轨道有一段是缺失的，圆形纬纱头运动到小轨道缺失的地方，将作平抛运动从梭口运动到外层经纱的外部。这样圆形纬纱头刚好牵引纬纱沿芯模运动了一周，完成引纬运动。引纬机构如图 11 - 43 所示。

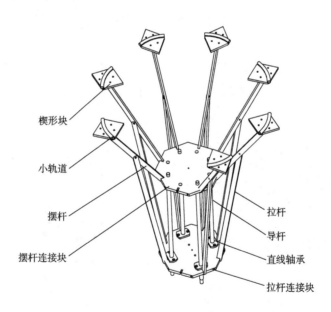

楔形块
小轨道
摆杆
摆杆连接块
拉杆
导杆
直线轴承
拉杆连接块

图 11 - 43 引纬机构

每一段小轨道的内侧都开有细槽，纬纱在小轨道内做圆周运动时可以方便地从内侧的细槽脱出绕到芯模上。锲形块是在轨道张开或闭合时，随着摆杆一起运动，经均匀分布的经纱拨开，帮助小导轨进入梭口，同时因为完成后也拨开经纱帮助小导轨离开梭口。图中只画出了下锲形块，对应的每一个小导轨上面还有一个上锲形块，小导轨镶嵌在上下两个锲形块之间，固定和装拆都比较方便。摆杆连接块是固定的，通过拉杆连接块上下的直线运动，拉杆就带动摆杆绕固定轴摆动使轨道张开或闭合。因此，只需要确定拉杆连接块的直线运动，整个轨道的张开或闭合运动就确定了。

3. 打纬系统的设计 根据圆锥、圆筒壳体织物织机织造时的特点，纬纱是绕芯模运动了一周，故整个圆周方向都有织物形成，则筘板应该设计成环形的，沿圆周方向都有筘片，这样才能把织物打紧。另外，圆锥壳体织物比较特殊，其截面直径从小头到大头是逐渐增大的，在小头织物截面直径小，则需要的筘片比较少；在大头织物截面直径比较大，打纬时则需要较多的筘片，因此，筘板的筘片还应设计成方便拆卸的，根据织物的织造情况可以随时增加或减少筘板上筘片的数量。在织造圆筒壳体织物时，织物的截面直径是恒定不变的，就无需增减筘片的数量。综上所述，圆锥、圆筒壳体织物织机的筘板应该是环形的，且筘片数量是可以增加或者减少的。筘板的外形如图11-44所示。

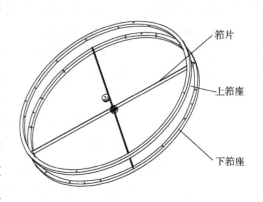

图11-44 筘板

筘板的筘座都是由内环和外环组成，外环和内环上都对应地开有细槽，筘片很容易安装到细槽中，筘片安装完成后，上筘座盖到下筘座上面，将筘片固定，安装和拆卸都比较方便。

4. 整机模型 根据前几节对送经系统、开口系统、引纬系统、打纬系统和织造芯模设计的介绍，最终圆锥、圆筒壳体织物织机的整体模型如图11-45所示，织物实物图如图11-46所示。

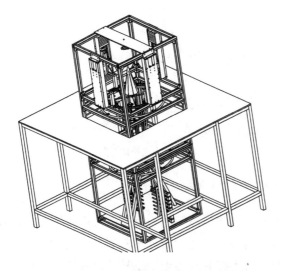

图11-45 圆锥、圆筒壳体织物织机模型

图11-46 圆锥体织物试样

☞ **思考与练习题**

1. 试述三维机织物的分类及其应用场合？

2. 试画出浅交弯联结构织物、带衬纬浅交弯联结构织物和带衬经浅交弯联结构织物如题图 11 - 1 所示的组织图?

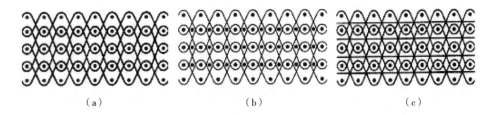

（a）　　　　　　　（b）　　　　　　　（c）

题图 11 - 1

3. 试画出三种中空结构织物如图 11 - 2 所示的经向截面图和组织图?

4. 简述圆型三维机织物的不同织造方法?

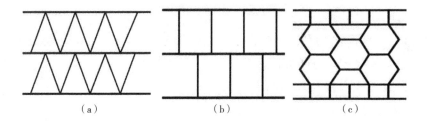

（a）　　　　　　　（b）　　　　　　　（c）

题图 11 - 2

第十二章　上机织造实验操作

<table>
<tr><td colspan="2" align="center">本章目标</td></tr>
<tr><td colspan="2">

1. 熟悉小样织机的工作原理、机器结构及各主要机件的作用。

2. 掌握小样织机的操作步骤与使用方法。

3. 顺利完成所设计织物小样的织造。

</td></tr>
</table>

"机织物组织与结构实验"是与"机织物组织与结构"课程配套开设的实践环节课程，实验课程共开设两个基础实验和三个提高实验，主要包括：

（1）三原组织织物设计与试织。

（2）变化组织及联合组织织物设计与试织。

（3）配色模纹织物的设计与试织。

（4）二重组织织物的设计与试织。

（5）双层组织织物的设计与试织。

通过实验（1）和实验（2）两个基础实验的学习和训练，从实践中加深对机织物组织结构理论方面知识的理解，掌握上机织造机织物的方法。通过训练获得一定的设计与织制机织物小样的能力，获得一定的识别、分析织物样品的能力。实验（3）～（5）是在实验（1）和实验（2）的基础上，对机织物组织与结构知识体系的深化和延伸，可巩固和加深对"机织物组织与结构"课程理论教学中所学知识的理解，在上机图绘制和小样织制上得到进一步的综合训练。通过实验过程中对样品质量的实时分析，能有一定的产品质量调控能力，并养成勤于思考、善于动手的工程实践能力。

第一节　机织小样机介绍

本节以半自动小样机为例介绍其构成及使用方法。该小样机可用于棉、毛、丝、麻、化纤、混纺等各类织物的小样试织。

图12-1为半自动小样机。实验开始前，将平行排列的经纱固定在小样机后侧的经轴上，经纱从经轴引出，绕过后梁、导纱棒，逐根按照一定的规律穿入综框上的综丝眼，再穿过钢筘的筘齿，绕过胸梁固定在织轴上。通过小样机正面显示屏输入纹板，即可进行织造。通过

开口、引纬、打纬、送经、卷取等过程完成机织物小样的织造。

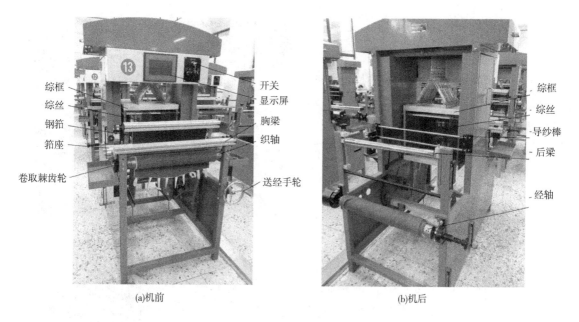

綜框
綜丝
钢筘
筘座
卷取棘齿轮

开关
显示屏
胸梁
织轴
送经手轮

綜框
綜丝
导纱棒
后梁
经轴

(a)机前　　　　　　　　　　　　　　(b)机后

图 12 - 1　小样机实物图

一、开口机构

织造过程中，通过综框的上下运动，将经纱分为上下两层，形成梭口，如图 12 - 2 所示。

图 12 - 2　梭口

开口机构是根据上机图中纹板图所决定的提综顺序来控制综框（经纱）的升降，以获得设计所需的组织结构。

二、引纬机构

半自动小样机的引纬工作由人工进行。纬纱卷绕在纬纱管上，如图 12 – 3 所示。通过手动引纬，由织机一侧穿过梭口到达另一侧，将一根纬纱留在梭口中。通过引纬，纬纱得以和经纱实现交织，形成织物。

图 12 – 3　纬纱卷绕在纬纱管上

三、打纬机构

半自动小样机需人工打纬。引入纬纱后，由人工将钢筘向织机前方摆动，把引入的纬纱推向织口，同时提升的综框下降，上下两层经纱闭合从而将纬纱夹持住，纬纱与经纱形成紧密交织；由人工将钢筘向织机后方摆动，综框按照纹板图提升要求进行提升形成新的梭口。织机主轴每转一次，便形成一个新的梭口，引入一根新的纬纱，完成一次打纬动作。这样不断地反复循环，直至织成所设计的织物小样。图 12 – 4 所示为钢筘被推向织口的位置。

四、送经机构

半自动小样机经纱张力由人工进行调节，通过摇动手轮以转动经轴来放松或拉紧经纱，如图 12 – 5 所示。

五、卷取机构

所形成的织物在织机卷取机构的引导

图 12 – 4　打纬

下，绕过胸梁卷绕在织轴上。由于小样机无自动卷取机构，所以要通过转动棘齿轮来卷取织物，如图 12 – 6 所示。可自行利用机上手动式卷取、送经机构放出经纱、卷取织物，并调节好张力，进行织造。

图 12 - 5　送经手轮　　　　　　　图 12 - 6　卷取棘齿轮

第二节　织前准备与织造

小样织造前需要绕经纱和纬纱，还需要穿综、穿筘和设置纹板，织前准备过程介绍如下。

一、上机预习

1. 分组准备　实验开始前一周，做好分组准备，2~3人/组，并按要求设计合适的织物组织。

2. 实验过程预习　预习和熟悉小样机工作原理以及织造工艺流程。

3. 实验预习报告撰写　以小组为单位，根据各实验项目具体要求，选择或设计相应织物组织，确定合适的上机工艺（穿综、穿筘），绘制上机图，并完成实验预习报告的撰写。

二、实验准备

1. 仪器/工具准备　小样织机、纱线、整经架、卷纬架、小样织机配套工具一套。

2. 实验原料　根据实验项目需要，准备经纱、纬纱和色纱。

三、开机

检查并确认织机开口、打纬等相关机件运动的动程范围内没有异常阻碍后，按如下步骤启动织机：接通织机外供气源、电源；打开位于织机控制柜内的总电源开关；使用钥匙打开位于显示屏右侧的开关进入人机界面，选择语言，点击进入，如图 12 - 7 所示；点击准备按钮，调至准备状态，综框回到中间位置。

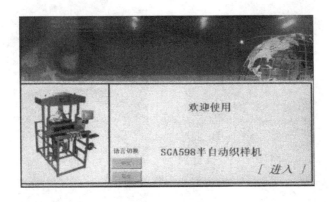

图 12 - 7　触摸显示屏人机界面

四、经纱准备

经纱准备指在织造开始前将一定根数的经纱按工艺设计规定的长度和总经根数，在整经架上平行卷绕，然后以适宜的、均匀的张力固定在经轴和织轴上。

1. 整经　将筒子纱卷绕成一定长度的一束纱。整经可选择以下方式进行：自制整经木板，在整经木板上安装若干个绞钉，将经纱环绕在各绞钉之间；使用专用手摇式整经架进行整经；使用小样整经机进行整经。

手摇式整经架如图 12 - 8 所示，整经架每绕一圈长度为 1.8m，手摇圈数为所需经纱根数，绕取所需数量的经纱后从整经架上取下。

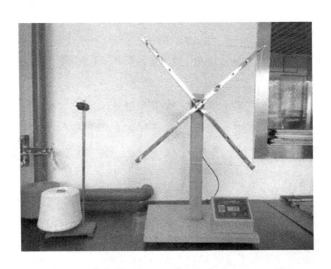

图 12 - 8　手摇式整经架

2. 固定经纱　从整经架上取下经纱，从一处整齐剪断，然后将经纱后部系于经轴上，绕过后梁，准备穿经，如图 12 - 9 所示。后梁高低可通过旋转后梁摆臂上的螺钉进行调节，后梁高低应根据综框高低位置、经纱上机张力及织物外观风格特征等确定。

图 12 – 9　经纱系于经轴上

3. 穿经　穿经时需要用到穿综钩。图 12 – 10（a）和（b）分别为单头穿综钩和四头穿综钩，实验人员可根据熟练程度自行选择使用。穿经包括穿综和穿筘两个部分。

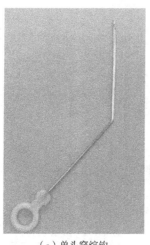
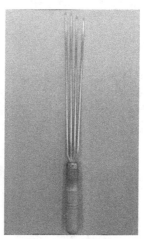

（a）单头穿综钩　　　　　（b）四头穿综钩

图 12 – 10　穿综钩实物图

（1）穿综。穿综是指将各根经纱按一定顺序穿入各页综框的过程。综框是由外框、综丝杆和挂在其上的许多综丝构成。每根综丝中间都有孔，以便经纱从孔中穿过，如图 12 – 11 所示。半自动小样机标准配置为 16 片单列式综框，即每页综框上只挂一列综丝。每页综框最多可安装 280 ~ 300 根综丝，综丝可在综丝杆上左右滑动，可根据需要增加或减少综框上的综丝根数。综丝在综丝杆上的排列密度不可超过允许范围，否则会加剧综丝对经纱的摩擦，从而增加经纱断头。可通过增加综框数的方式来降低综丝密度。

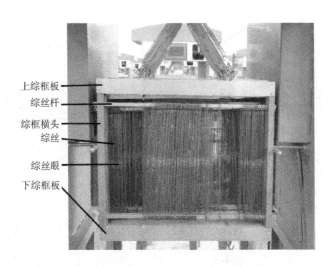

图 12 - 11　半自动小样机综框图

上综框板
综丝杆
综框横头
综丝
综丝眼
下综框板

　　穿综操作时，一人坐在机前，将所需综框上的综丝全部拨至右边，根据穿综图的穿综方法，自左侧起从相应综框上选取综丝，将穿综钩从机前穿入综丝眼中。另一人坐在机后，从经纱束的根部抽取一根经纱，如图 12 - 12 所示，挂在穿综钩上，再由机前人员将穿综钩抽回，如图 12 - 13 所示。穿综钩带动经纱穿过综丝眼，即完成一根经纱的穿综。将穿过的经纱平行放置在小样机一侧，保持经纱顺序摆放，防止经纱纠缠。

图 12 - 12　抽取经纱

图 12 - 13　经纱穿过综眼

　　（2）穿筘。经纱穿过综丝后还要穿过钢筘的筘齿。钢筘是由特制的直钢片排列而成，这些直钢片称筘齿，筘齿之间有间隙供经纱通过，如图 12 - 14 所示。小样机使用的钢筘幅宽为 50.8cm（20 英寸）。钢筘的作用是确定经纱的分布密度和织物幅宽，打纬时把梭口里的纬纱打向织口。每筘穿入数的多少，应结合经纱线密度、织物的经向密度、织物组织以及织物的外观要求等加以综合考虑。筘齿的稀密程度用筘号表示，小样机钢筘上标有英制筘号，如 40 筘/2 英寸、60 筘/2 英寸、70 筘/2 英寸、80 筘/2 英寸等。应当选用合适筘号的钢筘进行上机织造。

穿筘前，为方便操作，应先将钢筘取下，使用钢筘架与螺丝先将钢筘水平固定在胸梁上，如图 12-15 所示。穿筘的顺序通常为从右至左。

穿筘时需要用到插筘刀，如图 12-16 所示。两侧铁片 2 和 3 与刀柄 1 相连，紧紧镶嵌着中间铁片 4。

图 12-14　钢筘实物图

图 12-15　穿筘时钢筘固定方法

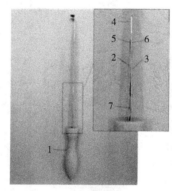
（a）插筘刀侧面图

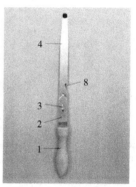
（b）插筘刀正面图

图 12-16　插筘刀

当插筘刀向上运动时，轻轻向左侧用力，钢筘的一个钢片从插筘刀左侧铁片 2 与中间铁片 4 的连接处 5 进入插筘刀缝隙 7 内，如图 12-17（a）所示，将插筘刀提至最高；此时按照穿筘图中每筘齿穿入的经纱根数，按顺序取经纱置于插筘刀的导纱钩 8 内，如图 12-17（b）所示；随后略向左侧用力的同时将插筘刀向下拉，钢片从插筘刀右侧铁片 3 与中间铁片 4 的连接处 6 经过，如图 12-17（c）和（d）所示；将插筘刀拉至最低，经纱被穿入筘齿中，完成一次穿筘，且插筘刀来到左侧相邻筘齿内，如图 12-17（e）所示。

由于插筘刀钢片上方的弯折设计，插筘刀不会从钢筘上脱离。无须将插筘刀完全取出，重复上述步骤即可连续完成穿筘操作，全部经纱均穿过筘齿，如图 12-18 所示。当经纱全部完成穿筘后，可将钢筘卸下，装回原来的位置并固定好。

（3）固定经纱。完成机上穿经后，使用木梳或用手将经纱前部梳理整齐后系到织轴上。可根据经纱宽度将机前经纱分为几束分别固定，调整好经纱张力，要求经纱平直整齐排列，张力均匀，如图 12-19 所示。

（a） （b） （c） （d） （e）

图 12 - 17 穿筘操作方法

图 12 - 18 机上穿经完成

（a）机前 （b）机后

图 12 - 19 机前经纱梳理并固定

五、纬纱准备

使用卷纬架将纬纱从筒子纱的形式卷绕成符合织造要求并适合梭子形状的纬纱管。将纬纱管固定在单锭卷纬架上，卷绕一定长度的纬纱，如图 12 - 20 所示。

六、纹板设置

可通过小样机触摸屏对纹板图进行输入、储存及调用，小样机触摸屏如图 12 - 21 所示。小样机可以同时储存 6 套纹板，每套纹板可达 1000 行。如果在纹板图中有若干行是重复的，可以通过复制功能将重复行的纹板进行复制并粘贴。

以图 12 - 22 所示纹板图为例对小样机纹板设置的方法加以说明。

图 12 - 20 单锭卷纬架

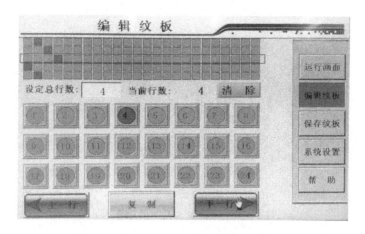

图 12 – 21 小样机触摸屏

打开织机电源并调至准备状态,点击"编辑纹板"。根据绘制好的纹板图,按顺序将纹板图每一横行的提综规律输入计算机。以图 12 – 22 纹板图的设置步骤为例。首先在纹板图总行数中输入"4",如图 12 – 23(a)所示;在纹板图中第一行,综框 1、2 上升,于是在屏幕中第一行,将①、②选中,如图 12 – 23(b)

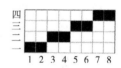

图 12 – 22 纹板图

所示;完成第一行输入后,点击下一行,屏幕显示第二行,纹板图中第二行里,综框 3、4 上升,则在屏幕上选中③、④,完成第二行纹板设置,如图 12 – 23(c)所示;以此类推,将纹板图中所有横行输入完毕后,点击"保存纹板",选择保存位置并输入文件名,如斜纹飞穿首字母"XWFC",如图 12 – 23(d)~(f)所示,点击确定即保存成功。

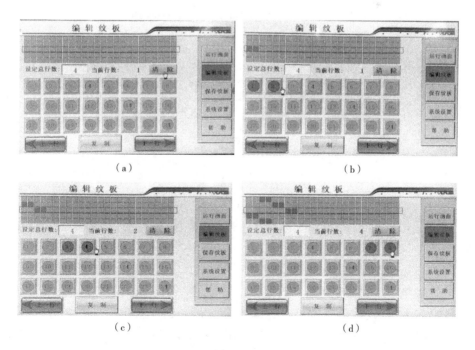

（a）   （b）

（c）   （d）

图 12 – 23

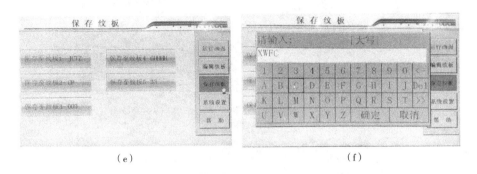

（e）　　　　　　　　　　　　（f）

图 12 - 23　纹板设置方法

织造前需要调用已保存的纹板。点击"调用纹板"，如图 12 - 24（a）所示；选取需要调用的纹板名称"XWFC"，如图 12 - 24（b）所示。点击运行画面，所调用的斜纹飞穿纹板图即显示在主屏幕上，如图 12 - 24（c）所示。检查无误后即可开始织造。

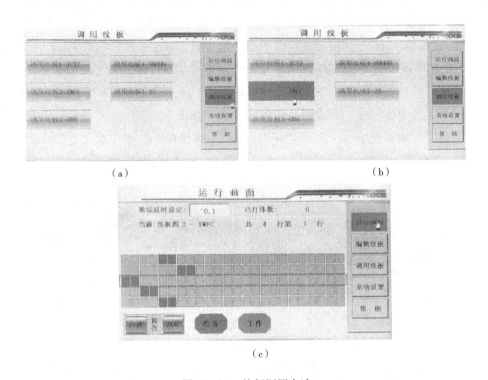

（a）　　　　　　　　　　　　（b）

（c）

图 12 - 24　纹板调用方法

七、织造

1. 引纬与打纬　半自动小样机上机过程中通过手动进行引纬及打纬。小样机侧面设置红外探头，如图 12 - 25 所示。引纬与打纬过程为：手动引入一根纬纱，通过钢筘向前摆动将引入梭口的纬纱打入织口，完成一次打纬；通过红外探头感应区，打纬时提升的综框下降；筘座返回摆动时开口机构转动一次，综框提升形成新的梭口，为下一次引纬做准备。

引纬、打纬均由人工进行。将卷取好的纬纱管放入梭子，或直接用手将纬纱管引入梭口，开始织造。注意打纬时用力要均匀，不能太大，只要轻轻摆动筘座使钢筘打到织口即可，否则会出现纬密太大和纬密不匀的情况。

2. 经纱张力调整　在织造过程中发现经纱张力过大或过小，可调整经纱张力。可以调节后梁的高度，后梁向上移，开口的下层张力变大，上层张力变小；后梁向下移，开口的下层张力变小，上层张力变大。也可通过摇动手轮及转动棘齿轮调整送经、卷取装置将经纱张力调整到合适的水平。还可以通过在机后经纱上放置重锤调整经纱张力。

图 12 – 25　小样机红外探头

由于没有自动卷取机构，送经和卷取均由人工调节，因此，织口随织物的增加向机后移动，直到感觉打纬、引纬困难时，可自行利用机上手动式卷取和送经机构卷取织物，同时放出经纱并调节好经纱张力，继续织造。在织造过程中若发生经纱断头，应将经纱接好再继续织造。

3. 织造　检查机器状态正常，确认穿综、穿筘和纹板图正确之后，点击屏幕上的"运行"按钮，纹板图上第一行所对应的综框提升，带动经纱形成梭口。

可事先使用整经架绕取一束纱线作为起头纱来进行试织。在梭口内引入起头纱，正常引纬、打纬，并垫入钢条，如图 12 – 26 所示。当经纱张力逐渐趋于均匀，经纱之间间隙逐渐消失，即可使用正常纬纱进行织造。

4. 了机　织造结束后，用剪刀将经纱剪断，取下织物，修剪两侧布边，对织物进行适当的整理。

5. 关机　织造完成后，将小样机调至准备状态，关闭织机操作面板上的电源旋钮，关闭电源和总气源。取下残留经纱，清理机器上的线头和纤维，完成实验。

图 12 – 26　试织

第三节　上机织造实例

一般 2 ~ 3 人为一组，在小样织机上，相互配合完成穿综、穿筘和织造等工作，并掌握小样织机的工艺设置程序，掌握小样织机的操作与使用方法，对织造工艺过程建立起感性认识，进一步加深对课堂理论知识的理解。

一、三原组织织物上机试织

1. 实验目的和要求 了解三原组织织物的形成原理、外观特点及应用。掌握三原组织织物设计和织制小样的整个过程。

2. 实验仪器和材料 小样织机、整经架、卷纬架、纱线、小样织机配套工具一套。

3. 实验内容

（1）认识小样织机机构。仔细观察各部分主要机件的形状、结构和作用。

（2）选择织物组织并绘制上机图。从平纹、斜纹、缎纹中选定任意一种组织，确定总经根数、穿综方法、穿筘数，绘制上机图。

（3）上机试织。

4. 注意事项

（1）若选择织造平纹组织或组织循环较小的斜纹组织，如果织物经密较大，为减少综丝与经纱之间因摩擦发生断头的概率，或综框上综丝根数限制，穿综方法宜选用飞穿法。

（2）筘齿穿入数可选择 2～4 入/筘，根据组织循环纱线数及所用钢筘的筘号选择筘齿穿入数。穿入数一般等于组织循环纱线数，或为组织循环纱线数的约数或倍数。若选用钢筘筘号比较大，可选择 2 入/筘；若筘号比较小，可选择 4 入/筘。

（3）若选择织造经面组织，需根据实际情况考虑是否反织。

以 $\frac{1}{3}$↗斜纹组织为例，穿综采用飞穿法，上机图如图 12-27 所示。

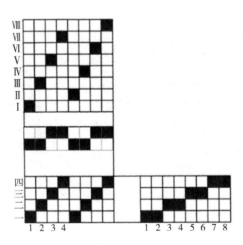

图 12-27 $\frac{1}{3}$↗斜纹组织上机图

5. 实验数据记录

（1）原组织名称及上机图。

（2）织物样品卡（贴样品）。

（3）上机工艺参数记录（表 12－1）。

表 12－1　原组织上机工艺参数

序号	项目名称	数据记录
1	纱线规格/$T_j \times T_w$	
2	织物规格/$P_j \times P_w$	
3	穿综	
4	筘号	
	穿入数	
5	总经纱根数	

6. 实验思考题

（1）简述小样机织造原理。

（2）小样试织过程中，整经过程有哪些注意事项？

（3）简述原组织的上机要点。

（4）原组织小样试织过程中遇到哪些问题，如何解决？有何改进想法或建议？

二、变化组织/联合组织织物上机试织

1. 实验目的和要求　进一步了解变化组织/联合组织织物，包括变化组织/联合组织织物的形成原理、外观特点及应用。掌握变化组织/联合组织织物设计和织制小样的整个过程。

2. 实验仪器和材料　小样织机、整经架、卷纬架、纱线、小样织机配套工具一套。

3. 实验内容

（1）设计织物组织并绘制上机图。设计变化组织/联合组织，计算组织循环纱线数；确定总经根数、穿综方法、穿筘方法；绘制上机图。

（2）上机试织。

4. 注意事项

（1）特殊组织的穿综穿筘。在设计变化组织/联合组织时，要注意与原组织不同的是，一些特殊组织的穿综方法与穿筘方法。如设计纵条纹组织时，为使得条纹分界清晰，各条纹经纱数应是每筘齿穿入数的整数倍，各条纹相邻的经纱分别穿入不同的筘齿内；设计透孔组织时，要将每组经纱穿入同一个筘齿内，为增加孔眼效果，可在每组经纱之间空 1～2 筘齿；设计网目组织时，将网目经纱与左右两侧的地经纱一起穿入同一筘齿等。

（2）纹板设置。如果设计的纹板图行数很多，且有部分行是重复的，可以通过复制功能将重复部分的纹板进行复制并粘贴。以格子组织为例，纹板图如图 12－28 所示。

具体操作步骤如下：

第一步：在纹板行数中输入总行数"600"；

第二步：输入第 1 行至第 6 行纹板，如图 12－29（a）所示，注意输完第 6 行纹板后不

283

要点击下一行；

第三步：点击"复制"，复制起始行输入"1"，复制结束行输入"6"，复制次数输入"19"，如图 12-29（b）所示，点击"确定"，纹板跳转至当前行数"120"，如图 12-29（c）所示；

第四步：输入第 121 行至 126 行纹板，如图 12-29（d）所示；

第五步：复制第 121 行至 126 行纹板，复制次数输入"9"，如图 12-29（e）所示，纹板跳转至第 180 行，如图 12-29（f)所示；

第六步：输入第 181 行至 186 行纹板，复制次数输入"39"，纹板跳转至第 420 行。注意，虽然第 181 行至 186 行纹板与第 1 行至 6 行相同，但仍需手动输入再进行复制，否则会造成复制失败；

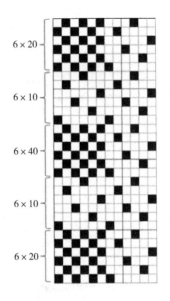

图 12-28　格子组织纹板图

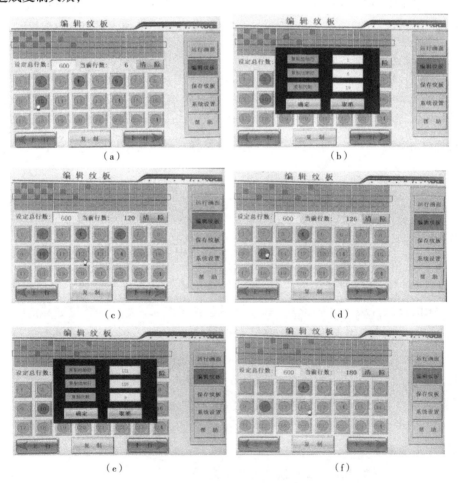

图 12-29　纹板复制功能

第七步：以此类推，完成后续所有纹板的设置。

也可以采用保存几套纹板的方式，具体步骤如下：

第一步：输入第 1 行至第 6 行纹板，点击"保存纹板"，选择保存位置并输入一个文件名，该套纹板为第一套纹板；

第二步：输入第 121 行至 126 行纹板，点击"保存纹板"，选择保存位置并输入另一个文件名，该套纹板为第二套纹板；

打第 1 纬至第 120 纬时，调用保存的第一套纹板；打第 121 纬至第 180 纬时，调用保存的第二套纹板；打第 181 纬至第 420 纬时，调用保存的第一套纹板；以此类推。

5. 实验数据记录

（1）变化组织/联合组织名称及上机图。

（2）织物样品卡（贴样品）。

（3）上机工艺参数记录（表 12 – 2）。

表 12 – 2　变化相织/联合组织上机工艺参数

序号	项目名称	数据记录
1	纱线规格/$T_j \times T_w$	
2	织物规格/$P_j \times P_w$	
3	穿综	
4	筘号	
	穿入数	
5	总经纱根数	

6. 实验思考题

（1）简述所织制的变化组织/联合组织织物外观的形成原理。

（2）简述所织造变化组织/联合组织的设计要点及上机要点。

（3）实验过程中遇到哪些问题，如何解决？相较于三原组织试织实验，对本次实验有何想法及体会？

三、配色模纹织物上机试织

1. 实验目的和要求　进一步了解配色模纹织物的基础知识，包括配色模纹织物的形成原理、外观特点及应用。掌握配色模纹组织织物的设计与织造；熟悉配色模纹织物的设计原则、上机要点及织造方法；掌握配色模纹图的绘制方法和步骤；熟悉已知配色模纹以及确定色纱排列和组织图的方法；掌握配色模纹组织织物设计和织制小样的整个过程。

2. 实验仪器和材料　小样织机、整经架、卷纬机、不同颜色的纱线、小样织机配套工具一套。

3. 实验内容和步骤

（1）设计配色模纹并绘制上机图。以犬牙花纹为例介绍配色模纹织物的织造方法，犬牙花纹配色模纹图如图 12 – 30 所示，其中色经色纬循环为 2 白 4 粉 2 白。确定穿综、穿筘方法，绘制上机图如图 12 –31 所示。

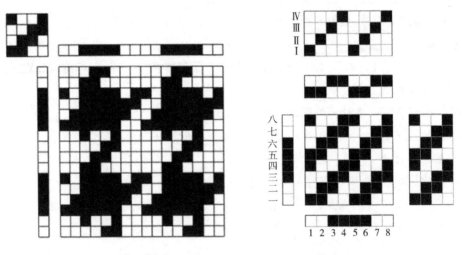

图 12 –30　犬牙花纹配色模纹图　　　　图 12 –31　犬牙花纹上机图

（2）上机试织。在织造过程中要根据色纬循环由下至上选择相应颜色的纬纱进行引纬。按照 2 白 4 粉 2 白的顺序依次选取纬纱管引入梭口进行织造。图 12 –32 为犬牙花纹机上织造图和实物图。

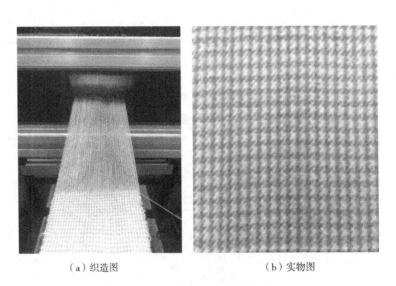

（a）织造图　　　　　　　　　　（b）实物图

图 12 –32　犬牙花纹机上织造图和实物图

4. 实验数据记录

（1）配色模纹分区图及上机图。配色模纹分区图包括四个部分：组织图、各色经纱排列顺序、各色纬纱排列顺序、配色模纹图。

（2）织物样品卡（贴样品）。

（3）上机工艺参数记数（表 12 –3）。

表 12-3 配色模纹织物上机工艺参数

序号	项目名称	数据记录	
1	纱线规格/$T_j \times T_w$		
2	织物规格/$P_j \times P_w$		
3	色纱排列	经纱	纬纱
4	穿综		
5	筘号		
	穿入数		
6	总经纱根数		

5. 实验思考题

(1) 简述配色模纹图的绘制方法和步骤。

(2) 简述配色模纹组织的设计要点。

(3) 简述配色模纹组织的上机要点。

(4) 配色模纹织物的设计与织制过程中遇到哪些问题，是如何解决的？

四、二重组织织物的设计与上机试织

1. 实验目的和要求 进一步了解二重组织织物的基础知识，包括二重组织（经二重组织/纬二重组织）织物的外观特点和应用。掌握二重组织织物的设计与织造，包括二重组织织物的作图步骤、上机要点及织造方法。掌握二重组织织物织制的整个过程，选择合理的上机工艺。

2. 实验仪器和材料 小样织机、整经架、卷纬机、纱线、小样织机配套工具一套。

3. 实验内容和步骤

(1) 设计织物组织并绘制上机图。以经二重组织为例，表组织为 $\frac{3}{1}$↗斜纹，里组织为 $\frac{1}{3}$↗斜纹，表里经排列比为 1:1，织物上机图如图 12-33 所示。

(2) 上机试织。

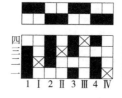

图 12-33 经二重组织上机图

4. 注意事项

(1) 穿综。如考虑经二重表里经纱不同或者张力差异，一般穿综采用分区穿法，如图 12-33 中的穿综图所示；如表里组织均较简单，原料一致，也可以采用顺穿法。分区穿法相较顺穿法复杂，穿综完成后，应以穿综循环为单位逐一检查，确认经纱穿综正确无误。

（2）穿筘。织造经二重组织时织物的经密应该大一些，需选择合适的筘号和穿筘数来提高织物经密。每组表里经要求穿入同一个筘齿中，本例的表、里经排列比为1:1，筘入数选择2入，穿筘时要注意检查确认表经和里经在同一筘齿，且无空筘。

5. 实验数据记录

（1）经二重/纬二重组织上机图。

（2）织物样品卡（贴样品）。

（3）上机工艺参数记录（表12-4）。

表12-4　经二重/纬二重组织上机工艺参数

序号	项目名称	数据记录	
1	纱线规格/$T_j \times T_w$		
2	色纱排列（可选）	经纱	纬纱
3	织物规格/$P_j \times T_w$		
4	穿综		
5	筘号	穿入数（地经）	穿入数（边经）
6	总经纱根数		

6. 实验思考题

（1）简述经二重/纬二重组织的形成原理。

（2）简述经二重/纬二重组织的设计要点。

（3）简述经二重/纬二重组织的上机要点。

（4）实验过程中遇到哪些问题，是如何解决的？有何改进想法或建议？

五、双层管状组织织物上机试织

1. 实验目的和要求　进一步了解双层组织织物，包括双层组织的织造原理及组织结构。掌握双层管状织物的设计与织造，包括双层管状织物的作图步骤、上机要点及织造方法。掌握双层管状织物小样织制的整个过程，选择合理上机工艺。

2. 实验仪器和材料　小样织机、整经架、卷纬机、纱线、小样织机配套工具一套。

3. 实验内容和步骤

（1）确定双层管状织物的主要结构参数。确定基础组织；确定管状组织表、里经纱排列比；确定表、里纬纱投纬比；确定管状织物的总经纱根数；确定表组织与里组织的配合；确定穿综、穿筘的方式；绘制管状组织上机图。

（2）设计织物组织并绘制上机图。以平纹组织为管状织物的基础组织为例：表、里经纱排列比，表、里纬纱投纬比均为1:1，从左向右投入第一根表纬。假设表、里基础组织个数Z=4，

则经纱数 $M_j = R_j Z \pm S_w = 2 \times 4 - 1 = 7$，将 7 根经纱分成表、里两层。表组织如图 12 – 34（a）所示；按基础组织和投纬方向画出横向截面图，如图 12 – 34（c）所示；由横向截面图画出里组织，里组织如图 12 – 34（b）所示。根据表组织、里组织作上机图，如图 12 – 34（d）所示，符号"■"为表经纱的经组织点，符号"⊠"为里经纱的经组织点。

（3）上机试织。

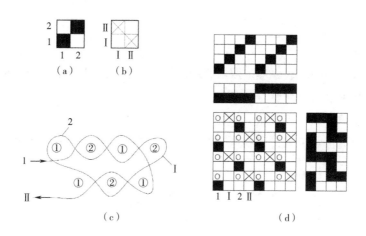

图 12 – 34　双层管状组织织物上机图

4. 注意事项

（1）管状组织总经纱数确定。如果要求管状织物四周连续，根据管幅宽（直径）以及经纱密度计算出总经根数后，要按照计算式 $M_j = R_j Z \pm S_w$ 对总经根数进行修正。例如，计算出总经根数为 300 根，按照 $M_j = R_j Z \pm S_w$ 修正为 299（从左向右投入第一根表纬）根或者 301（从右向左投入第一根表纬）根。

（2）穿综穿筘。穿综方法常采用分区穿法或顺穿法。本例采用顺穿法，如图 12 – 34（d）所示。管状组织穿筘时，每组表、里经纱应穿入同一筘齿中，每筘齿穿入数应为表、里经纱数排列比之和或其倍数。本例中穿入数选为 4。

5. 实验数据记录

（1）管状织物上机图。

（2）织物样品卡（贴样品）。

（3）上机工艺参数记录（表 12 – 5）。

表 12 – 5　管状织物上机工艺参数

序号	项目名称	数据记录	
1	纱线规格 $/T_j \times T_w$		
2	色纱排列（可选）	经纱	纬纱
3	织物规格 $/P_j \times T_w$		

续表

序号	项目名称	数据记录		
4	穿综			
5	穿筘	筘号	穿入数（地经）	穿入数（边经）
6	总经纱根数			

6. 实验思考题

（1）简述双层织物的形成原理，双层组织类型，各类双层组织的特点与应用。

（2）简述管状织物的设计要点。

（3）简述管状织物的上机要点。

（4）管状织物设计与织制过程中遇到哪些问题，是如何解决的？有何改进想法或建议？

第四节　实验报告要求

一、织物主要结构参数合理

包括纱线原料、线密度、织物经密和纬密等参数合理。

二、织物上机条件合理

包括穿综方法、筘号及每筘齿穿入数合理。

三、绘制的上机图合理

组织图正确，穿综图正确，纹板图无误，上机图规范。

四、织制的织物符合要求

织物组织正确，长度和幅宽符合要求，成品质量好。按要求贴于实验报告相应位置。

五、实验报告撰写规范

实验报告规范完整，实验目的、实验要求和实验步骤条理清晰。实验中遇到的问题及解决方案能通过实验报告进行分析，并能正确地总结与反馈。实验报告书写工整。

参考文献

［1］荆妙蕾．织物结构与设计［M］.5版．北京：中国纺织出版社，2015.

［2］沈兰萍，白燕，陈益人．织物组织与设计［M］．北京：化学工业出版社，2014.

［3］顾平．织物组织与结构学［M］.2版．上海：东华大学出版社，2010.

［4］聂建斌，卢士艳．织物结构与设计（双语教材）［M］.2版．上海：东华大学出版社，2014.

［5］苏州丝绸工业专科学校编．织物组织设计［M］．北京：纺织工业出版社．1960.

［6］张亚莹．色织物组织与设计［M］．北京：纺织工业出版社．1987.

［7］上海市毛麻纺织工业公司．毛织物组织［M］．北京：纺织工业出版社．1982.

［8］薛永玉．平纹变化组织在精纺花呢设计中的应用［J］．毛纺科技，1985（2）：1－6，15.

［9］赵良臣，闻涛．旋转组织设计的数学原理［J］．纺织学报，2003（6）：33－34.

［10］袁惠芬，王旭．绉组织的仿制和设计方法改进研究［J］．棉纺织技术，2011（5）：31－34.

［11］王旭，毕松梅．Kronecker积在变化绉组织设计中的应用［J］．纺织学报，2012（5）：40－45.

［12］袁惠芬，王旭．异面绉组织矩阵的设计与计算机实现［J］．河南工程学院学报（自然科学版），2013（9）：5－9.

［13］朱碧红．小提花织物的设计［J］．纺织导报，2012（5）：63－66.

［14］赵钊辉．菱形小提花织物的设计与生产［J］．棉纺织技术，2018（3）：55－57.

［15］李群．经二重组织织物的设计与生产要点［J］．棉纺织技术，2008（10）：27－30.

［16］王左奇．单面牙签呢组织设计探讨［J］．毛纺科技，1995（1）：6－10.

［17］王德根．牙签条呢面光泽效应的研讨［J］．毛纺科技，1994（6）：33－36.

［18］种新琪，张生辉．涤粘混纺牙签条织物生产难点及解决措施［J］．棉纺织技术，2013（9）：58－61.

［19］姜晓巍，窦海萍，王玲，等．精梳高支高密纯棉经起花面料的织造实践［J］．上海纺织科技，2006（1）：46－47.

［20］陈桂香，陈浩文．全棉色织经起花织物的生产实践［J］．上海纺织科技，2020（4）：45－47.

［21］邬淑芳，张亭亭，孙冬阳，等．单向导湿机织物的设计及性能分析［J］．棉纺织技术，2017（10）：29－32.

［22］孔庆伟，顾平．高花织物的设计与开发［J］．丝绸，2007（5）：12－13.

［23］钱小萍．论管状组织［J］．纺织学报，1980（4）：56－62.

［24］谭冬宜，汪泽幸，何斌，等．嵌入式管状织物的设计与制备［J］．产业用纺织品，2020（12）：6－9.

［25］马旭红，李丽君．影响管状织物外观效应的相关因素［J］．纺织导报，2010（4）：62－64.

［26］张萌，周起．双面双层结构提花织物的表里换层设计与实践［J］．纺织学报，2018（12）：41－46.

［27］黄紫娟．三种表里换层花纹织物的设计与试织［J］．棉纺织技术，2014（10）：69－73.

［28］黄紫娟，张慧．表里换层条格织物的设计［J］．上海纺织科技，2014（1）：38－39.

［29］白燕．接结双面织物的设计原理［J］．上海纺织科技，2006（12）：54－56.

［30］YILMAZ D Y. The Technology of Terry Production［J］. Journal of Textile and Apparel, Technology and

Management, 2005 (4): 1 – 46.

[31] 叶仲琪. 四纬毛巾组织分析 [J]. 上海纺织科技, 2012 (10): 35 – 36.

[32] 邹青云, 张巧玲. 毛巾织物的组织设计 [J]. 天津纺织科技, 1999 (3): 39 – 42.

[33] 苏晋生, 王文芝. 高低毛圈毛巾的结构与设计 [J]. 上海纺织科技, 2001 (4): 29 – 30.

[34] 张国辉, 秦姝. 花式纱罗的设计与生产 [J]. 上海纺织科技, 2005 (9): 50 – 52.

[35] 毛玉蓉. 花式纱罗工艺设计与生产实践 [J]. 江苏工程职业技术学院学报, 2019 (3): 7 – 10.

[36] 张雪峰. 花式纱罗的设计与生产 [J]. 第十七届全国花式妙线及其织物技术进步研讨会, 2011 (12): 111 – 115.

[37] 张国辉. GA747 织机生产花式纱罗的实践 [J]. "丰源杯" 全国浆纱织造学术论坛暨 2011 年织造年会论文集, 2011: 129 – 132.

[38] 郭兴峰. 三维机织物 [M]. 北京: 中国纺织出版社, 2015.

[39] 熊念, 雷洁, 龚小舟. 三维板材状机织物的技术现状及其织造方法探析 [J]. 现代纺织技术, 2014 (3): 79 – 83.

[40] 孙晓军, 赵晓明, 郑振荣, 等. 新型织物仿真软件 TexGen 的特点及其应用 [J]. 纺织导报, 2013 (4): 70 – 74.

[41] 胡雨, 裴鹏英, 龚小舟. 多综眼综丝三维织造方法探究 [J]. 现代纺织技术, 2017, 25 (5): 19 – 22.

[42] COMBIER C M. Woven multilayered textile fabric and attendant method of making: US, 4748996 [P], 1988.

[43] 王光华. 用于复合材料的三维立体织物及其织造方法: 中国, 96122972.1 [P]. 1998 – 05 – 27.

[44] 刘健, 黄故. 多剑杆织机三维织造研究 [J]. 上海纺织科技, 2005, 33 (2): 8 – 9.

[45] 韩斌斌, 王益轩, 路超, 等. 三维织机开口机构的设计 [J]. 纺织器材, 2015, 42 (1): 12 – 15.

[46] 柳宝琴. 基于多剑杆织机的三维织物织造工艺研究 [D]. 上海: 东华大学, 2014: 9 – 12.

[47] SODEN J A, HILL B J. Conventional weaving of shaped preforms for engineering composites [J]. Composites Part A: Applied Science & Manufacturing, 1998, 29 (7): 757 – 762.

[48] 薛进, 李毓陵, 陈旭炜, 等. 多眼综织造的纹板图设计 [J]. 产业用纺织品, 2013 (12): 9 – 12.

[49] KING R W. Apparatus for fabricating three – dimensional fabric material: U. S. Patent 3, 955, 602 [P]. 1976 – 5 – 11.

[50] 裴鹏英, 万小蕙, 龚小舟. 三维密度梯度蜂窝结构织物的设计与织造 [J]. 纺织导报, 2017 (12): 31 – 34.

[51] 黄晓梅, 季涛. 机织蜂窝芯的结构设计 [J]. 上海纺织科技, 2002, 30 (1): 24 – 25.

[52] 黄故. 蜂窝状三维织物的组织结构与织造工艺 [J]. 天津纺织工学院学报. 1995 (2): 15 – 18.

[53] 毛江民. 圆锥、圆筒壳体织物的织造技术研究 [D]. 武汉: 武汉纺织大学, 2017.

[54] 雷松叶. 纤维增强聚合物复合材料力学性能的预测研究 [D]. 河南: 郑州大学, 2012.

[55] 孙志宏, 周申华, 单鸿波, 等. 复合材料立体管状结构件的纺织成型装置及其方法 [P]. 上海: CN101949077A, 2011 – 01 – 19.

[56] QUINN J P, HILL B J, MCILHAGGER R. An integrated design system for the manufacture and analysis of 3 – D woven performs [J]. Composites, 2001 (32): 911 – 914.

[57] 易洪雷, 叶伟, 王利红, 等. 管状机织预成型件的结构设计与织造技术 [J]. 纺织学报, 2002, 23 (3): 171 – 171.

| 参考文献 |

[58] 燕春云，郭兴峰，娄红莉. 仿形织造技术生产圆直管预成型织物 [J]. 纺织导报，2013 (3)：70 - 73.

[59] 郭兴峰，刘春阳，王瑞，等. 圆环形织物的织造原理与设计 [J]. 纺织学报，2006 (1)：12 - 15.

[60] MOHAMED M H, BOGDANOVICH A E, DICKINSON L C, et al. A New Generation of 3D Woven Fabric Performs and Composites. 2001, 37 (3)：8 - 17.

[61] 王跃存，马崇启. 三维环形织物及其自动织造 [J]. 纺织学报，2002 (4)：46 - 47.

[62] 周申华，单鸿波，孙志宏，等. 立体管状织物的三维圆织法成型 [J]. 纺织学报，2011 (7)：44 - 48.

293